Discrete Mathematics

이산수학

공학과 수학의 만남

신정훈 지음

경문사

머리말

첫눈이 내리면 습관적으로 안부를 묻고 싶은 그 사람이 떠오르는 것처럼 매 학기 초 이산수학을 새로이 강의하기 시작하는 날이면, 매년 새로운 교재의 집필에 대한 마음이 가슴 한 켠을 자극하곤 해 왔다.

물론, 그 마음은 그리 오래가지 않고 한 주, 두 주가 지나감에 따라 바쁜 일상을 핑계로 자연스레 사그라들었고, 사라졌던 그 마음은 여지없이 다음 해 이산수학을 새로이 강의하는 첫 시간이 되어서야 내 마음속에서 다시 생겨나곤 하였다.

그렇게 다람쥐 쳇바퀴 돌듯 무의미한 작심을 반복한 지 벌써 15년이란 시간이 흘러버려, 이제는 더 이상 새로운 교재의 집필을 미룰 수 없는 시점에 도달했음을 깨닫고, '이번만큼은 꼭……'이라는 생각으로 시작한 집필이 이제 마무리 단계에 들어서게 되었다.

물론, 이 교재는 눈 내리는 풍경을 바라보며 그 사람에게 자연스럽게 대화를 건네어 행복감을 선사할 수 있는 그런 세련미가 부족할 수도 있을 것이고, 재미있는 이야기로 상대방이 즐거움에 심취할 수 있도록 만드는 그런 흥미진진함이 부족할 수도 있을 것이다.

그렇지만, "지금 눈 내리는데 빨리 나와서 오랜만에 커피라도 한잔하자~"라는 어설픈 멘트처럼 완벽하게 정리되지는 못한 교재일지라도, 이 교재로 학습하는 어느 누군가에게는 '첫눈을 바라보는 행복한 마음만큼이나 깨달음의 기쁨에 다가서는 데 도움을 줄 수 있지 않을까?'라는 희망으로 교재 편찬 작업을 마무리해 나간다.

편찬 작업을 마무리하며 갖게 되는 저자의 또 다른 자그마한 바람은, "수학적 지식은 일상생활과 거리가 멀고, 더하기 빼기 곱하기 나누기만 할 줄 알면 생활하는 데 아무런 문제가 없다"라는 핑계로 수학적 원리가 실생활에 얼마나 깊이 들어와 우리와 함께 생활하고 있는지를 외면하는 이들에게 이 교재가 자그마한 자극이라도 될 수 있기를 기대해 본다.

이 책을 읽는 독자들을 위하여, 집필과정에서 주의를 기울여 노력하였던 점은 '다양한 이야기들을 독자의 눈높이에서 집필하려 노력하였다'는 것이다. 그러나 저자의 관점에서는, '아무리 독자의 입장에서 집필한다고 할지라도, 독자의 입장을 충분히 이해했다고 볼 수 없을 것'이라는 점은 자명한 사실일 줄로 안다. 본 교재가 이러한 한계를 극복할 수 있도록 집필과정 동안 독자의 관점에서 많은 조언과 노력을 기꺼이 함께해 준 '대구가톨릭대학교 컴퓨터공학과 이동준 학생'에게 이 자리를 빌려 심심한 감사를 표하는 바이다.

모쪼록 이 책을 통하여 많은 독자들이 '이산수학을 수학적 측면에서뿐만이 아닌 공학적인 측면에서 접근할 수 있었으면' 하는 바이며, 이를 통하여 자신이 전공하는 학문 분야에서 보다 근본적이고 창의적인 문제해결 능력을 겸비하게 될 수 있기를 기대하는 바이다.

2022년 2월

신정훈

차례

제4장 트리의 구조와 응용

제5장 행렬과 행렬식

제6장 헤아림 문제와 행렬의 응용

제7장 명제와 논리구조

제 0 장

시작하며

일상적인 생활에서 흔히 볼 수 있는 디지털 시스템의 동작원리와 수학과의 상관관계를 고민해보는 것은 흔하지 않은 일이다. 많은 학생들이 수학은 실생활과 관련이 적다는 편견을 가지고 있으며, 더욱이 공학에서 실질적으로 응용되고 있다는 생각을 가지지 못한다. 본 교과목에서는 디지털 시스템의 동작원리와 관련한 다양한 수학적 분야에 대하여 학습하며, 컴퓨터 관련 학문과 공학을 전공하는 학생들에게 공학의 수학적 접근이 이루어질 수 있도록 한다.

이산수학은 연속적인 개념을 사용하지 않고, 이산적인 수학구조에 대해 연구하는 학문으로, 주로 집합, 관계, 그래프, 트리, 명제, 부울 연산, 형식 언어와 오토마타 등과 같은 개념을 다룬다. 즉, 디지털 시스템과 같은 이산적인 대상물을 분석하여 응용하는 학문으로 정의할 수 있다.

본 장에서는 이산수학을 본격적으로 접하기 이전에 디지털 시스템의 동작원리, 디지털 시스템과 수학적 연관성 등에 대하여 알아보도록 한다.

요약

0.1

디지털 시스템과의 약속

일상에서 볼 수 있는 다양한 디지털 시스템들은 복잡한 기능을 수행하며, 사용자들에게 편의를 제공하고 있다. 이러한 디지털 시스템의 동작이 어떻게 이루어지는지에 대해서는 많은 사람이 별다른 고민을 가져본 적이 없을 것으로 생각된다. 본 장에서는 디지털 시스템의 다양한 기능들이 실행되기 위해서는 어떤 과정을 거쳐야 하는지 알아본다.

디지털시스템의 기능 분해

디지털 시스템의 다양한 기능들은 스위치의 ON/OFF 기능을 활용하여 수행될 수 있다. 우리가 만일 텔레비전을 시청한다면 텔레비전의 주 스위치를 ON 상태로 변환하여 동작이 가능한 상태로 만들어야 하며, 채널을 전환하기 위해서는 채널 변경 스위치를 작동시켜야 한다.

이러한 디지털 시스템의 특정 기능의 수행을 위한 제어가 이루어지면, 디지털 시스템의 내부 상태는 수많은 소자들 간의 통신과 제어가 이루어진 후 사용자가 원하는 기능이 수행된다. 즉, 아무리 복잡하고 다양한 기능일지라도 이를 최소화하여 단순화시켜나가면, 결국은 각 소자들의 ON/OFF 상태 변화에 의하여 기능이 수행됨을 알 수 있다.

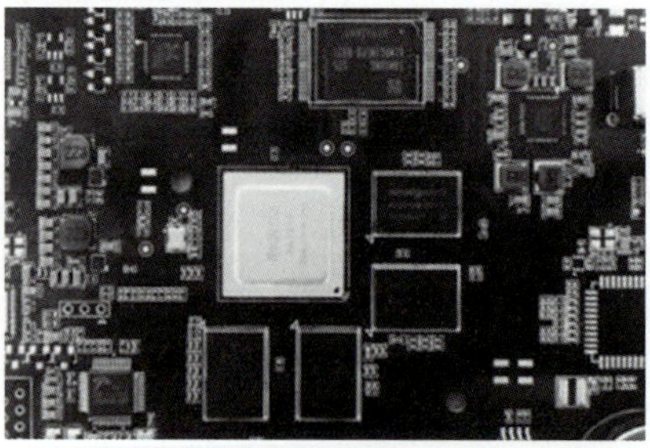

그림 0.1.1 디지털 시스템의 특정기능 수행을 위한 회로

즉, 우리가 일상생활에서 아무런 생각 없이 사용하고 있는 디지털 시스템의 제어는 ON/OFF 기능의 제어가 기본이 된다는 것을 알 수 있으며, 따라서 사용자와 디지털 시스템 사이에 시스템을 켜고 끌 수 있는 약속이 필요함을 알 수 있다.

디지털 시스템은 근본적으로 인간의 언어를 사용하지 않으므로 특별한 방법을 통하여 인간과 의사소통을 수행하는 것이 필요하다. 가장 간단하게 의사소통하는 방법으로는 시스템에 전류를 흘려주는 것과 흘려주지 않는 것으로 구분할 수 있으며, 시스템에 전류가 흐를 경우 시스템은 동작 상태로, 시스템에 전류가 흐르지 않을 경우 시스템은 정지 상태로 머무르게 된다. 그렇다면 사용자가 시스템을 제어하기 위해서는 시스템에 전류를 흘려주는 것과 흘려주지 않는 상태를 제어할 수 있어야 한다. 단순하게는 전원 플러그를 콘센트에서 뽑는 것과 꽂아주는 것으로 사용자의 의사를 시스템에 표현할 수 있다.

이러한 물리적인, 직접적인 행위를 통하여 의사를 표현할 수도 있지만, 우리는 일상생활에서 보다 편리한 의사소통 방법을 추구하여 리모컨이라는 장치를 개발하여 사용하고 있는 실정이다. 그렇다면 리모컨은 디지털 시스템과 어떻게 의사소통하는 것일까?

디지털 시스템이 사용하는 언어는 이진수 체계를 사용한다는 것을 모두 다 잘 알고 있을 것이다. 따라서 리모컨이라는 장치가 시스템과 대화하기 위해서는 이진수 체계를 활용하여 원하는 기능을 시스템에 말할 수 있어야 한다. 즉, 이진수 체계를 사용하여 시스템에게 “켜져라”라고 말할 수 있어야 하며, 또한 이진수 체계를 사용하여 시스템에게 “꺼져라”라고 말할 수 있어야 한다. 이를 위하여 리모컨과 시스템 사이에는 간단한 약속이 필요하다.

예를 들어, 리모컨과 시스템의 소통을 위하여 다음과 같은 약속을 수행한다고 가정해보자.

1. 리모컨으로부터 0이라는 이진수가 수신되면 시스템의 전원을 끈다.
2. 리모컨으로부터 1이라는 이진수가 수신되면 시스템의 전원을 켠다.

이렇게 간단한 약속을 수행하게 되면, 리모컨은 0과 1이라는 숫자를 활용하여 시스템의 전원을 끄고 켤 수 있게 되며, 0과 1이라는 숫자를 다양한 매체를 통하여 시스템에게 전달하여 주기만 하면 된다. 즉, 현재 사용하고 있는 텔레비전과 리모컨을 예로 들어, 사용자들이 전원 버튼을 눌러 텔레비전을 켜고자 하면, 리모컨은 1이라는 숫자를 적외선 매체를 활용하여 텔레비전에게 전송하게 되고 이를 수신한 텔레비전은 수신된 적외선 신호가 1이라는 것을 감지하여 텔레비전의 전원을 ON 상태로 변환시켜주게 된다. 텔레비전을 끄고자 하는 반대의 행위에 대해서도 동일한 방법으로 소통이 가능하다는 것은 자명한 사실이다.

단순히 시스템을 ON/OFF시켜주는 기능뿐만 아니라 디지털 시스템이 제공하는 다양한 기능들에 대해서 약속이 가능하다. 예를 들면, 우리가 조종기를 활용하여 드론을 제어하는 경우도 동일한 방법으로 약속이 가능하다. 그림 0.1.2에서 볼 수 있듯이 사용자가 조종기를 활용하여 0과 1이라는 숫자를 무선 매체(Wi-Fi)로 전송 시, 전송된 신호를 수신한 드론은 수신된 값이 어떤 값인지 판별하여 동작을 수행하게 된다. 예를 들어, 드론과 조종기 사이에서 "0을 수신할 경우 상승, 1을 수신할 경우 하강의 약속"이 이루어져 있다면, 약속된 규칙에 따라 상승과 하강이 이루어지며, "0을 수신할 경우 좌회전, 1을 수신할 경우 우회전으로 약속"이 되어있다면, 약속된 규칙에 따라 좌회전과 우회전이 이루어질 것이다.

그림 0.1.2 조종기를 활용한 드론 제어의 예

이와 같이 일상생활에서 활용하는 모든 디지털 시스템은 다양한 기능들을 수행하고 있지만, 근본적으로 ON/OFF 제어로 분해할 수 있으며, 사용자들의 명령은 0과 1이라는 이진수로 변환되어 디지털 시스템에 전송됨을 알 수 있다. 따라서 0과 1이라는 숫자는 디지털 시스템에서 중요한 의미를 가지고 있으며, 일반적으로 1이라는 의미는 시스템이 ON 상태 또는 부품 소자의 동작 상태로, 0이라는 의미는 시스템이 OFF 상태 또는 부품 소자의 정지 상태로 해석된다. 이산수학에서는 디지털 시스템의 ON/OFF 제어를 위한 다양한 스위치들의 구현을 위하여 집합, 명제, 부울 대수 등을 활용하는 방법들을 학습한다.

0.2
약속을 활용한 스위치 만들기

우리가 일상에서 활용하는 스위치들은 다양한 형태로 구현되어 있음을 알 수 있다. 가장 간단한 스위치 형태는 그림 0.2.1(a)에 나타난 것과 같은 전등을 켜고 끄는 스위치를 생각할 수 있으며, 조금 더 복잡한 스위치로는 그림 0.2.1(b)에 나타난 것과 같은 게임에 활용되는 스위치 등을 들 수 있다.

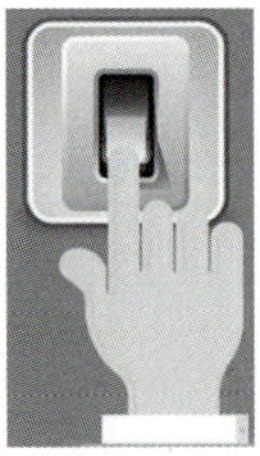
(a)

(b)

그림 0.2.1 다양한 스위치의 형태

그림 0.2.1(a)에 나타난 스위치의 경우 스위치를 위 아래로 올리고 내림으로써 단순히 시스템을 ON/OFF 상태로 만들어주며, 그림 0.2.1(b)에 나타난 스위치의 경우 복수 개의 스위치 조작을 통하여 다양한 기능들의 구현이 가능하도록 되어있음을 알 수 있다. 그림 0.2.1(b)에 나타난 스위치를 조금 더 자세히 알아보면, 다음 그림 0.2.2와 같음을 알 수 있다.

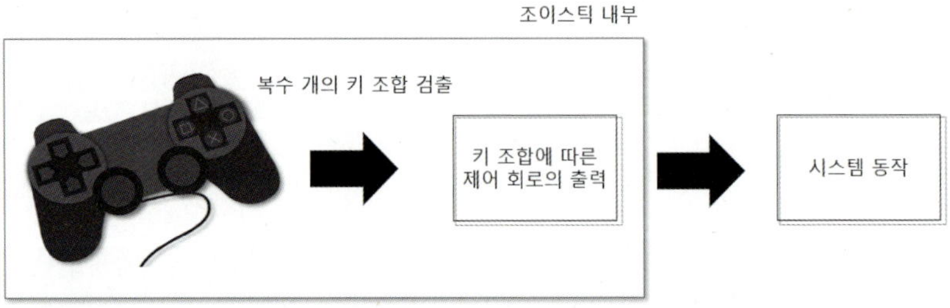

그림 0.2.2 스위치의 동작을 고려한 세부구성도

그림 0.2.2에 따르면 조이스틱에 만들어진 스위치는 그림 0.2.1(a)와 같은 단순 ON/OFF 기능을 제어하는 스위치가 아니라, 스위치들의 제어조합을 통하여 다양한 기능의 수행이 가능한 스위치임을 알 수 있다. 예를 들어, 그림 0.2.2의 조이스틱에 만들어진 스위치 중 네모가 그려진 버튼과 세모가 그려진 버튼을 동시에 눌러줄 경우 이 신호는 조이스틱 내부에 존재하는 제어 회로로 입력되며, 제어회로에서 출력되는 결과가 시스템의 동작을 결정짓게 됨을 알 수 있다. 이때, 눈여겨보아야 할 점은 조이스틱에 부착된 스위치를 동일하게 눌러주더라도, 제어회로가 어떻게 구현되어 있냐에 따라 제어회로의 출력 값은 달라질 수 있다는 것이다.

이러한 다양한 기능의 제어를 위해서는 스위치의 수를 늘려주는 것도 필요하지만, 스위치의 동작 상태를 입력받는 제어회로를 어떻게 구현해주느냐가 중요한 관건이 될 수 있다. 본 절에서는 스위치 상태의 조합을 위하여 집합의 개념을 적용하는 예를 학습하도록 한다.

일반적으로 디지털 시스템의 제어를 위해서는 소프트웨어와 하드웨어가 함께 활용된다. 즉, 예를 들면 하드웨어로부터 입력되는 입력 값들을 소프트웨어에 정의된 알고리즘에 따라 연산하여 시스템의 출력 값이 결정되며, 이때 집합의 개념을 적용할 수 있다.

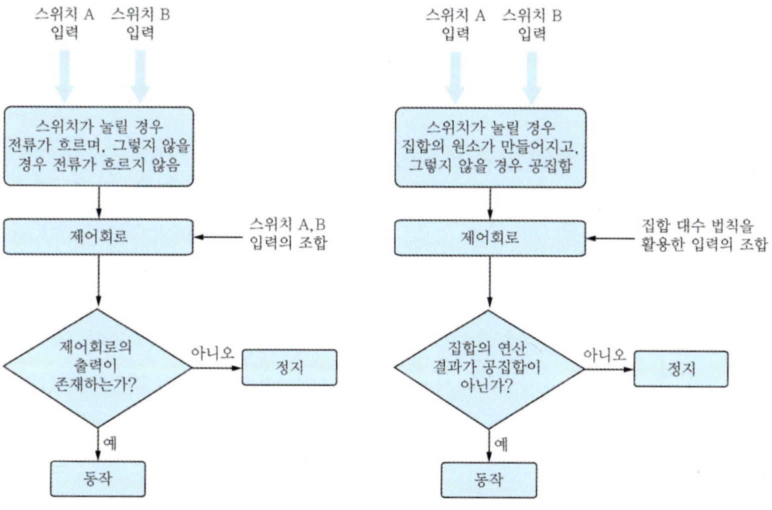

(a) 시스템의 일반적인 제어　　(b) 집합을 이용한 시스템 제어

그림 0.2.3 시스템 동작 제어 플로차트

그림 0.2.3(a)에 시스템의 일반적인 동작 제어와 관련한 플로차트를, 그림 0.2.3(b)에 집합의 개념을 적용한 시스템의 동작제어 플로차트를 나타냈다.

예를 들어, 그림 0.2.4와 같이 세 개의 스위치가 존재하는 시스템에서 버튼 X와 Z가 동시에 눌렸을 때 꼬마전구의 불이 켜지도록 하는 제어회로를 집합을 이용하여 구현한다고 가정해보자.

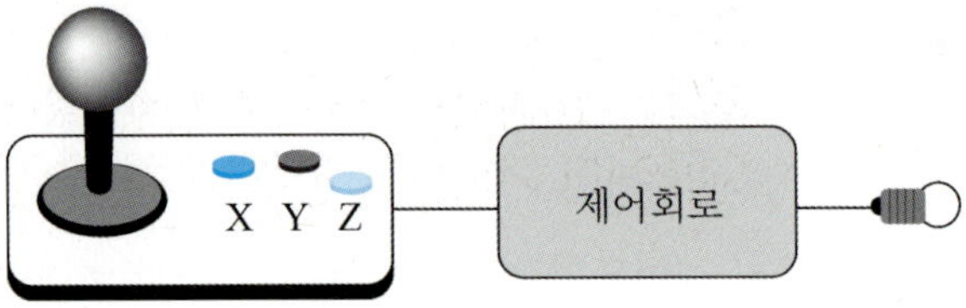

그림 0.2.4 세 개의 스위치가 존재하는 시스템의 예

그림 0.2.1과 0.2.2에서 나타난 바와 같이 버튼이 눌린다는 것은 해당 버튼에 의하여 그림 0.2.4에 존재하는 제어회로로 전류가 입력되며, 이러한 전류의 입력이 제어회로의 출력을 결정하며, 만일 제어회로의 출력 값이 존재하면 꼬마전구의 불은 켜지게 된다. 마찬가지로, 그림 0.2.3의 (b)와 같이 제어회로를 집합의 개념을 적용하여 구현한다면, 제어회로 내부에는 스위치의 개수만큼 집합이 존재하게 되며, 그림 0.2.4의 제어회로일 경우 집합 X, 집합 Y, 집합 Z가 존재하게 된다. 이때 버튼 X가 눌리면, 집합 X는 전체집합으로 변하며 눌리지 않으면 집합 X는 공집합으로 머무르게 된다. 버튼 Y와 Z의 경우에도 눌림 여부에 따라 제어회로 내에 존재하는 집합의 상태를 변화시킨다.

그림 0.2.4의 세 개의 스위치 중 X와 Z가 동시에 눌렸을 때에 꼬마전구에 불을 켜주기 위해서는 제어회로에 존재하는 집합의 연산이 $X \cap Z$이어야 한다. 왜냐하면, 꼬마전구에 불을 켜주기 위해서는 제어회로의 출력 값이 존재하여야 하고, 두 버튼이 모두 눌렸을 경우 공집합이 아닌 출력 값을 나타내기 위해서는 집합 X와 집합 Z가 모두 전체집합이어야만 $X \cap Z$가 전체집합을 나타낼 수 있기 때문이다. 이때, 스위치 Y의 눌림 여부는 꼬마전구의 불을 켜는 데 영향을 미치지 못한다.

예제 0.2.1 그림 0.2.4의 세 개의 스위치 중 Y와 Z가 동시에 눌리지 않을 경우 꼬마전구에 불이 켜질 수 있도록 제어회로를 집합의 대수법칙을 이용하여 구현하라.

풀이

그림 0.2.4의 세 개의 스위치 중 Y와 Z가 눌리지 않을 경우 꼬마전구에 불을 켜주기 위해서는 제어회로에 존재하는 집합의 연산이 $Y^c \cap Z^c$이어야 한다. 꼬마전구에 불을 켜주기 위해서는 제어회로의 출력 값이 존재하여야 하고, 두 버튼이 모두 눌리지 않을 경우 공집합이 아닌 출력 값을 나타내기 위해서는 집합 Y와 집합 Z가 모두 공집합이어야만 $Y^c \cap Z^c$가 전체집합을 나타낼 수 있다. 이때, 스위치 X의 눌림 여부는 꼬마전구의 불을 켜는 데 영향을 미치지 못한다.

우리가 이산수학을 학습하는 동안 집합의 개념 중 전체집합에 해당하는 상태는 시스템에 전류가 흐르는 상태로, 공집합에 해당하는 상태는 시스템에 전류가 흐르지 않는 상태로 연관 지어 기억하면 좋을 것으로 생각된다.

일반적으로, 이산수학과 공학 분야에서는 시스템의 동작 여부를 구분 짓기 위하여 동작 상태와 정지 상태로 구분할 수 있으며, 시스템이 동작하는 상태는 전류가 흐르는 상태, 전류가 흐르게 되면 시스템 내부에 전압이 걸리는 상태로 정의하며, 이를 약속하기 위하여 집합에서의 전체집합, 명제에서 참의 값, 부울 대수에서의 1의 값을 활용할 수 있다. 마찬가지로, 시스템의 정지 상태를 나타내는 것은 전류가 흐르지 않는 상태, 전류가 흐르지 않게 되면 시스템 내부에 전압이 0V인 상태로 정의하며, 이를 약속하기 위하여 집합에서의 공집합, 명제에서 거짓의 값, 부울 대수에서의 0의 값을 활용할 수 있다. 본 장에서 언급한 집합 이외의 명제 및 부울 대수를 이용한 약속과 관련한 세부내용은 추후 언급하도록 한다.

이러한 내용들은 이산수학을 처음 접하는 이들에게는 다소 어려운 개념으로 다가설 수 있으나, 본 교재를 통한 학습이 마무리될 시점 즈음에는 자연스럽게 이해가 될 것으로 생각하며, 현재 상태에서 이해가 되지 않을 경우 0장의 내용은 부담감 없이 읽고 지나간 후, 전체적인 학습이 이루어진 뒤 다시 읽어보면 쉽게 이해될 수 있을 것으로 기대하는 바이다.

제 1 장

수의 체계와 집합

컴퓨터는 수를 가지고 연산한다. 원래 수의 빠른 계산을 위한 것이 컴퓨터를 만든 중요한 목적 중의 하나이나.

수의 체계는 컴퓨터의 메모리상에 저장되는 형태를 결정짓는 데이터 타입과 연계하여 생각할 수 있으며, 수의 체계를 아날로그와 디지털 개념의 관점에서 구분할 수 있어야 한다.

집합은 디지털 시스템의 스위치 기능을 구현할 수 있으며, 프로그래밍 언어상에서는 집합의 개념을 if문, case문 등의 제어에 활용할 수 있다.

요약

1.1
수의 세계

숫자 또는 수치는 양을 기술하기 위해 사용하는 추상적인 개념으로, 수는 물체의 수량, 숫자는 수를 표시하기 위한 기호이다.

수의 체계

자연수는 물건의 개수를 세기 위해 만들어진 수로, 자연수에 음수를 포함하여 정수의 개념이, 정수에 나눗셈을 포함하여 유리수의 개념이 생겨났다. 나눗셈으로는 표현되지 않는 수를 표현하기 위하여 무리수라는 개념을 적용하였으며, 유리수와 무리수를 모두 포함하는 실수라는 개념이 등장하게 되었다.

대수 방정식의 해법을 찾는 과정에서 허수를 포함하는 복소수가 생겨나게 되었으며, 이로 인하여 "수라는 것은 단순히 양을 기술하기 위한 도구" 라는 생각에서 벗어나게 되었다.

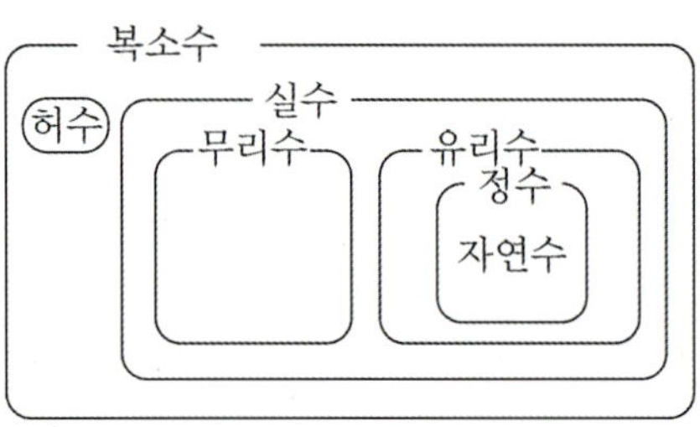

컴퓨터공학에서 수의 체계

컴퓨터는 '수'를 표현하기 위하여 '이진수' 체계를 사용한다.

프로그래밍 언어들은 수의 체계를 명시하기 위하여, 자료형의 개념을 포함한다. 프로그래밍 언어에서 수의 체계 구분을 위하여 사용하는 자료형은 다음과 같다.

- 정수(integer)
- 불린(boolean)
- 문자 한 개(character)
- 부동소수점(floating-point number). 종종 실수라고도 불림
- 숫자, 문자로 이루어진 문자열(string)

C와 Python의 자료형 및 선언 방법 비교

	C		Python	
정수형	short	short a = 1;	int	a = 32351
	int	int b = 456;		
	long	long c = 587;		
문자형	char	char d = 'a';	str	b = 'b'
실수형	float	float e = 3.14;	float	c = 2.8
	double	double f = -6.9;		
복소수형	–		complex	d = 7+4j

기수법

기수법은 수를 표현하는 방법을 말한다. 하나의 수도 기수법에 따라 다양한 형태로 표시될 수 있다.

$$1 = +1 = 1.0 = \frac{1}{1} = 0.\overline{9} = 0.\dot{9} = 0.99999 \ldots$$

컴퓨터에서 사용하는 기수법

컴퓨터에서는 실수를 표현하기 위하여 다음과 같은 두 가지 방법을 사용한다.

- 고정 소수점

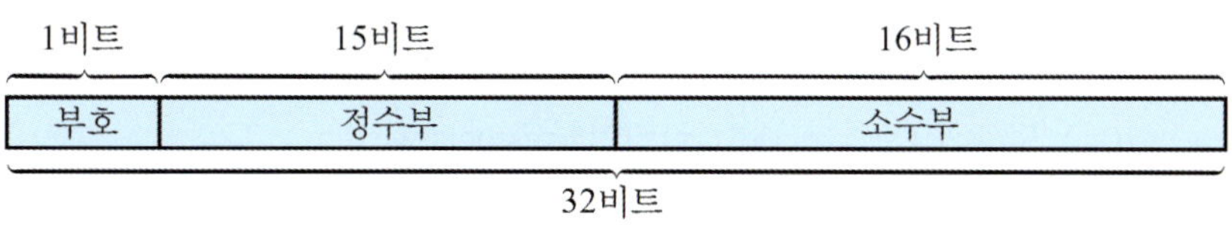

요약

· 부동 소수점

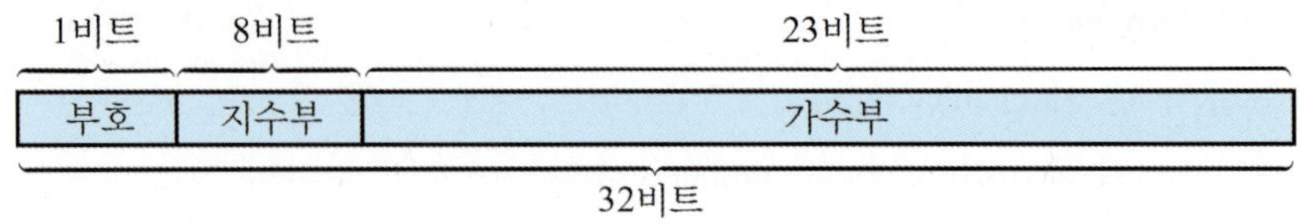

우리에게 잘 알려져 있는 수의 체계로는 자연수, 정수, 유리수, 실수 그리고 복소수가 있다.

자연수(Natural Number)

일반적으로 **자연수**는 $\mathbb{N}=\{1,\ 2,\ 3,\ \cdots\}$으로 양의 정수를 말한다.

자연수에 0을 포함시키는 수의 모임을 전체수(whole numbers)라고 하기도 한다. 이러한 수의 모임을 집합이라고 부르는데 집합에 관해서는 1.2절에서 상세히 다루기로 하자.

집합 $\mathbb{N}$에서 임의의 두 자연수 x, y에 대해서 $x+y$와 $x \cdot y$는 또다시 자연수가 된다.

이것을 집합 $\mathbb{N}$은 합과 곱에 **닫혀 있다**(closed)고 말한다. 그러나 $\mathbb{N}$은 차 또는 나누기에는 닫혀 있지 않다는 것을 잘 알 수 있다. 이것은 순수하게 대수적 관점에서 $\mathbb{N}$은 불완전하여 더 큰 수 체계인 정수와 유리수로 확장해 나가는 이유이기도 하다.

$\mathbb{N}$에서 덧셈과 곱셈 연산은 다음과 같은 규칙을 만족한다.

(i) 덧셈과 곱셈에 대한 **교환법칙**(commutative law)

$$x+y=y+x,\quad x \cdot y=y \cdot x$$

(ii) 덧셈과 곱셈에 대한 **결합법칙**(associative law)

$$x+(y+z)=(x+y)+z,\quad x \cdot (y \cdot z)=(x \cdot y) \cdot z$$

(iii) **분배법칙**(distributive law)

$$x \cdot (y+z)=x \cdot y+x \cdot z$$

자연수
프로그래밍 언어에서 자연수를 활용하기 위한 데이터 타입 선언 방법(프로그래밍 언어에서는 자연수를 활용하기 위하여 정수의 데이터타입을 선언하여야 한다. 음의 정수를 사용하지 않기 위해서는 unsigned 타입을 활용한다.)

C언어에서 예)

```
int a, b, c;
unsigned int a, b, c;
```

닫혀 있다
닫혀 있다라는 것은 어떤 수 체계의 수들의 연산 결과가 해당하는 수 체계 내의 수로 나타날 때 '닫혀 있다'고 하며, 프로그래밍 언어의 변수 선언 시에는 변수들 간의 연산 결과가 닫혀 있는지 확인하여야 한다. 연산결과가 만일 닫혀 있지 않은 결과가 나타나면, 해당 변수의 타입을 변경하여 사용하여야 한다.

하지만 이러한 대수적 고찰 외에 ℕ에 대해 특별히 기본적인 중요한 사항들이 있다. 자연수의 구성원들은 순서를 가지며 그 순서는 헤아리는 데 이용되며 이것은 **수학적 귀납법 원리**(mathematical induction)를 이끌어낸다. 즉, 모든 자연수 n에 대해 자연수의 **후자**(successor) $S(n)=n+1$이 존재한다. 임의의 자연수 n은 1(혹은 0)에서 시작하여 유한 번 S를 적용함으로써 얻어진다는 사실은 수학적 귀납법의 기본 사고이다. 이 개념은 프로그래밍 언어에서 활용하는 **반복**(iteration)과 **재귀**(recursion)를 구현하는 기본 개념으로 활용할 수 있다.

수학적 귀납법(mathematical induction)
수학적 귀납법이란 자연수와 관련한 명제에서, 어떤 명제가 모든 자연수에 대하여 성립함을 보이는 증명 방법을 말한다..

반복
프로그래밍 언어에서 반복적인 연산을 구현하기 위해서는 for문, while문, do while문 등을 활용한다.

재귀(recursion)
재귀란 어떠한 사실을 정의할 때 자기 자신을 재참조하는 것을 뜻하며, 프로그래밍 언어에서 함수를 정의 시 재귀함수의 형태가 종종 사용된다.

수학적 귀납법의 원리

ℕ이 자연수의 집합으로서 다음과 같은 특성을 만족한다고 하면,

(i) $1 \in \mathbb{N}$

(ii) 만약 k가 자연수이고 k보다 작은 모든 자연수가 ℕ 안에 있다면 k는 ℕ 안에 있다.

따라서 ℕ은 모든 자연수를 포함한다.

이러한 수학적 귀납법 원리를 사용하는 증명은 다음과 같은 세 단계를 거친다.

먼저 자연수 n에 대하여 $S(n)$을 n에 종속되는 어떤 성질이라 할 때

> 1단계 : $n=1$일 때 $S(1)$이 성립한다.
> 2단계 : $n=k$일 때 $S(k)$가 성립한다고 가정한다.
> 3단계 : $n=k+1$일 때 $S(k+1)$이 성립함을 확인한다.

예제 1.1.1 임의의 자연수 n에 대하여 $1+2+3+\cdots+n=\dfrac{n(n+1)}{2}$임을 증명하라.

풀이

$n=1$에 대하여 성립함을 확인

$$S(1) = 1 = \frac{(1)(1+1)}{2}$$

$n = k \in \mathbb{N}^+$에 대하여 성립한다고 가정

$$S(k) = 1 + 2 + \cdots + k = \frac{k(k+1)}{2}$$

그리고 난 후, $n = k+1$에 대하여 성립함을 확인

$$\begin{aligned} \text{즉, } S(k+1) &= 1 + 2 + \cdots + k + (k+1) \\ &= \frac{k(k+1)}{2} + (k+1) = \frac{(k+1)(k+2)}{2} \end{aligned}$$

이므로, $n = k+1$에 대하여 성립함을 알 수 있다. 따라서 어떤 $n \in \mathbb{N}^+$에 대하여도

$$S(n) = 1 + 2 + 3 + \cdots + n = \frac{n(n+1)}{2}$$

$S(n)$이 성립함을 알 수 있다.

예제 1.1.2 임의의 자연수 $n \geq 5$에 대하여, $2^n > n^2$임을 증명하라.

풀이

1단계로 $n = 5$일 때, $2^5 = 32 > 5^2 = 25$이므로 위 문제의 부등식이 성립함을 확인하고, 2단계로 수학적 귀납법에 의해서 $n = k$일 때 $2^k > k^2$가 성립한다고 하자. 그리고 난 후, 3단계로 $n = k+1$일 때 성립함을 확인한다.

$$(2^{k+1} = 2 \cdot 2^k) > (2 \cdot k^2 = k^2 + k^2)$$

한편 임의의 자연수 $k \geq 5$에 대하여 $k^2 > 2k+1$이므로

$$2^{k+1} > k^2 + 2k + 1 = (k+1)^2$$

가 성립한다. 따라서 임의의 자연수 $n \geq 5$에 대하여, $2^n > n^2$이 성립함을 알 수 있다.

정수(Integers)

양의 정수, 0, 음의 정수로 이루어진 집합을 **정수**라고 한다. 즉,

$$\mathbb{Z} = \{\cdots, -3, -2, -1, 0, 1, 2, 3, \cdots\}$$

이다.

$\mathbb{N}$에서 $\mathbb{Z}$로 확장하여 생각하는 이유는 차가 가능하도록 하기 위한 것이다. 즉, $\mathbb{Z}$ 안에서 임의의 두 정수 x, y는 $x+y$, $x-y$, $x \cdot y$가 $\mathbb{Z}$에 닫혀 있다.

정수 집합 $\mathbb{Z}$에서도 자연수의 집합과 마찬가지로 덧셈과 곱셈은 교환, 결합, 분배법칙을 만족한다. 정수 0은 **덧셈에 대한** **항등원**(identity)이라고 하며, 이는 덧셈에서 모든 정수 x에 대해서 $x+0=x$가 됨을 의미한다. 또한 자연수 1은 **곱셈에 대한 항등원**으로서 모든 정수 x에 대하여 $1 \cdot x = x$가 됨을 의미한다.

정수에서는 0을 제외한 모든 자연수에 대해 1과 -1, 2와 -2 등과 같이 각 수에 대해 쌍들을 생각할 수 있다.

정수 집합 $\mathbb{Z}$에서는 $a+x=b$ 형태의 모든 방정식이 해를 가지며, $b-a$ 형태로 나타낼 수 있다. 특히 $a+x=0$과 같은 형태의 방정식은 해로서 $0-a=-a$를 가지며 이것을 **합의 역수**(additive inverse)라 부르기도 한다.

이것은 최소의 비용으로 산술 계산을 할 수 있게 개선했다고 볼 수 있다. 그러나 $\mathbb{Z}$에서는 $\mathbb{N}$의 중요한 귀납법 성질이 상실되었다. 이는 우리가 수의 개념을 확장함으로써 산술 계산은 개선할 수 있지만 다른 좋은 성질들이 상실될 수 있다는 것을 보여준다.

정수
프로그래밍 언어에서 정수를 활용하기 위한 데이터 타입 선언 방법

C언어에서 예)
```
int a, b, c;
```

항등원
임의의 수에 특정연산(+, −, ×, ÷)을 수행한 결과가 자기 자신과 같은 수가 나오도록 만들어주는 수를 그 연산의 항등원이라고 한다.

합의 역수
그 수에 더했을 때 0이 되는 수이다. 실수의 반수는 원래의 수에서 절댓값을 그대로 둔 채 부호만을 정반대로 취하여 얻는다. 양수의 반수는 음수, 음수의 반수는 양수, 0의 반수는 0이다.

유리수

정수에서 $a \cdot x = b$ 형태의 모든 방정식의 해를 구하는 것은 가능하지 않으며, 이러한 형태의 방정식의 해를 구하기 위하여 유리수의 개념을 도입한다. (물론 a는 0이며 b는 0이 아닌 경우는 제외한다.)

임의의 두 정수 a와 b $(b \neq 0)$로 $\frac{a}{b}$ 기약분수 형태로 표시할 수 있는 모든 수를 **유리수**라 하고 $\mathbb{Q}$로 표기한다. 즉, 만약 $bc=ad$이면 두 분수 $\frac{a}{b}$와 $\frac{c}{d}$는 같은 수임을 알 수 있다.

유리수
프로그래밍 언어에서 유리수를 활용하기 위한 데이터 타입 선언 방법(프로그래밍 언어에서는 유리수를 활용하기 위하여 실수의 데이터타입을 선언하여야 한다.)

C언어에서 예)
```
float a, b, c;
double a, b, c;
```

제수(除數)
나눗셈에서 어떠한 수를 나누는 수

유리수 집합 $\mathbb{Q}$는 합, 차, 곱, 나눗셈(**제수**가 0이 아닐 경우)에 대해서 닫혀 있다. 따라서 a, b가 유리수이고 $a \neq 0$이면, 방정식 $ax = b$는 유리수 해를 가진다. 그 해를 찾기 위해서, a는 $\frac{c}{d}$로 b는 $\frac{e}{f}$로 두고 c, d, e, f는 정수라 가정하자. 그러면 분수 $\frac{ed}{fc}$는 $ax = \frac{c}{d} \times \frac{ed}{fc} = \frac{e}{f} = b$이므로 방정식 $ax = b$의 해이다. 특히 $a \neq 0$이면 방정식 $ax = 1$은 해로서 $\frac{1}{a}$을 가지며 a의 **곱의 역수**(multiplicative inverse)라 한다.

곱의 역수
그 수와 곱하면 곱셈 항등원이 되는 수를 말한다.

유리수의 덧셈과 곱셈 연산은 교환, 결합, 분배법칙을 만족한다. 또한 $\mathbb{Q}$에서는 순서를 가지고 있다.

분리된 순서
어떤 정수가 순서에서 다음 원소를 단 한 개만 가진다는 의미

그러나 수학적 귀납법은 성립하지 않고 $\mathbb{Z}$에 대해 만족하는 '**분리된 순서**'도 상실된다. $\mathbb{Q}$에서는 만약 $q_1 < q_2$라고 하면 $\frac{q_1 + q_2}{2}$는 q_1과 q_2 사이에 있고 q_1, q_2 둘 다 유리수이면 $\frac{q_1 + q_2}{2}$도 유리수이므로 이 순서는 조밀하다는 것을 의미하며, 이는 두 유리수 사이에 무수히 많은 유리수가 존재한다는 것을 의미한다.

유리수의 십진 분수 표현

유리수를 두 정수의 나눗셈을 한 결과로 표현하는 것도 하나의 표현방법이 될 수 있으며, 그것을 **소수**(decimal fraction)라 한다. 소수는 10진 숫자들의 연속 다음에 소수점, 그리고 다시 10진 숫자들의 연속으로 표시한다. 소수점 다음에 오는 숫자들의 연속은 유한하거나 무한할 수도 있다.

소수
컴퓨터상에서는 실수를 근사화하여 표현할 때 부동 소수점을 활용한다.
부동 소수점은 최상위 비트인 부호비트, 지수부(exponent)와 가수부(fraction/mantissa)로 표현한다.

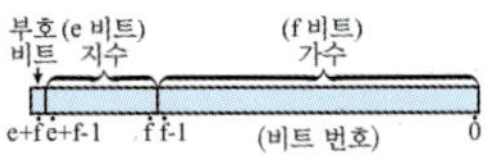

소수를 얻기 위해서는 긴 나눗셈이 필요하다. 나머지의 연속이 만들어지는데 거기에는 두 가지 가능성이 있다. 하나는 나머지가 0이어서 나누기를 더 이상 할 필요가 없거나, 0이 끝까지 나타나지 않아서 나누기를 계속해야 하는 경우가 있다. 예를 들어 $\frac{1}{4} = 0.25$인 경우에 세 번째 나누기에서 0이 나머지로 나타난다. 그러나

$$\frac{1}{3} = 0.3333\cdots$$

이다. 사실 3은 무한히 반복되는데 때때로 $\frac{1}{3} = \bar{3}$과 같이 쓰기도 한다.

실수

우리는 지금까지 유리수가 유한 또는 무한의 소수로 표시된다는 것을 보았다. 무한소수 중 반복하지 않는 무한소수를 무리수라 한다. 예를 들어 무한의 소수 0.1010010001000010000001⋯는 무리수이다.

비록 유리수가 실선을 따라 매우 조밀하게 채워져서 나타나더라도 유리수에 대응하지 않는 길이들이 있다는 의미에서 많은 '빈 공간'이 있다는 점을 기억해야 한다. 잘 알려진 예로 한 변의 길이가 1인 사각형의 대각선의 길이인 $\sqrt{2}$와 지름의 길이가 1인 원주의 길이 π가 있다.

> **실수**
> 프로그래밍 언어에서 실수를 활용하기 위한 데이터 타입 선언 방법은 유리수의 방법과 동일하다.
>
> C언어에서 예)
> float a, b, c;
> double a, b, c;

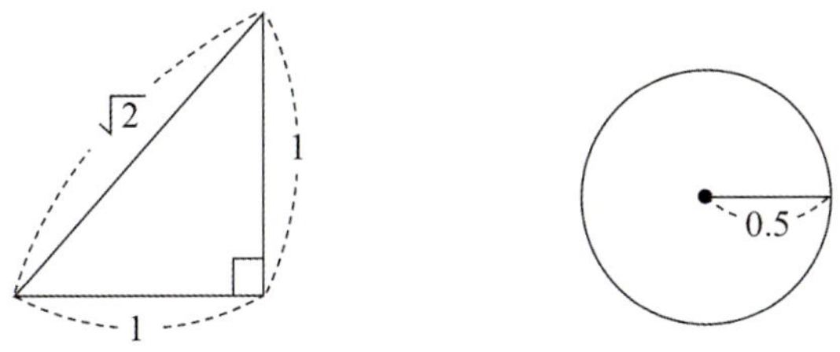

그림 1.1.1 무리수 $\sqrt{2}$와 π

또 다른 중요한 예는 기하학적 직관이 명백하지 않은 무리수인 **자연 대수의 밑**(the base of natural logarithms)

$$\begin{aligned} e &= \frac{1}{0!}+\frac{1}{1!}+\frac{1}{2!}+\frac{1}{3!}+\frac{1}{4!}+\frac{1}{5!}+\cdots \\ &= 1+1+\frac{1}{2}+\frac{1}{6}+\frac{1}{24}+\frac{1}{120}+\cdots \\ &= 2.718281828459\cdots \end{aligned}$$

이 있다.

> **자연 대수의 밑**
> 국내 정식 수학 용어는 자연로그의 밑이며, 무리수인 상수로 나타내어지며 기호 e로 표기한다.

예제 1.1.3 $\sqrt{2}$가 무리수임을 증명하라.

풀이

먼저 $\sqrt{2}$는 유리수라고 가정하고 모순이 되도록 유도한다. 만약 $\sqrt{2}$가 유리수이면 기약분수 $\frac{p}{q}$ $(q \neq 0,\ p,\ q$는 정수)로 표시될 수 있다.

$\left(\frac{p}{q}\right)^2 = 2$이기 때문에 $p^2 = 2q^2$이다. 여기서 p^2은 짝수이어야 하므로 p도 반드시 짝수이어야 한다. 따라서 $p = 2r$이라 가정하면, $2r^2 = q^2$이 되고 마찬가지 이유로 q도 짝수이어야 한다. 그러나 p와 q가 모두 짝수라는 것은 가정에 모순이 된다. 왜냐하면 $\frac{p}{q}$는 기약분수라 가정했기 때문이다. 따라서 $\sqrt{2}$는 유리수가 아니다. ■

실수

실수 집합 $\mathbb{R}$은 유리수와 무리수로 구성되어 있으며 모든 실수는 직선 위의 모든 점으로 표현된다는 기하학적 해석은 명백하다. 우리는 이를 '실선'이라 말한다.

컴퓨터는 유한 상태 기계여서 실수를 표현할 때에 유한 장소만 허용되므로 이는 컴퓨터가 유리수가 아닌 정수와 실수의 자료 유형들만 통상적으로 가질 수 있는 이유이기도 하다.

유한 상태 기계
유한 상태 기계(finite-state machine, FSM) 또는 유한 오토마타(finite automata)는 컴퓨터 프로그램과 전자 논리 회로를 설계하는 데에 쓰이는 수학적 모델을 의미하며, 간단히 '상태 기계'라고 부르기도 한다.

복소수

실수의 집합 $\mathbb{R}$은 방정식 $x^2 = 2$를 포함하여 유리수 계수를 가지는 많은 다항식의 해를 포함한다. 그러나 실수가 언제나 모든 다항식의 해를 포함하고 있는 것은 아니다. 예를 들어서 방정식 $x^2 = -1$의 실수인 해는 없다.

유리수 계수를 가진 모든 다항식의 해를 구하기 위해서 더 큰 복소수라는 수 체계를 만들어 보자. 이 수 체계는 $\mathbb{C}$라 표시하고 i라는 기호를 사용하여 $x^2 = -1$의 해를 표시할 수 있다.

$\mathbb{R}$에서 $\mathbb{C}$로 확장하는 이유는 모든 다항 방정식을 풀 수 있도록 하기 위함이다.

복소수 집합 $\mathbb{C}$는, a와 b는 실수이고 $i^2 = -1$인 $a + bi$ 형태의 모든 수의 집합이다. 또한 $a + bi$와 $a - bi$를 켤레복소수라고 한다. $\mathbb{R}$에서 $\mathbb{C}$로 가는 단계는 형식상 가장 쉬우나 $\mathbb{C}$상에서는 자연적인 방법으로 순서를 정하는 것이 더 이상 가능하지 않는다. 대신에 $\mathbb{C}$는 평면에서 가장 잘 보이는 집합이다. 즉 $a + bi$가 평면에서는 좌표 (a, b)와 일대일 대응이 되며 이는 컴퓨터에 쉽게 표현된다. 복소수 계산은 $i^2 = -1$을 이용하여

복소수
프로그래밍 언어인 C언어에서 복소수를 표현하기 위해서 구조체를 별도로 정의하여 활용하여야 하며, 파이썬에서는 a+bj(a와 b는 상수)와 같은 형태로 표현할 수 있다.

켤레복소수
복소수의 허수부에 덧셈 역원을 취하여 얻는 복소수이다. 다시 말해, 편각에 덧셈 역원을 취하여 얻는 복소수이다. 켤레복소수를 서로 더하거나 곱하면 허수부는 사라지고 실수부만 남게 된다.

평면
복소평면(複素平面)은 복소수를 기하학적으로 표현하기 위해 개발된 좌표평면으로 서로 직교하는 실수축과 허수축으로 이루어져 있다.

$$(a+bi)+(c+di)=(a+c)+(b+d)i$$

$$(a+bi)\times(c+di)=ac+adi+bci+bdi^2=(ac-bd)+(ad+bc)i$$

이다.

복소수도 교환, 결합, 분배법칙이 성립한다. 0은 덧셈에 대한 항등원이고, 1은 곱셈에 대한 항등원이다. 또한 모든 복소수에 대하여 합의 역수가 존재하며, 또한 0을 제외한 모든 복소수는 곱의 역수를 가지고 있다.

- 수 체계는 결국 동일한 성질을 가지는 수들의 집합을 의미한다.
- 수 체계 중 자연수, 정수, 유리수의 경우 이산적인 성질(디지털)을 포함하고 있으며, 실수, 복소수의 경우 연속적인 성질(아날로그)을 포함하고 있다.
- 수 체계에 포함된 수는 집합의 형태로 표시될 수 있다.

요약

1.2 집합

집합

집합의 개념은 수학과 응용 수학의 모든 분야에서 기본이 된다. 집합(集合, 영어: set)은 특정한 조건(명확한 기준에 의하여 구분 가능한)에 맞는 객체들의 모임(a collection of distinct elements)을 말하며, 이러한 객체를 원소라고 한다. 어떤 원소들이 집합에 속하는지 여부는 명확하게 구분 가능하여야 하며, 이러한 성질은 공학적 분야에서 다양한 응용을 가능하게 한다(시스템 ON/OFF 기능을 담당하는 스위치로서의 동작 등).

집합에서는 기본적으로 순서가 중요하지 않으나, 때때로 집합론을 확장 시 순서를 고려해야 하는 경우가 있다(순서쌍 등). 집합론은 거의 모든 수학 이론을 전개하는 토대가 된다.

집합에 포함되는 집합의 원소는 항상 명확하게 포함 여부가 구분 가능하여야 한다. 즉, 각각의 원소는 특정 집합에 속하거나 속하지 않거나 둘 중 하나로 정확히 구분되어야 한다. 다만, 공학 등에서 필요에 따라 정의된 퍼지집합의 경우에는 예외로 한다. 집합의 원소들은 서로 다르며, 같은 원소가 여러 개 존재할 수 없다. 또한, 집합의 원소들 사이에는 대소 관계나 선후 관계와 같은, 순서에 따른 구분이 무의미하며, 덧셈이나 곱셈과 같은 연산을 수행하지 않는다.

컴퓨터공학에서 집합

집합을 공학적 분야로 접목 시 시스템 제어를 위한 스위치로서의 기능을 구현할 수 있다. 즉, 특정 집합이 특정한 원소를 포함하는지 여부에 따라 시스템을 ON 또는 OFF로 제어할 수 있다.

예를 들면, $ON=\{1,3,5,7,9,\cdots\}, OFF=\{2,4,6,8,10,\cdots\}$라는 집합이 시스템상에서 정의된 후, 입력장치로부터 입력되는 값에 따라 시스템의 ON/OFF를 제어한다고 가정할 시 위 집합은 홀수가 입력되면 시스템을

요약

ON 상태로, 짝수가 입력되면 시스템을 OFF 상태로 제어하게 된다. 이러한 제어는 프로그래밍 언어상에서 조건문(if-then구문 또는 case문 등)을 활용하여 간단하게 구현할 수 있다.

더 간단하게, 시스템 ON/OFF를 제어하기 위해서는 전체집합과 공집합의 개념을 도입할 수 있다. 예를 들면, $ON = U, OFF = \varnothing$ 으로 정의할 시 간단한 조건문만으로 임의의 입력이 주어지게 되면 시스템이 ON 상태로, 아무런 입력도 주어지지 않게 되면 시스템을 OFF 상태로 제어할 수 있다.

이러한 집합의 성질을 실질적인 응용 분야로 활용 시 나타나는 제약 사항을 극복하기 위하여 퍼지집합이라는 개념이 도입되었다. 퍼지집합(fuzzy set)은 기존의 집합을 퍼지 논리 개념을 사용하여 확장한 것으로, 집합의 소속 정도를 0과 1 사이의 실수로 표현한다. 즉, 기존의 집합론 개념과 같이 원소가 소속될 시 퍼지집합에서는 소속 정도를 1로 표시하며, 원소가 해당집합에 소속되지 않을 시 퍼지집합에서는 소속 정도를 0으로 표시한다. 이와 더불어 퍼지집합에서는 기존의 집합론에서는 표현할 수 없는 소속 정도를 0과 1 사이의 값으로 표시한다.

이러한 퍼지집합의 개념은 디지털시스템의 전반적인 분야에서 활용되며 특히, 인공지능 개념이 필요한 많은 시스템에서 응용되고 있다.

집합(set)이란 공통적인 성질을 가진 **대상**(object)들의 **모임**(collection)이라 정의하고 대문자 A, B, X, Y 등으로 표시한다. 그 집합을 구성하는 객체를 **원소**(element) 또는 **구성원**(member)이라 하고 소문자 a, b, x, y 등으로 표시한다. 그리고 x가 집합 A의 원소일 때 $x \in A$, 집합 A의 원소가 아닐 때는 $x \notin A$라 표시한다.

집합
프로그래밍 언어에서는 집합은 배열을 활용해서 표현한다.

C언어에서 예)
A={1,2,3}
→ int A[3] = {1,2,3};

예제 1.2.1 집합 $A = \{1, 2, 3\}$이면 $1 \in A$, $2 \in A$, $3 \in A$이지만, $4 \notin A$이다. ■

집합을 표시하는 방법에는 두 가지가 있다.

첫 번째 방법은 집합의 원소를 단순히 나열하는 **원소나열법**이다. 예를 들면 10보다 작은 짝수의 집합은 $A=\{2, 4, 6, 8\}$이다. 여기에서 원소들 간의 순서는 무시된다. 그러나 이 방법은 원소의 개수가 많은 집합을 정의하는 데는 좋지 않다.

조건제시법
일반적으로 무한집합의 경우 조건제시법으로 표기하며, 유한집합의 경우에도 원소의 수가 지나치게 많을 경우 조건제시법으로 표기한다.

따라서 두 번째 방법은 집합을 구성하는 원소들의 성질을 기술하여 정의하는 **조건제시법**이다. 다시 말하면 $B=\{x : p(x)\}$이고 'B는 조건 $p(x)$를 만족하는 모든 원소 x의 집합'을 의미한다. 예를 들면 $A=\{x : x$는 10보다 작은 양의 짝수$\}$이다.

앞의 1.1절에서 다룬 수 체계를 집합의 조건제시법으로 표기하면 다음과 같다.

$$\mathbb{N}=\{x : x\text{는 자연수}\}$$
$$\mathbb{Z}=\{x : x\text{는 정수}\}$$
$$\mathbb{Q}=\{x : x\text{는 유리수}\}=\{\frac{a}{b} \mid a, b\text{는 정수이고 } b\neq 0\}$$
$$\mathbb{R}=\{x : x\text{는 실수}\}$$
$$\mathbb{C}=\{x : x\text{는 복소수}\}=\{a+bi \mid a, b\text{는 실수이고 } i^2=-1\}$$

예제 1.2.2 $A=\{3, 5\}$

$$=\{n\in\mathbb{N} : n\text{은 6보다 작은 홀수이고 소수인 자연수}\}$$
$$=\{x\in\mathbb{R} : x^2-8x+15=0\}$$

이다. 또한 $5\in A$이나 $11\notin A$이다. ■

또한, 우리가 논의의 대상이 되는 모든 자료나 대상의 집합을 **전체집합**(universal set, underlying set)이라 하고 U라 표기한다.

예를 들면 인구학에서는 전 세계 인구가 전체집합이며 1보다 크고 10보다 작은 정수 집합에서는 정수 집합 $\mathbb{Z}$가 전체집합이 된다.

공집합
공집합을 표기할 시 가끔 $\{\varnothing\}$로 표기하는 실수를 범하기도 한다. $\{\varnothing\}$는 공집합을 의미하는 것이 아니라, $\varnothing$을 원소로 가지는 집합을 의미한다.

하나의 원소도 갖지 않는 집합을 **공집합**(empty set, null set)이라 하고 $\varnothing$로 표기한다. 예를 들면, $A=\{x : x$는 정수, $2x=1\}$는 어느 정수도 $2x=1$을 만족하지 않으므로 원소가 없다.

집합의 크기를 측정할 수 있는 표준이 되는 자연수를 **기수** 혹은 **농도**(cardinal number)라 한다. 다시 말하면 cardinality란 "집합의 크기"를 말하며 $|A|$로 표기한다. 예를 들면 집합 A가 n개의 원소를 가진 유한집합(finite set)이면 $|A|=n$이다.

유한하지 않은 집합을 **무한집합**(infinite set)이라 한다. 여기서 집합의 종류를 크게 분류해보면 셀 수 있는 **유한집합**(countably finite set), **셀 수 있는 무한집합**(countably infinite set), **셀 수 없는 무한집합**(uncountably infinite set) 등으로 나눌 수 있다. 여기서 셀 수 있는 것이란 자연수 집합과 일대일 대응이 되는 것을 의미한다.

셀 수 있는 무한집합
컴퓨터공학 관점에서 디지털 시스템의 개념에 적용 가능

셀 수 없는 무한집합
컴퓨터공학 관점에서 아날로그 시스템의 개념에 적용 가능

예제 1.2.3 (1) $A=\{2, 4, 6, 8\}$일 때 $|A|=4$이다.
(2) $\mathbb{N}=\{1, 2, 3, \cdots\}$은 셀 수 있는 무한집합이다.
(3) $B=\{x \mid x$는 0과 1 사이 실수$\}$는 셀 수 없는 무한집합이다.

부분집합

집합 A의 모든 원소가 다시 집합 B의 원소이면, 즉 모든 $x \in A$에 대하여 $x \in B$이면 '집합 A는 집합 B의 **부분집합**(subset)이다' 또는 '집합 A는 집합 B에 포함된다'라고 하며 $A \subset B$로 표기한다.

예를 들면, $3 \in \{1, 3, 5\}$인 반면에 $\{3\} \not\in \{1, 3, 5\}$가 아니라 $\{3\}$은 3을 원소로 가지는 $\{1, 3, 5\}$의 부분집합이므로 $\{3\} \subset \{1, 3, 5\}$로 표시한다.

집합을 그림으로 나타낸 것을 **벤 다이어그램**(Venn diagram)이라 한다. 이는 집합들 사이에 포함관계를 시각적으로 보여주는 데 아주 유용하게 사용되며 영국의 논리학자 벤(John Venn)에 의해서 도입된 것이다. 예를 들어 $A \subset B$를 벤 다이어그램으로 나타내면 다음과 같다.

벤 다이어그램(Venn diagram)
벤 다이어그램(Venn diagram)이란 서로 다른 집합들 사이의 관계를 표현하는 다이어그램을 말한다. 전체집합과 부분집합의 관계, 부분집합과 또 다른 부분집합과의 관계, 그리고 부분집합과 전체집합의 여집합 등을 폐곡선으로 나타낸다.

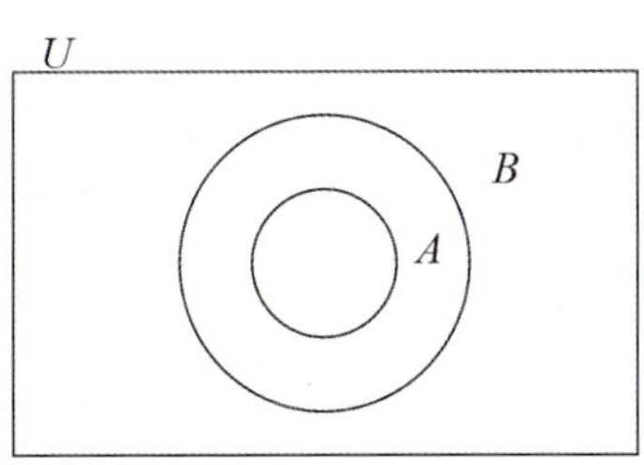

그림 1.2.1 $A \subset B$의 벤 다이어그램

진부분집합
진부분집합(proper subset)이란, 부분집합 중 A = B인 경우(포함하는 집합과 포함되는 집합이 동일한 경우)를 제외한 부분집합을 말한다.

부분집합
임의의 집합 A의 부분집합에는 공집합과 자기 자신(집합 A)이 항상 포함된다.

또한 $A \subset B$이고 $A \neq B$이면 A는 B의 **진부분집합**(proper subset)이라 하고 $A \subsetneq B$로 표기하기도 한다. 모든 집합은 자기 자신의 부분집합이다 $(A \subset A)$.

공집합은 모든 집합의 **부분집합**이다($\varnothing \subset A$). 또한 두 집합 A와 B가 똑같은 원소를 가지면 A와 B가 같다고 하고 $A = B$로 표기한다.

예제 1.2.4 (1) $A \subset B$이고 $B \subset A$이면 $A = B$이다.

(2) 집합 $A = \{1, 3, 5, 7, 9\}$, $B = \{x \mid x$는 홀수이고 $1 \le x \le 10\}$, $C = \{1, 2, 3, 4, 5, 6, 7, 8, 9, 10\}$에 대해서 $A = B$이고 $A \subset C$, $B \subset C$이다.

(3) 집합 $A = \{1, 2, 3, 4\}$이고 집합 $B = \{x \mid x$는 자연수이고 $x^2 < 25\}$일 때, $A = B$이다. ■

예제 1.2.5 1.1절에서 정의한 수의 집합 $\mathbb{N}$, $\mathbb{Z}$, $\mathbb{Q}$, $\mathbb{R}$, $\mathbb{C}$에 대하여 이들 집합들은 다음과 같은 부분집합 관계가 성립한다.

$$\mathbb{N} \subset \mathbb{Z} \subset \mathbb{Q} \subset \mathbb{R} \subset \mathbb{C}$$ ■

멱집합(power set)
해당 집합의 부분집합을 원소로 가지는 집합이다.

한 집합 A의 모든 부분집합을 원소로 가지는 집합을 A의 **멱집합**(power set)이라 하고 $P(A)$로 표시한다.

예제 1.2.6 집합 $A = \{a, b\}$의 멱집합 $P(A)$를 구하라.

풀이

A의 부분집합은 $\varnothing$, $\{a\}$, $\{b\}$, $\{a, b\}$이므로 $P(A) = \{\varnothing, \{a\}, \{b\}, \{a, b\}\}$이다. ■

멱집합의 원소의 수
원소가 n개인 집합의 멱집합 원소의 개수는 2^n개이다.

다음으로 **멱집합의 원소의 수**를 알아보자.

집합 $A = \{a, b, c\}$라 두면 A의 부분집합을 생각할 때 원소 a가 포함되는 경우와 안 되는 경우, 원소 b가 포함되는 경우와 안 되는 경우, 원소 c 역시 포함되는 경우와 안 되는 경우 등을 각각 들 수 있다.

따라서 수학적 귀납법을 이용하면 $P(A)$의 원소의 수는 $|P(A)| = 2^{|A|}$

이 됨을 알 수 있다,

예제 1.2.7 집합 $A=\{x \mid x$는 20보다 작은 자연수 중 소수인 수$\}$의 멱집합 $P(A)$의 원소의 수 $|P(A)|$를 구하라.

풀이

$A=\{2, 3, 5, 7, 11, 13, 17, 19\}$이므로 $|P(A)|=2^{|A|}=2^8=256$이다. ■

교집합과 합집합

임의의 두 집합 A, B에 대하여, A와 B에 공통으로 포함되는 모든 원소들의 집합을 A와 B의 교집합(intersection)이라 하고 $A \cap B$로 표기한다.

즉, $A \cap B=\{x \mid x \in A$이고 $x \in B\}$이다. 또한 $A \cap B$는 A와 B 집합 각각에 포함된다. 즉, $A \cap B \subset A$이고 $A \cap B \subset B$이다.

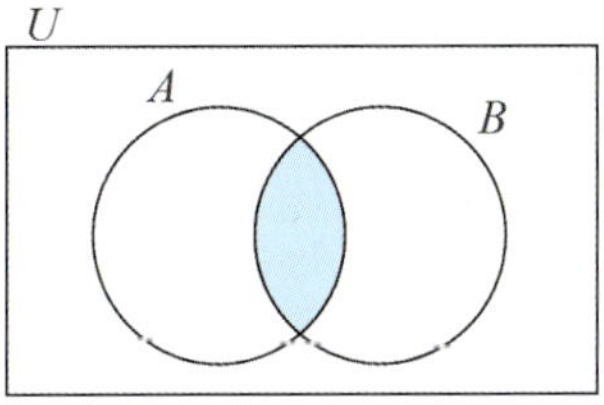

그림 1.2.2 $A \cap B$의 벤 다이어그램

예제 1.2.8 $A=\{a, b, c, d, e\}$, $B=\{b, d, e, g\}$, $C=\{a, h\}$일 때 $A \cap B$와 $B \cap C$를 구하라.

풀이

$A \cap B=\{b, d, e\}$이고 $B \cap C=\varnothing$이다. ■

임의의 두 집합 A, B에 대하여 A 또는 B에 속하는 모든 원소를 포함하는 집합을 A, B의 합집합(union)이라 하고 $A \cup B$로 나타낸다. 즉, $A \cup B=\{x \mid x \in A$ 혹은 $x \in B\}$이다. $A \cup B$는 A와 B 집합 각각을 포함한다. 즉, $A \subset A \cup B$이고 $B \subset A \cup B$이다.

교집합

교집합을 공학적으로 해석하면 A라는 집합과 B라는 집합에 모두 포함되는 원소가 시스템에 입력될 시 시스템이 ON 상태로, 그렇지 않을 시 시스템이 OFF 상태로 전환하는 것을 의미한다(교집합은 직렬로 연결된 두 개의 스위치 역할을 수행한다). 프로그래밍 언어에서 교집합 기능을 구현하기 위해서는 and(논리곱) 연산을 활용할 수 있다.

파이썬에서 예)

```
a = [3,4,5]
b = [1,2,3]
(3 in a) and (3 in b)
```

합집합

합집합을 공학적으로 해석하면 A라는 집합 또는 B라는 집합 둘 중 하나에 포함되는 원소가 입력될 시 시스템이 ON 상태로, A, B 집합 모두에 포함되지 않는 원소가 입력될 시 시스템이 OFF 상태로 전환하는 것을 의미한다(합집합은 병렬로 연결된 두 개의 스위치 역할을 수행 한다). 프로그래밍 언어에서 합집합 기능을 구현하기 위해서는 or(논리합) 연산을 활용할 수 있다.

파이썬에서 예)

```
a = [3,4,5]
b = [1,2,3]
(5 in a) or (5 in b)
```

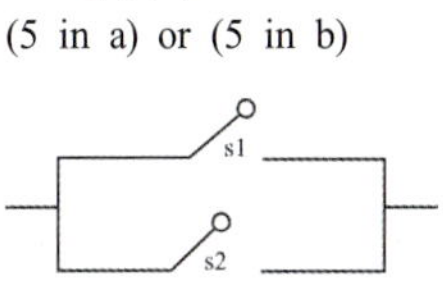

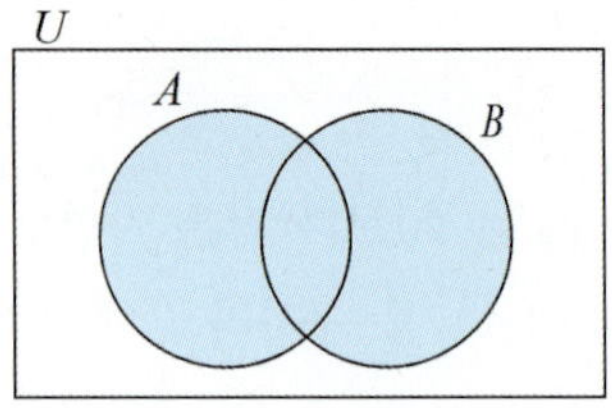

그림 1.2.3 $A \cup B$의 벤 다이어그램

예제 1.2.9 $A=\{a, b, c, d, e\}$, $B=\{b, d, f, g\}$라 하면
$A \cup B=\{a, b, c, d, e, f, g\}$이다. ■

두 개 이상의 집합에 대해서도 합집합과 교집합을 구할 수 있다. 일반적으로 A_1, A_2, A_3, $\cdots$, A_n을 전체집합 U의 부분집합이라 하면

$$A_1 \cup A_2 \cup \cdots \cup A_n = \bigcup_{k=1}^{n} A_k$$

$$A_1 \cap A_2 \cap \cdots \cap A_n = \bigcap_{k=1}^{n} A_k$$

로 표기한다. 여기서, 집합 $I=\{1, 2, 3, \cdots, n\}$라 두면 $x \in \bigcup_{k \in I} A_k$는 $x \in A_k$을 만족하는 $k \in I$가 존재한다는 것이다. 또한 $x \in \bigcap_{k \in I} A_k$는 집합 I에 있는 모든 k에 대해서 $x \in A_k$임을 알 수 있다.

A, B의 공통인 원소가 없을 때, 즉 $A \cap B = \varnothing$일 때 두 집합 A와 B는 **서로소**(disjoint)라고 한다.

예제 1.2.10 $A=\{1, 2, 3, 4\}$, $B=\{3, 4, 5, 6\}$, $C=\{4, 5, 6, 7\}$일 때
$A \cap B \cap C=\{4\}$, $A \cup B \cup C=\{1, 2, 3, 4, 5, 6, 7\}$이다. ■

임의의 두 집합 A, B에 대하여, A에는 속하나 B에는 속하지 않는 모든 원소들의 집합을 A에 대한 B의 **차집합**(difference)라고 하고 $A-B=\{x \mid x \in A$이고 $x \notin B\}$로 나타낸다.

전체집합 U에는 속하지만 A에는 속하지 않는 원소들의 집합을 A의 **여집합**(complementary set)라고 하고 $\overline{A}=\{x \mid x \in U, x \notin A\}$로 나타낸다.

차집합
차집합을 공학적으로 해석하면 A라는 집합에 포함되고 동시에 B의 여집합에 포함되는 원소가 입력될 시에는 시스템이 ON 상태로, 그렇지 않을 시 시스템이 OFF 상태로 전환하게 된다.

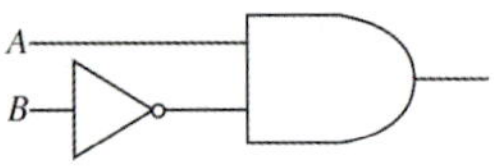

여집합
여집합을 공학적으로 해석하면 A라는 집합에 포함되지 않는 원소가 입력될 시 시스템이 ON 상태로, 그렇지 않을 시 시스템이 OFF 상태로 전환하게 된다. 프로그래밍 언어에서 여집합은 not 연산으로 구현된다.

파이썬에서 예)
a = [3,4,5]

1 not in a

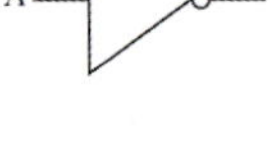

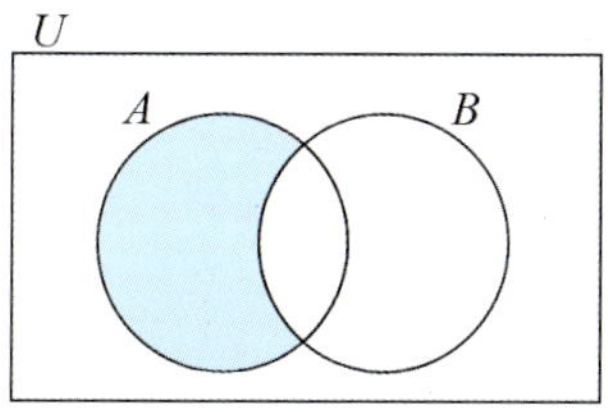

그림 1.2.4 $A-B$의 벤 다이어그램

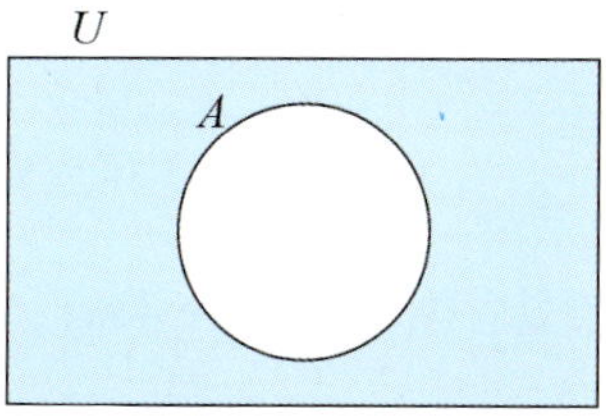

그림 1.2.5 $\overline{A}$의 벤 다이어그램

두 집합 A, B에 대하여, $A \cup B$에 속하나 $A \cap B$에 속하지 않는 모든 원소들의 집합을 **대칭차집합**(symmetric difference of set)이라 하고 $A \oplus B = \{x \mid x \in A \cup B$이고 $x \notin A \cap B\}$로 나타낸다. 즉, $A \oplus B = (A-B) \cup (B-A)$이다.

대칭차집합
공학적 분야에서 배타적 논리합이라고 한다. A집합 또는 B집합 둘 중 하나에만 포함되면 시스템을 ON 상태로, 두 집합 모두에 포함되거나 포함되지 않을 시 시스템을 OFF 상태로 만든다.

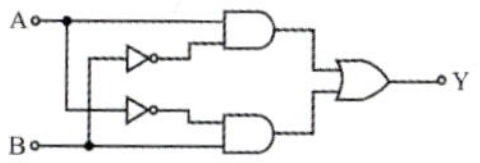

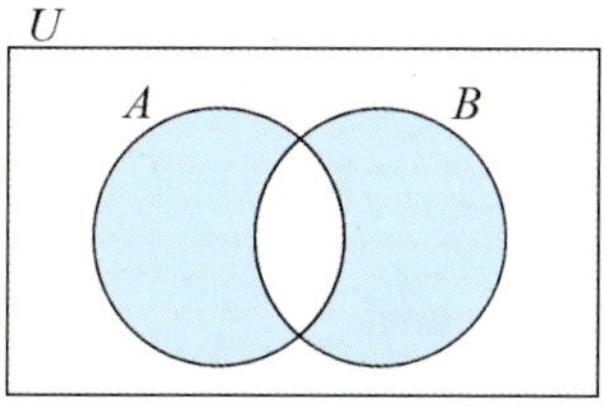

그림 1.2.6 $A \oplus B$의 벤 다이어그램

예제 1.2.11 전체집합 $U = \{x \mid x$는 10보다 작은 자연수$\}$에 대하여 $A = \{x \in U \mid x$는 짝수$\}$, $B = \{x \in U \mid x$는 3의 배수$\}$일 때, $\overline{A}$, $A-B$, $B-A$, $A \oplus B$를 구하라.

풀이

$U = \{1, 2, 3, 4, 5, 6, 7, 8, 9\}$, $A = \{2, 4, 6, 8\}$, $B = \{3, 6, 9\}$이다. 따라서 $\overline{A} = \{1, 3, 5, 7, 9\} = \{x \in U \mid x$는 홀수$\}$이고, $A-B = \{2, 4, 8\}$, $B-A = \{3, 9\}$이다.

따라서 $A \oplus B = (A-B) \cup (B-A) = \{2, 3, 4, 8, 9\}$이다. ■

집합의 대수적 성질

다음은 집합에 관한 대수적 성질들을 살펴보기로 하자. 집합의 연산은 다음 법칙들을 만족한다.

대수적 성질
집합을 스위칭 기능으로 활용 시 대수적 연산은 여러 개의 스위치를 복합적으로 조작하여 제어하는 시스템의 형상으로 이해할 수 있다.

(1) 교환법칙(commutative law)

$$A \cup B = B \cup A,\quad A \cap B = B \cap A$$

(2) 결합법칙(associative law)

$$A \cup (B \cup C) = (A \cup B) \cup C,\quad A \cap (B \cap C) = (A \cap B) \cap C$$

(3) 분배법칙(distributive law)

$$A \cap (B \cup C) = (A \cap B) \cup (A \cap C),\quad A \cup (B \cap C) = (A \cup B) \cap (A \cup C)$$

(4) 멱등법칙(idempotent law)

$$A \cap A = A,\quad A \cup A = A$$

(5) 여법칙(complement law)

$$\overline{\overline{A}} = A,\quad A \cap \overline{A} = \varnothing,\quad A \cup \overline{A} = U,\quad \overline{\varnothing} = U,\quad \overline{U} = \varnothing$$

드모르간 법칙
공학적인 분야에서 스위치 제어에 활용할 시 논리곱은 논리합으로, 논리합은 논리곱으로 바꾸어줄 수 있다.

(6) **드모르간 법칙(De Morgan law)**

$$\overline{A \cap B} = \overline{A} \cup \overline{B},\quad \overline{A \cup B} = \overline{A} \cap \overline{B}$$

(7) 항등법칙(identity law)

$$A \cup U = U,\quad A \cap U = A,\quad A \cup \varnothing = A,\quad A \cap \varnothing = \varnothing$$

집합 연산에 관한 방정식을 벤 다이어그램을 사용하여, 드모르간 법칙 중 하나를 증명해보자.

$$(\overline{A \cup B}) = \overline{A} \cap \overline{B}$$

우선 그림 1.2.7 (a)에 있는 채색된 부분은 그림 (a)에 있는 $A \cup B$에 관한 벤 다이어그램으로부터 $\overline{A \cup B}$임을 알 수 있다. 다음은 그림 (b)에서 보는 바와 같이 $\overline{A}$는 오른쪽 방향으로 빗금을 긋고 $\overline{B}$는 왼쪽으로 빗금을 그어서 나타내었다. 이때 $\overline{A} \cap \overline{B}$는 두 빗금이 교차하는 영역이므로 그림 (c)가 됨을 알 수 있다. 따라서 $\overline{A \cup B}$와 $\overline{A} \cap \overline{B}$는 같은 영역으로 표시되었으므로 같다는 것을 알 수 있다.

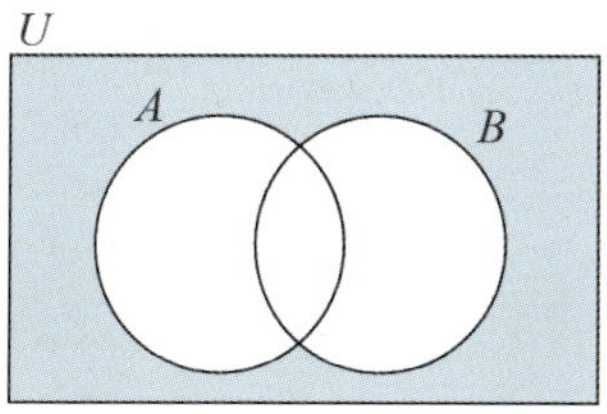

(a) $\overline{A \cup B}$

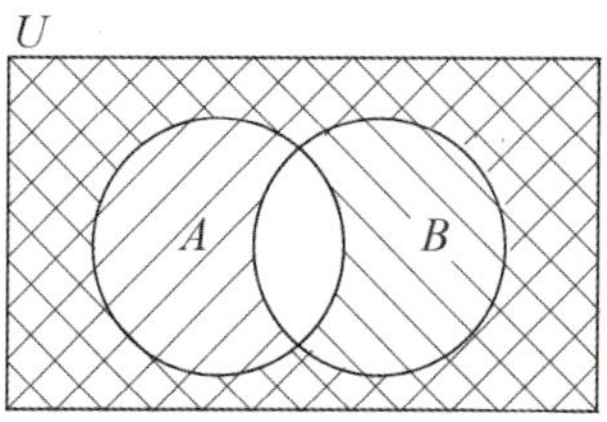

(b) $\overline{A} \cap \overline{B}$ (빗금 교차 영역)

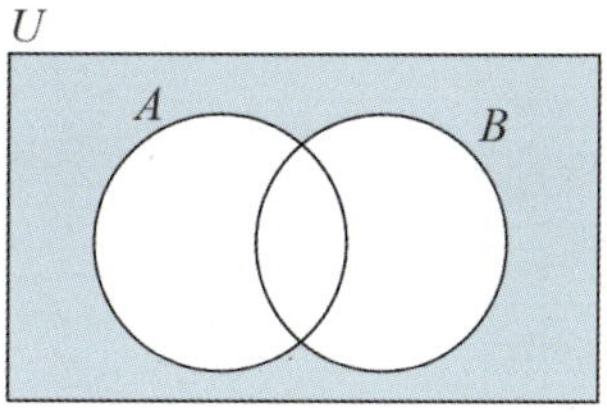

(c) $\overline{A} \cap \overline{B}$ (채색된 영역)

그림 1.2.7 $(\overline{A \cup B}) = \overline{A} \cap \overline{B}$

다음은 전체집합 U에 속하는 두 유한집합 A, B의 합집합 $A \cup B$와 교집합 $A \cap B$에 속하는 원소의 개수 사이의 관계를 알아보자.

먼저 $A \cap B = \varnothing$ 이면 $A \cup B$에 속하는 각 원소는 A이거나 B에 속하고 공통부분의 원소는 하나도 존재하지 않으므로 $|A \cup B| = |A| + |B|$이다. 만일 $A \cap B \neq \varnothing$ 으로 가정하면 그림 1.2.3에서 보는 바와 같이 $A \cap B$에 해당하는 영역은 집합 A와 집합 B에 중복하여 속하므로 $|A| + |B|$를 계산할 때 $|A \cap B|$가 두 번 계산된다.

그러므로

$$|A \cup B| = |A| + |B| - |A \cap B|$$

이다.

이는 세 개의 집합으로 확장할 수 있다. 집합 A, B, C가 유한집합이면 $A \cup B \cup C$도 유한이고,

$$\begin{aligned} |A \cup B \cup C| = &|A| + |B| + |C| - |A \cap B| \\ &- |A \cap C| - |B \cap C| + |A \cap B \cap C| \end{aligned}$$

가 됨을 알 수 있다. 또한, 원소의 개수를 계산하는 대수식은 수학적 귀납법(mathematical induction)을 활용하여 결과를 일반화할 수 있다. 본 교재

포함 · 배제의 공식
조합론에서, 포함배제의 원리(inclusion-exclusion principle)는 유한 집합의 합집합의 원소 개수를 세는 기법이다.

제4장에서 위의 공식을 **포함 · 배제의 공식**이라는 이름으로 다시 한번 학습하도록 한다.

예제 1.2.12 전체 80명의 수학과 학생 중에 70명이 적어도 프랑스어 혹은 독일어 한 과목을 선택한다. 프랑스어는 45명이고 독일어는 30명이 선택하였다면 두 개 언어 모두를 선택한 학생은 몇 명인가?

풀이

프랑스어를 선택한 학생의 집합 A, 독일어를 선택한 학생의 집합을 B라 하면 $|A \cup B| = 70$, $|A| = 45$, $|B| = 30$이므로 $70 = 45 + 30 - |A \cap B|$이다. 따라서 $|A \cap B| = 5$이다. ■

집합의 분할

분할
집합의 분할을 통하여 공학적 분야에서는 스위칭 기능의 세분화를 통한 다양한 기능을 구현할 수 있다.

정의 1.2.1

공집합이 아닌 임의의 집합 S를 서로소이면서 공집합이 아닌 S의 부분집합으로 나눈 것을 S의 **분할**(partition)이라고 한다. 즉 S의 분할 $\{S_1, S_2, \cdots, S_K\}$는 다음과 같은 성질을 만족하는 집합류이다.

(1) $i = 1, 2, \cdots, k$에 대하여 S_i는 공집합이 아닌 집합 S의 부분집합이다.

(2) $S = S_1 \cup S_2 \cup \cdots \cup S_K$

(3) $i \neq j$이면 $S_i \cap S_j = \varnothing$

여기서 집합 S_i를 분할의 블록(block)이라고 한다.

그림 1.2.8은 집합 S가 5개의 블록으로 분할된 것을 보여준다.

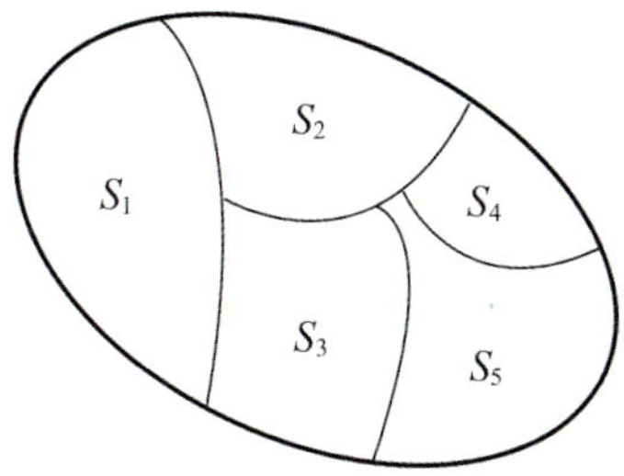

그림 1.2.8 집합 S의 분할

예제 1.2.13 집합 $S = \{1, 2, 3, 4, 5, 6, 7, 8, 9\}$와 $\pi = \{\{1, 4, 5\}, \{2, 6\}, \{3\}, \{7, 8, 9\}\}$라고 할 때 π가 S의 분할임을 증명하라.

풀이

π가 S의 분할임을 보이기 위해 위의 정의 1.2.1의 성질을 만족하는지 살펴본다.

$\pi_1 = \{1, 4, 5\}$, $\pi_2 = \{2, 6\}$, $\pi_3 = \{3\}$, $\pi_4 = \{7, 8, 9\}$라고 하면 π_i(단, $= 1, 2, 3, 4$)는 모두 집합 S의 부분집합이며,

$$\bigcup_{i=1}^{4} \pi_i = \{1, 2, 3, 4, 5, 6, 7, 8, 9\}$$

이므로 $S = \bigcup_{i=1}^{4} \pi_i$이다. 또한, 모든 π_i들에 대하여 $i \neq j$이면 $\pi_i \cap \pi_j = \varnothing$ (단, $i, j = 1, 2, 3, 4$)다. 즉 모든 π_i들은 공통원소가 없는 서로소인 집합들이므로 집합류 π는 집합 S의 분할이다. ■

퍼지집합

현실 세계에서는 참과 거짓으로 명확히 구분할 수 없는 모호한 개념들이 무수히 많다. 이런 모호한 개념들을 어떻게 하면 좀 더 인간의 생각에 가깝게 표현하느냐 하는 것은 오랜 기간 컴퓨터 과학 분야의 숙제였다. 퍼지 이론은 인간이 표현하는 명확하지 않은 값들을 컴퓨터에서 효율적으로 추론해내기 위해 고안된 이론이다.

'영희는 예쁘다'라는 문장은 수학적 개념으로 분명히 명제가 아니다. '영희가 예쁘다'는 관점이 보는 사람마다 차이가 있는, 즉 참과 거짓으로 표현할 수 없는 개념이기 때문이다. 기존 컴퓨터 과학에서 이런 문장을 표현하

소속함수
소속함수가 고전적인 집합에서의 지시함수의 확장임을 알 수 있다.

는 것은 매우 어려웠지만, 퍼지이론을 통하여 이를 실수 값으로 표현하고 집합으로 나타낼 수 있게 되었다. 퍼지집합(fuzzy set)에서는 **소속함수**(membership function) μ_A가 각 원소를 집합 $[0, 1]$로 대응시킨다.

$$\mu_A : U \to [0, 1]$$

예를 들면 '영희는 예쁘다'는 정도를 0.1이나 0.7 등의 실수 값으로 표현하게 된다. 퍼지집합에서도 집합의 연산을 수행할 수 있다. 그러나 퍼지집합의 원소가 실수이므로 일반적인 집합 연산과는 다르다. 합집합의 경우 원소의 실수 값이 큰 쪽을 선택하고, 교집합의 경우 작은 쪽을 선택하여 나타낸다. 또한, 여집합의 경우 1에서 해당 실수 값을 뺀 값으로 표현한다.

예제 1.2.14 전체집합 $U=\{$철수, 영희, 미영, 정숙, 하진$\}$에 대해 퍼지집합 A를 키 큰 사람의 모임, 퍼지집합 B를 잘생긴 사람의 모임으로 나누어

$$A=\{(\text{철수}, 1), (\text{정숙}, 0.8), (\text{영희}, 0.7)\}$$
$$B=\{(\text{영희}, 1), (\text{미영}, 0.9), (\text{정숙}, 0.6)\}$$

과 같이 정의했을 때 집합 A와 B의 합집합과 교집합을 구하라.

풀이

합집합의 경우 원소를 나열하고 공통된 원소는 실수 값이 큰 쪽을 선택한다.

$$A \cup B=\{(\text{철수}, 1), (\text{영희}, 1), (\text{미영}, 0.9), (\text{정숙}, 0.8)\}$$

교집합의 경우 공통된 원소 중에서 실수 값이 작은 쪽을 선택한다.

$$A \cap B=\{(\text{영희}, 0.7), (\text{정숙}, 0.6)\}$$ ■

예제 1.2.15 위의 예제 1.2.14에서 퍼지집합 A의 여집합을 구하라.

풀이

여집합은 1에 해당 실수 값을 뺀 값이므로 다음과 같다.

$$\overline{A}=\{(\text{철수}, 0), (\text{정숙}, 0.2), (\text{영희}, 0.3)\}$$

전체집합 U 내의 원소 중에서 퍼지집합 A에 조금이라도 포함되는 원

소들로 이루어진 집합을 A의 지지(support)집합이라고 하고, 다음과 같이 나타낸다.

$$\text{supp}(a) = \{x < U \mid \mu_A(x) > 0\}$$

또한, 퍼지집합에 포함된 원소 중에서 일정한 소속함수 값 이상 포함된 원소들로만 구성된 집합을 a-수준(a-cut)집합이라 하며, 다음과 같이 나타낸다.

$$A_a = \{x < U \mid \mu_A > a\}$$

제1장 핵심문제

1 다음 집합 A에서 원소의 개수를 밝히라.

$A=\{x|x\in\mathbb{Z},\ x$는 홀수이고 $|x|<11\}$

$\{1,3,5,7,9\}$ 5개

2 조건 제시법으로 나타내어진 집합을 원소 나열법으로 나타내라. 공집합일 경우에는 $\varnothing$으로 나타내라.

(1) $\{x|x\in\mathbb{R},\ x^\wedge 2<0\}$

(2) $\{n|n\in\mathbb{N},\ n$은 소수이고 $n\le 13\}$

(1) $\varnothing$ (2) $\{2,3,5,7,11,13\}$

3 $U=\{1,2,3,\ldots,12\}$, $A=\{1,3,5,7,9,11\}$, $B=\{2,3,5,7,9\}$, $C=\{2,3,6,12\}$일 때 다음을 연산하라.

(1) $A\cap B$

(2) $A\cup C$

(1) $\{3,5,7,9\}$ (2) $\{1,2,3,5,6,7,9,11,12\}$

4 집합 $S=\{1,2,3\}$의 모든 분할을 구하라.

$\{1\}$, $\{2,3\}$
$\{2\}$, $\{1,3\}$
$\{3\}$, $\{1,2\}$
$\{1\}$, $\{2\}$, $\{3\}$

5 멱집합 $P(\{a,b,c\})$를 구하라.

$P(\{a,b,c\})=\{\varnothing,\{a\},\{b\},\{c\},\{a,b\},\{a,c\},\{b,c\},\{a,b,c\}\}$

6 $A1=\{1,2,3\}$, $A2=\{1,2,3,4\}$, $A3=\{1,2,3,5,6,7\}$, $A4=\{1,2,4,5,6,8\}$이라고 할 때 $A1\cup A2\cup A3\cup A4$와 $A1\cap A2\cap A3\cap A4$를 구하라.

$A1 \cup A2 \cup A3 \cup A4 = \{1, 2, 3, 4, 5, 6, 7, 8\}$
$A1 \cap A2 \cap A3 \cap A4 = \{1, 2\}$

7 $S = \{a, b, c, d, e, f\}$라고 할 때 $|S|$와 $|P(S)|$를 구하라.

$|S| = 6$, $|P(S)| = 64$

8 다음 집합의 대수적 성질 중 옳은 것은?

(1) $(\overline{A \cup B}) = \overline{A} \cap \overline{B}$ (2) $A \cup U = A$

(3) $A \cap \overline{A} = U$ (4) $A \cap \varnothing = A$

9 $U = \{1, \{4, 5\}, 5\}$에서 다음 중 옳게 표현한 것을 모두 고르라.

(1) $5 \in U$ (2) $\{5\} \in U$

(3) $\{4, 5\} \in U$ (4) $\{4, 5\} \subset U$

10 A, B, C가 집합이라 할 때 $\overline{A \cup (B \cap C)} = (\overline{C} \cup \overline{B}) \cap \overline{A}$ 임을 증명하라.

$\overline{A \cup (B \cap C)} = \overline{A} \cup (\overline{B} \cup \overline{C})$ 드모르간 법칙
$= \overline{A} \cap (\overline{B} \cup \overline{C})$ 드모르간 법칙
$= (\overline{B} \cup \overline{C}) \cap \overline{A}$ 교집합의 교환법칙
$= (\overline{C} \cup \overline{B}) \cap \overline{A}$ 합집합의 교환법칙

11 150명의 학생 중 110명이 이산수학 과목을 듣고 60명의 학생이 운영체제 과목을 듣고 35명의 학생이 이산수학과 운영체제 과목을 동시에 듣는다. 두 과목 모두 수강하지 않는 학생의 수는 몇 명인지, 두 과목 중 어느 한 과목만 수강하는 학생의 수는 몇 명인지 구하라.

(1) 두 과목 모두 수강하지 않는 학생의 수는?

(2) 두 과목 중 어느 한 과목만 수강하는 학생의 수는?

(1) 15 (2) 100

제1장 연습문제

01 수학적 귀납법에 의해 다음의 각각이 성립함을 증명하라.

(a) $1+2+2^2+\cdots+2^{n-1}=2^n-1$

(b) $2+4+6+8+\cdots+2n=n^2+n$

(c) $1+3+5+7+\cdots+(2n-1)=n^2$

02 수학적 귀납법을 이용하여 임의의 자연수 n에 대하여 집합 A가 원소의 개수가 n이면 A의 멱집합의 개수가 2^n임을 나타내라.

03 $\sqrt{5}$는 무리수임을 증명하라.

04 복소수 평면에 다음 복소수를 나타내라.

(a) 1.2　(b) $-1.2i$　(c) $1-5i$

(d) $2+5i$　(e) $-3-5i$　(f) $2.5-3i$

05 다음 주어진 연산을 수행하라.

(a) $(7+4i)+(-4+6i)$　(b) $25i-(2-3i)$

06 집합 $A=\{1, \{1\}, \{2\}\}$라 할 때 다음 중 옳게 표현된 것은 어느 것인가?

(a) $1\in A$　(b) $\{1\}\in A$　(c) $1\subset A$

(d) $2\in A$　(e) $2\subset A$　(f) $\{2\}\subset A$

07 다음 중 옳게 표현된 것은 어느 것인가?

(a) $\{x\}\subseteq\{x\}$　(b) $\{x\}\in\{x\}$

(c) $\{x\}\in\{x, \{x\}\}$　(d) $\{x\}\subseteq\{x, \{x\}\}$

08 $U = \{a, b, c, d, e, f, g, h, k\}$, $A = \{a, b, c, g\}$, $B = \{d, e, f, g\}$ 라고 하자. 다음의 집합 연산식을 계산하라.

(a) $\overline{A \cup B}$　　(b) $\overline{B}$

(c) $A \cup \phi$　　(d) $A \cup \overline{A}$

09 집합 $A = \{x \mid x^2 - 4x + 3 = 0$를 만족하는 x는 정수$\}$를 원소나열법으로 나타내라.

10 "9 이하의 짝수 집합 A"를 조건제시법으로 나타내라.

11 전체집합 $U = \{1, 2, 3, 4, 5, 6, 7\}$의 두 부분집합 A와 B가 $(\overline{A \cup B}) = \{1, 7\}$, $A \cap \overline{B} = \{4, 6\}$을 만족할 때 집합 B의 원소들의 합을 구하라.

12 다음의 벤 다이어그램에 표시된 집합 A, B, C에 대하여 다음 집합의 연산 결과 각각을 그림 1.2.9에 빗금으로 표시하라.

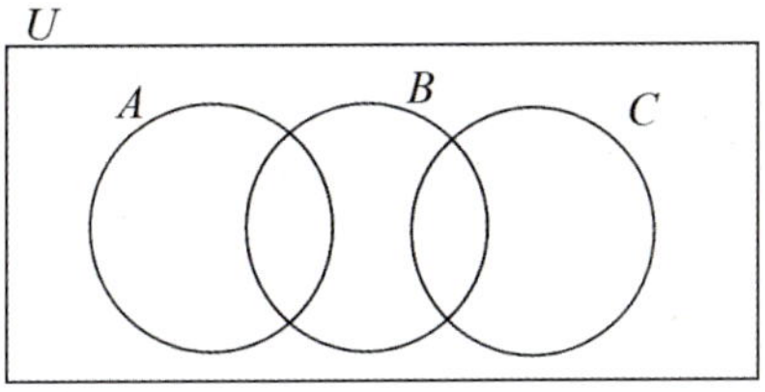

그림 1.2.9

(a) $A \cup B \cup C$　　(b) $\overline{A} \cup B \cup C$

(c) $A \cup (B \cap C)$　　(d) $A - (B \cup C)$

(e) $(A \cup B) - C$　　(f) $(\overline{A} \cap B) - C$

13 다음 그림 1.2.10과 그림 1.2.11의 색칠한 부분을 집합으로 표현하라.

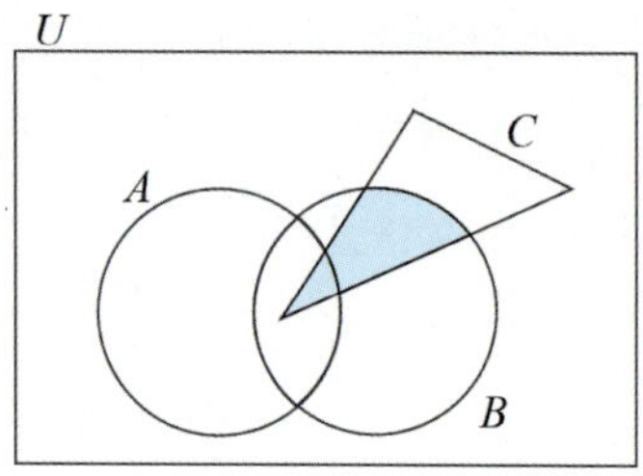

그림 1.2.10

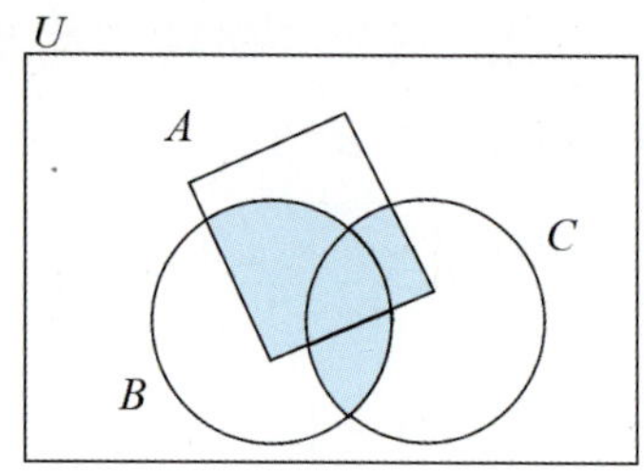

그림 1.2.11

14 정수 전체집합 $\mathbb{Z}$에 대하여, 두 집합 $A=\{x\mid x$는 $x^2=1$의 해$\}$, $B=\{-1, 2\}$일 때 $(\overline{A\cup B})$와 $\overline{A}\cap\overline{B}$을 구하라.

15 집합 A, B, C를 전체집합 U의 부분집합이라 할 때, 다음을 간단히 표현하라.

(a) $(A\cup B)\cap(A\cup\overline{B})$　　(b) $[\overline{(A\cup B)\cap B}]$

(c) $(A\cap\overline{B})\cap(\overline{A}\cap B)$　　(d) $(A\cap B)\cup[C-(A\cap B)]$

16 집합 $A=\{x\mid x$는 복소수이고 $x^3=1\}$의 멱집합의 원소의 개수를 구하라.

17 $A_1=\{a, b\}$, $A_2=\{b, c\}$, $A_3=\{a, c\}$라 할 때 $\bigcup_{i=1}^{3}A_i$의 부분집합 개수를 구하라.

18 $A=\{a, b, d\}$, $B=\{d, x, y\}$, $C=\{x, z\}$라 할 때 집합 $(A\cap B)\cup C$ 및 $A\cap(B\cup C)$의 진부분집합의 수는 각각 얼마인가?

19 어느 직장에서 농구를 좋아하는 직원의 수가 20명, 배구를 좋아하는 직원의 수가 13명, 농구와 배구를 동시에 좋아하는 직원의 수가 10명이라고 할 때, 농구 또는 배구를 좋아하는 직원의 수를 구하라.

20 100명이 공부하는 과목을 조사했더니 다음과 같은 결과를 얻었다.

32명이 수학, 20명이 물리, 45명이 생물,
15명이 수학과 생물, 7명이 수학과 물리,
10명이 물리와 생물,
30명이 어느 한 과목도 공부하지 않는다.

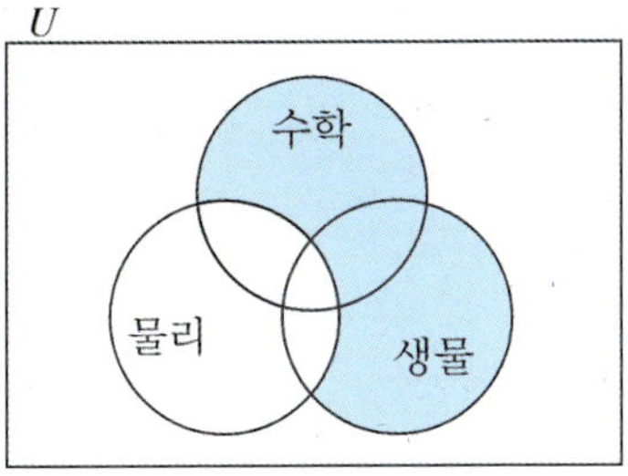

그림 1.2.12

(a) 세 과목 모두 공부하는 학생수를 구하라.
(b) 그림 1.2.12의 벤 다이어그램에 있는 각 영역에 해당되는 학생수를 구하라.
(c) 한 과목만 공부하는 학생수를 구하라.

21 다음 집합들이 유한집합인지 무한집합인지를 조사하라.
(a) x축에 평행한 선의 집합
(b) $C=\{$1보다 작은 양의 정수$\}$
(c) 5의 배수의 집합
(d) 지구상에 존재하는 동물들의 집합
(e) 방정식 $x^{27}+26x^{18}-x^{11}+7x^3-10=0$의 해집합
(f) $F=\{$미국 내에 있는 고양이 수$\}$

제 2 장

관계와 함수

세상에는 많은 종류의 관계들이 존재한다. 예를 들면 사람의 관계 중 그들의 부모들과의 관계 혹은 그들의 친구들의 관계 등 여러 가지를 생각할 수 있다. 이러한 관계를 몇 가지 제약조건을 가하여 특별한 형태로 나타낸 것을 함수라 한다. 즉, 함수는 특수한 형태의 관계로 정의할 수 있다.

관계는 수학뿐만 아니라 전산학의 이론 및 응용 분야에서 하나의 객체를 다른 객체와 연결시키는 역할을 하는 중요한 개념이다. 이러한 관계는 자료나 프로그램의 구조나 계산이론 등에 많이 응용되고 있다.

함수는 공학 분야에서 시스템의 입출력 관계로 볼 수 있다. 특히, 시스템의 입출력함수로 활용되는 함수를 시스템 함수라고 한다.

요약

2.1 관계

관계

관계는 곱집합을 통하여 만들어진 순서쌍들의 집합을 의미한다. 곱집합으로 생성된 순서쌍들 중 특정한 관계를 가지는 순서쌍들을 선택하여 관계 R이라고 정의한다.

즉 관계란 $X_1, X_2, X_3, \ldots, X_n$의 곱집합(Cartesian Product)이 존재할 때,

$$\prod_{i=1}^{n} X_i = X_1 \times X_2 \times \cdots \times X_n = \{(x_1, x_2, \cdots, x_n) | x_1 \in X_i,\ x_2 \in X_2,\ \cdots,\ x_n \in X_n\}$$

의 부분집합을 의미한다.

■ 곱집합에 따른 관계의 종류

곱집합의 결과로 만들어지는 관계 쌍들은 관계를 만들기 위한 곱집합의 횟수에 따라 다음과 같이 정의할 수 있다.

- 집합 X 위의 단항 관계 $R \subseteq X$
- 집합 X 위의 이항 관계 $R \subseteq X \times X$, $(x, y) \in R$를 xRy로 표기
- 집합 X 위의 삼항 관계 $R \subseteq X \times X \times X$
- 집합 X 위의 n항 관계 $R \subseteq X^{\times n}$, $(x_1, \ldots, x_n) \in R$를 $R(x_1, \ldots, x_n)$로 표기

컴퓨터공학에서 관계

컴퓨터공학에서 관계(Relationship)란 주로 엔터티와 엔터티 사이의 관계를 의미한다. 즉, 존재하는 많은 관계 중, 특별한 상관성이 있는 엔터티 간의 순서쌍으로 정의할 수 있다. 특히, 순서 관계는 그래프, 트리, 디지털 논리 회로 등에 중요한 개념으로 활용된다.

요약

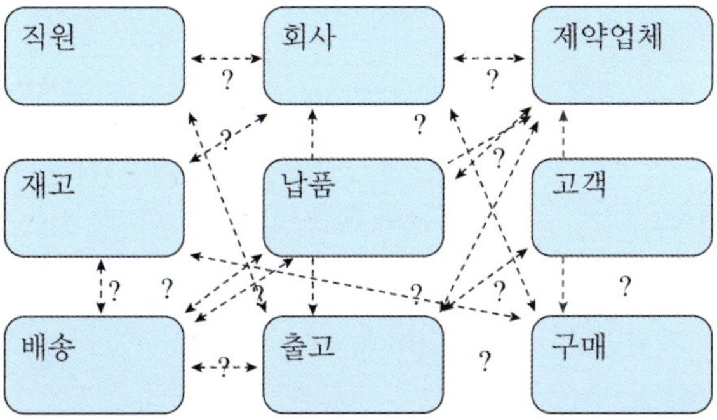

이외에도, 컴퓨터공학 관련 분야에서는 다음과 같은 관계를 정의할 수 있다.

- 하드웨어를 구성하는 각 파트의 관계
- 데이터와 데이터 간의 관계
  - 주소록을 구현 시 각 항목 간의 관계(이름, 주소, 전화번호 등)
- 프로그램에서 변수의 이름과 저장장소 간의 관계
- 디지털 논리 회로의 입출력 관계

또한, 실생활에서는 다음과 같은 관계를 구성할 수 있다.

- 어떤 학생이 어떤 과목을 수강하는지에 대한 관계
- 사람들이 가지는 인간관계
  - 부모 자식 관계, 조부모 또는 친척 등의 관계, 회사 조직 내의 직위에 따른 관계

같은 집합의 원소들 사이 또는 서로 다른 집합들의 원소들의 사이에는 관계(relation)가 있으며, 관계를 순서쌍으로 나타낼 때 순서쌍으로 이루어지는 집합은 두 집합의 **데카르트 곱**이고 관계는 이 곱집합의 부분집합으로 행렬과 그래프로 나타낼 수 있다. 본 장에서는 곱집합, 분할, 관계 집합, 관계행렬 등을 학습한다.

데카르트 곱
집합 A의 원소 a와 집합 B의 원소 b를 순서대로 놓고 괄호로 묶은 순서쌍 (a, b) 전체의 집합
관계 대수에서 데카르트 곱은 ×로 표기된다.

곱집합

순서쌍(ordered pair)
순서쌍은 집합과는 달리, 순서가 중요한 의미를 가지며, 순서쌍 (a, b)는 순서쌍 (b, a)와 다른 의미를 나타낸다.

임의의 두 원소 a, b에 대하여, **순서쌍**(ordered pair)이란 이 두 원소 사이의 **순서**(order)가 의미를 갖는 것을 말하며 (a, b)로 표시하며, a는 첫 번째 원소(혹은 요소) b는 두 번째 원소(혹은 요소)라 한다. 이는 $a \neq b$일 때 $(a, b) \neq (b, a)$라는 것을 의미하며 두 개의 원소를 가진 집합 $\{a, b\}$와는 서로 다른 개념이다. 즉, 순서쌍 $(a, b) = (c, d)$일 필요충분조건은 $a = c,\ b = d$이다.

공집합이 아닌 임의의 두 집합 A, B에 대하여 A와 B의 **곱집합**(product set) 또는 **데카르트 곱**(cartesian product)은 $a \in A$이고 $b \in B$인 모든 순서쌍 (a, b)의 집합으로 $A \times B$로 표기한다. 즉

$$A \times B = \{(a, b) : a \in A \text{이고 } b \in B\}$$

데카르트 곱 횟수에 따라 A^n으로 표기할 수 있다.

이고 곱집합 $A \times A$는 간단히 A^2으로 표기하기도 한다.

예제 2.1.1 집합 $A = \{1, 2, 3\}$, $B = \{a, b\}$일 때 A^2와 B^2을 구하라.

풀이

$A^2 = \{(1, 1), (1, 2), (1, 3), (2, 1), (2, 2), (2, 3), (3, 1), (3, 2), (3, 3)\}$
$B^2 = \{(a, a), (a, b), (b, a), (b, b)\}$

이다. 다음과 같은 표를 만들어 $A \times B$도 구할 수 있다.

A \\ B	a	b
1	$(1, a)$	$(1, b)$
2	$(2, a)$	$(2, b)$
3	$(3, a)$	$(3, b)$

그림 2.1.1

데카르트 평면
2차원 데카르트 평면은 좌표평면(coordinate plane), 3차원 데카르트 평면은 좌표공간(coordinate space)이라 한다.

또한, 평면상의 점들의 집합으로 $A \times B$를 나타낼 수 있다. 이 좌표평면을 **데카르트 평면**이라고도 한다.

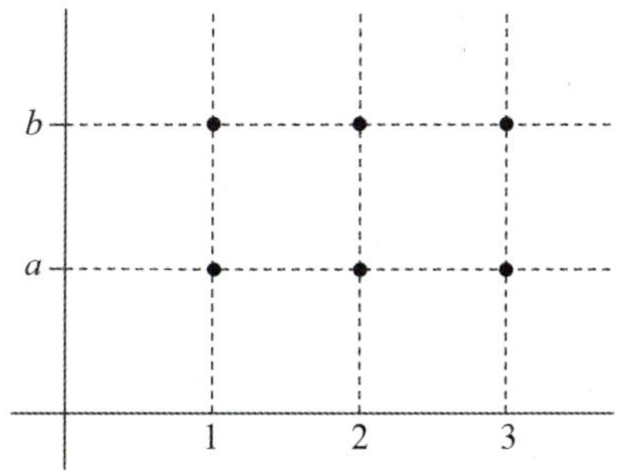

그림 2.1.2 데카르트 평면

위의 예에서 $(1, a) \neq (a, 1)$이므로 일반적으로 $A \times B \neq B \times A$임을 알 수 있다. 특히 집합 A나 집합 B 또는 집합 A, B 모두가 공집합이면 곱집합 $A \times B$도 공집합이다. 예를 들면, 어느 레스토랑의 주 메뉴가 $\{b=$비빔밥, $g=$김치찌개$\}$ 두 가지이며 후식으로 $\{i=$아이스크림, $s=$수정과 $y=$율무차$\}$ 세 가지가 있다. 이 레스토랑에서 한 가지 주 메뉴와 후식을 선택할 수 있는 방법의 가지 수를 생각하자. 그러면 집합 $A=\{b, g\}$이고 $B=\{i, s, y\}$이므로 데카르트 곱 **$A \times B$의 가지 수**만큼 손님들은 선택할 기회가 있다. 그러므로 $|A \times B| = 2 \cdot 3 = 6$가지가 있다.

$(1, a) \neq (a, 1)$
순서쌍에서는 순서가 중요하며 순서가 달라지면 다른 의미를 갖게 된다.

$A \times B$의 가지 수
곱집합의 결과로 나타나는 순서쌍의 수는 곱집합에 포함된 집합의 원소의 개수들을 곱한 것과 같다.

공집합이 아닌 두 유한집합 A, B에 대하여 두 집합 A, B의 모든 순서쌍의 집합의 개수는 첫 번째 자리에 올 수 있는 원소의 개수는 $|A|$개이고 두 번째 자리에 올 수 있는 원소의 개수는 $|B|$이므로 $|A| \cdot |B|$개의 순서쌍을 만들 수 있다. 그러므로

$$|A \times B| = |A| \cdot |B| = |B \times A|$$

이다.

예제 2.1.2 집합 $A=\{1, 2\}$, $B=\{a, b\}$, $C=\{x, y, z\}$라 할 때 세 개의 집합에 관한 곱집합 $A \times B \times C$는 다음과 같은 수형도를 이용하여 찾을 수 있다.

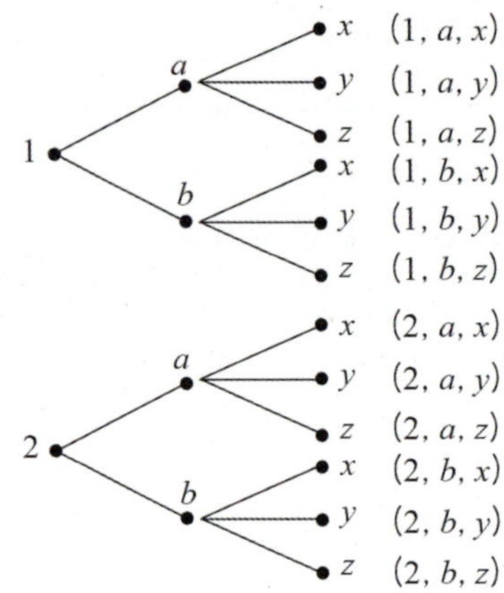

그림 2.1.3 수형도를 이용한 곱집합

곱집합에 대한 정의는 유한개의 집합에 대해서도 확장시킬 수 있다. n개의 집합 $A_1, A_2, \cdots, A_n$에 대하여, 이러한 집합들의 곱집합 $A_1 \times A_2 \times \cdots \times A_n$은 $a_1 \in A_1,\ a_2 \in A_2,\ \cdots, a_n \in A_n$인 원소 n개의 순서쌍 $(a_1, a_2, \cdots, a_n)$의 집합으로 $\prod_{i=1}^{n} A_i$로도 표기한다. 즉,

$$\prod_{i=1}^{n} A_i = A_1 \times A_2 \times \cdots \times A_n = \{(a_1, a_2, \cdots, a_n) : a_i \in A_i,\ i = 1, 2, \cdots, n\}$$

이다. 이것을 $A \times A \times \cdots \times A = A^n$으로 간단히 표기한다.

$A^3 = A \times A \times A$
$|A^3| = A \times A \times A$ 결과로 나타나는 순서쌍의 총 수

예제 2.1.3 집합 $A = \{0, 1\}$일 때 A^3와 $|A^3|$를 구하라.

풀이

$A^3 = \{(a_1, a_2, a_3) : a_i = 0$ 또는 $1, i = 1, 2, 3\}$이므로

$$A^3 = \{(0,0,0), (0,0,1), (0,1,0), (1,0,0), (0,1,1), (1,0,1), (1,1,0), (1,1,1)\}$$

이고 $|A^3| = 8$이다. ■

이항관계
모든 관계는 순서쌍들이 이루는 집합이다. 특히, 이항관계는 두 집합 간의 곱집합으로 생성된 순서쌍들의 부분집합으로 정의된다.

관계의 정의

공집합이 아닌 임의의 두 집합 A, B에 대하여, A에서 B로 가는 **이항관계**

(binary relation)는 $A \times B$의 부분집합을 말하며, 이때 $(a, b) \in R$이면 a는 b에 대해서 R의 관계가 있다고 하며

$$ {}_aR_b $$

로도 표기한다.

또 $(a, b) \notin R$이면 a는 b에 대해서 R관계가 없다고 하며, ${}_a\not{R}_b$로 표기한다. a는 b에 대해서 R이 A에서 A로 가는 관계, 즉 A^2의 부분집합이며, R은 A에 **관한** 관계라고 한다. 관계 R의 **정의역**(domain)은 순서쌍에서 모든 첫 번째 원소의 집합이고, **치역**(range)은 두 번째 원소의 집합이다.

정의역
어떤 관계의 정의역(domain)은 그 관계에 정의된 입력 값의 집합이다(개념적인 의미를 이야기하는 것이며 정확하게 시스템의 입출력 관계를 의미하는 바는 아니다).

치역
관계의 치역(range)이라고 하는 것은 관계에 의한 모든 출력 값의 집합이다(개념적인 의미를 이야기하는 것이며 정확하게 시스템의 입출력 관계를 의미하는 바는 아니다).

예제 2.1.4 집합 $A = \{1, 2, 3\}$일 때 $R = \{(1, 2), (1, 3), (3, 2)\}$라 하자. 이때 R은 $A \times A$의 부분집합이므로 A에 관한 관계이다. 이러한 관계에 대하여 ${}_1R_2$, ${}_1R_3$, ${}_3R_2$이나, ${}_1\not{R}_1$, ${}_2\not{R}_1$, ${}_2\not{R}_2$, ${}_2\not{R}_3$, ${}_3\not{R}_1$, ${}_3\not{R}_3$이다. 또한, R의 정의역은 R에 속하는 순서쌍들 중 첫 번째 원소들에 해당되는 $\{1, 3\}$이고 치역은 두 번째 원소들에 해당되는 $\{2, 3\}$으로 정의할 수 있다. ■

예제 2.1.5 집합 $A = \{$철수, 영희, 순희$\}$, $B = \{$교사, 경찰, 화가$\}$일 때 $R = \{$(영희, 경찰), (철수, 경찰), (순희, 화가)$\}$라고 하자. 그러면 R은 A에서 B로 가는 관계이다. 이때 R의 정의역은 R에 속하는 순서쌍들 중 첫 번째 원소들에 해당되는 $\{$철수, 영희, 순희$\}$이고 치역은 두 번째 원소들에 해당되는 $\{$경찰, 화가$\}$로 정의할 수 있다. ■

관계는 기호로도 나타낼 수 있다. 이를테면, 실수의 집합에서 기호 $<$ ($>$)는 "보다 작다 (크다)"는 관계를 나타낸다. 즉, 임의의 실수 x, y에 대하여, "x는 y보다 작다(크다)"의 관계는 $x < y$ ($x > y$)로 나타낼 수 있다. 일상적인 생활 속에서 우리는 다양한 연산자들을 활용하여 관계를 표기한다. 실생활에서 사용하는 연산자에는 $<$, $>$, $=$, $\leq$, $\geq$, $\neq$ 등이 있다. 컴퓨터공학 관련분야 또는 프로그래밍 언어 등에서 활용되는 관계 연산자는 다음과 같이 표기한다.

연산자 기호	의미	사용 예
==	x와 y가 같은가?	$x == y$
!=	x와 y가 다른가?	$x != y$
>	x가 y보다 큰가?	$x > y$
<	x가 y보다 작은가?	$x < y$
>=	x가 y보다 크거나 같은가?	$x >= y$
<=	x가 y보다 작거나 같은가?	$x <= y$

프로그래밍 언어에서 관계연산자

예제 2.1.6 실수 집합 $\mathbb{R}$에서 $\mathbb{R}$로의 이항관계 R을 다음과 같이 정의할 때,

$$R = \{(x,\ y) \mid x^2 + y^2 = 1\}$$

A. $(1,0) \in R$이 성립하는가? $(0,0) \in R$이 성립하는가? $(0,-1) \in R$이 성립하는가?

B. 데카르트 평면에 관계 R의 점들을 찍어 R에 대한 그래프를 그리라.

풀이

A. 예. $1^2 + 0^2 = 1$이므로 $(1, 0) \in R$이다.

아니오. $0^2 + 0^2 = 0$이므로 $(0, 0) \notin R$이다.

예. $0^2 + (-1)^2 = 1$이므로 $(0,\ -1) \in R$이다.

B.

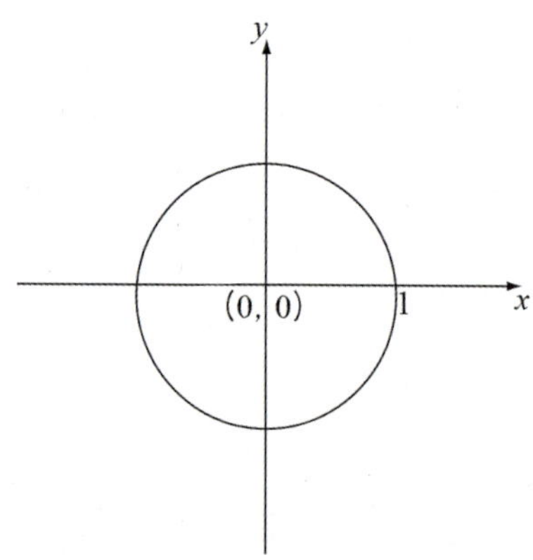

그림 2.1.4 중심이 $(0,0)$, 반지름이 1인 원 ■

예제 2.1.7 집합 $A=\{1,2\}, B=\{1,2,3\}$에 대한 이항 관계 R을 다음과 같이 정의해보자.

$$(a,b) \in A \times B,\ (a,b) \in R \Leftrightarrow a-b\text{는 짝수}$$

A. $A \times B$의 순서쌍들과 R의 순서쌍들을 모두 구하라.

B. ${}_1R_3$, ${}_2R_3$, ${}_2R_2$들이 성립하는가?

풀이

A. $A \times B=\{(1,1), (1,2), (1,3), (2,1), (2,2), (2,3)\}$이고, R의 순서쌍을 구하기 위해서는 $A \times B$ 원소들인 6개의 순서쌍이 R에서 정의된 조건에 적합한지 보아야 한다.

$1-1=0$은 짝수이므로 $(1,1) \in R$

$1-2=-1$은 짝수가 아니므로 $(1,2) \notin R$

$1-3=-2$는 짝수이므로 $(1,3) \in R$

$2-1=1$은 짝수가 아니므로 $(2,1) \notin R$

$2-2=0$은 짝수이므로 $(2,2) \in R$

$2-3=-1$은 짝수가 아니므로 $(2,3) \notin R$

그러므로 $R=\{(1,1), (1,3), (2,2)\}$이다.

B. $(1,3) \in R$이므로 ${}_1R_3$은 성립한다.

$(2,3) \notin R$이므로 ${}_2R_3$은 성립하지 않는다.

$(2,2) \in R$이므로 ${}_2R_2$는 성립한다. ■

특히, 임의의 집합 A에 대하여 $A \times A$와 $\varnothing$도 또한 $A \times A$의 부분집합이므로 A에 관한 관계라고 하며 각각 **전체관계**(universal relation), **영관계**(empty relation)라고 한다.

전체관계
모든 곱집합을 포함하는 관계

영관계
원소를 하나도 갖지 않는 관계

관계의 표현

집합 사이의 관계를 표현하는 방법에는 기본적으로 서술식 방법과 나열식 방법 두 가지가 있다. 서술식 방법은 '집합 $A=\{1,2,3\}$에서 원소 a, b가 $a \geq b$인 관계 R'과 같이 표현하는 방법이고, 나열식 방법은 관계를 순서쌍들의 집합으로 표현하는 방법이다.

기본적인 위의 두 가지 표현 방법 이외에도 순서쌍의 원소들 간의 관계를 표현하는 방법들로는 좌표 도표(coordinate diagram), 화살표 그림(arrow diagram), 관계 행렬(matrix of relation), 유향 그래프(directed graph) 등이 있다.

(1) 좌표도표(coordinate diagram)를 이용하는 방법

데카르트 평면 그림 2.1.5와 같이 A의 원소는 x축 위의 점으로 표시하고 B의 원소는 y축 위의 점으로 표시할 때 $A \times B$의 원소는 A의 점을 지나는 수직선과 B의 점을 지나는 수평선이 교차하는 점으로 표시한다. 이때, x축은 정의역에 해당하며 y축은 치역에 해당한다.

예제 2.1.8 어느 대학에서 철수는 수학, 미술을 영희는 역사, 영어를 지혜는 수학, 영어를 수강한다고 하면 세 학생과 수강과목의 관계를 좌표도표를 이용하여 나타내라.

풀이

집합 $A = \{$철수, 영희, 지혜$\}$, $B = \{$수학, 영어, 역사, 미술$\}$로 두면 $R = \{$(철수, 수학), (철수, 미술), (영희, 역사), (영희, 영어), (지혜, 수학), (지혜, 영어)$\}$이다. 따라서 다음과 같다.

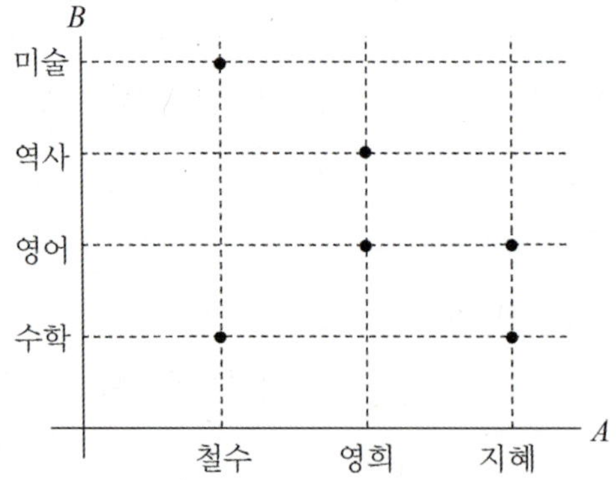

그림 2.1.5 관계 R의 좌표도표 ■

예제 2.1.9 $A = \{1,2,3,4,5\}$, $B = \{2,3,4\}$이고 집합 A에서 집합 B로의 관계 $R = \{(1,2),(1,4),(2,3),(4,2),(4,4),(5,2),(5,3)\}$일 때 관계 R을 좌표도표를 이용하여 표시해보자.

풀이

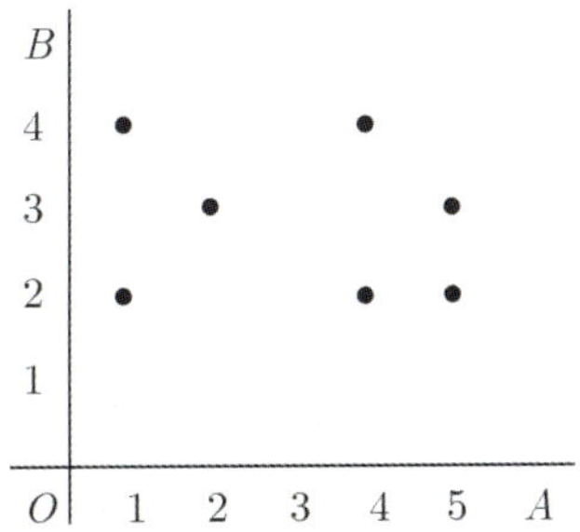

■

(2) 화살표 그림(arrow diagram)

a가 집합 A의 원소이고 b가 집합 B의 원소라고 할 때 $(a, b) \in R$일 경우, 서로 다른 두 원에 각각 A의 원소와 B의 원소를 써넣은 후 a에서 b 방향으로 화살표를 그리는 방법이다. 이때, A의 원에 속하는 원소들은 정의역에 해당하고 B의 원에 속하는 원소들은 치역에 해당한다.

예제 2.1.10 위의 예제 2.1.8에서 관계집합 R을 화살표 그림으로 표시하라.

풀이

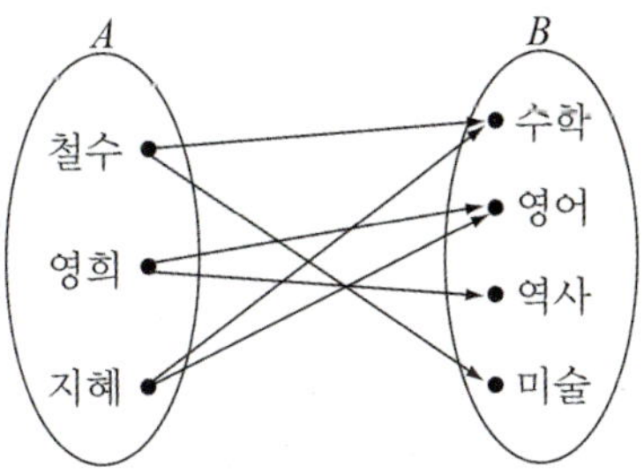

그림 2.1.6 관계 R의 화살표 그림

(3) 관계행렬(matrix of relation)

관계를 표현하는 또 다른 방법으로는 **부울(Boolean) 행렬**을 이용하는 방법이 있다. 관계행렬의 **행**은 A의 원소를 표시하고 **열**은 B의 원소를 표시하는 행렬을 만들고 나서 $a \in A$와 $b \in B$가 관계가 있으면 해당하는 행렬의 각 요소에 1을, 관계가 없는 경우에는 0을 대응하는 방법이다. 이때, 행에 속하는 원소들은 정의역에 해당하고 열에 속하는 원소들은 치역에 해당한다.

관계행렬
유한 집합 사이의 이진 관계를 나타내기 위해 사용될 수 있다.

부울 행렬
행렬 안에 있는 모든 원소들이 0 또는 1로 표시되는 행렬을 의미한다.

행
가로 축으로 표기된 요소

열
세로 축으로 표기된 요소

예제 2.1.11 위의 예제 2.1.8에 나타난 관계집합 R을 관계행렬을 이용하여 표현하라.

풀이

$$\begin{array}{c} \\ 철수 \\ 영희 \\ 지혜 \end{array}\begin{array}{c} \begin{array}{cccc} 수학 & 영어 & 역사 & 미술 \end{array} \\ \begin{bmatrix} 1 & 0 & 0 & 1 \\ 0 & 1 & 1 & 0 \\ 1 & 1 & 0 & 0 \end{bmatrix} \end{array}$$

그림 2.1.7 관계 R의 관계행렬 ■

예제 2.1.12 관계집합 $R \subset A \times B$에 관한 관계행렬 M_R이 다음과 같이 주어졌을 때 관계집합 R을 구하라. 이때, 행은 $\{v_1, v_2, v_3\}$를, 열은 $\{w_1, w_2, w_3, w_4\}$를 사용한다.

$$M_R = \begin{pmatrix} 0 & 1 & 0 & 1 \\ 1 & 1 & 0 & 0 \\ 1 & 0 & 1 & 1 \end{pmatrix}$$

풀이

관계집합 R은

$$\{(v_1, w_2), (v_1, w_4), (v_2, w_1), (v_2, w_2), (v_3, w_1), (v_3, w_3), (v_3, w_4)\}$$

이 된다. ■

(4) 유향그래프(directed graph)

두 개 이상의 집합 사이의 관계가 아니고 하나의 집합 A에 대한 관계를 표현할 때, 유용하게 사용할 수 있다. 집합 A의 원소들을 평면상에 **정점**(vertex)으로 표기하고 이 원소들 간의 관계가 성립할 때, 즉 $(a, b) \in$R일 때 a에서 b로 화살표가 있는 연결선을 그리는 방법이다. 이때 화살표가 있는 연결선을 **유향선**(directed edge)이라 한다. 이와 같은 관계의 표현 방법을 **유향그래프**라고 한다. 이때, 화살표가 있는 연결선의 시작점에 속하는 원소들은 정의역에 해당하고 끝점에 속하는 원소들은 치역에 해당한다.

유향그래프(directed graph)
그래프의 선분이 방향성을 가지는 그래프이다.

예제 2.1.13 위의 예제 2.1.8의 관계집합 R을 유향그래프를 이용하여 표현하라.

풀이

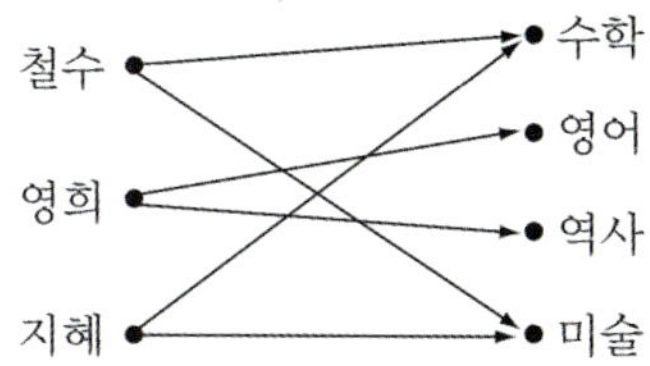

그림 2.1.8 관계 R의 유향그래프

예제 2.1.14 집합 $A=\{1,2,3,4\}$에 관한 관계

$$R=\{(1,1),\ (1,2),\ (1,3),\ (2,2),\ (2,3),\ (3,3),\ (1,4),\ (4,1)\}$$

을 유향그래프로 표현하라.

풀이

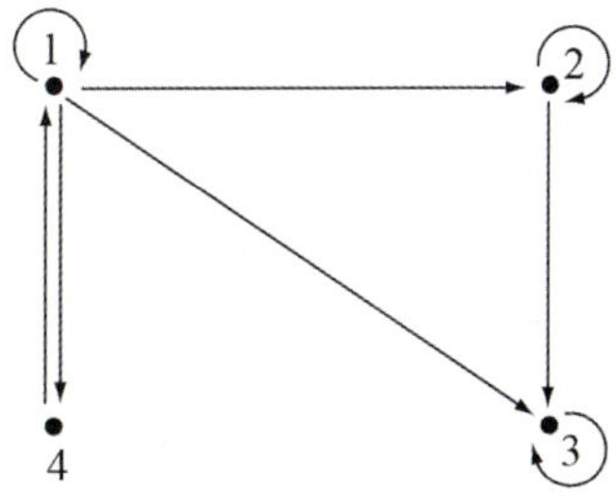

그림 2.1.9 집합 A에 관한 관계 R의 유향그래프

역관계

관계 R을 집합 A에서 집합 B로 가는 관계라 정의할 때 R의 **역관계**(inverse relation)는 R에 속하는 순서쌍으로 구성된 B에서 A로 가는 관계로 R^{-1}로 표기하며

$$R^{-1}=\{(b,a)\in B\times A\ :\ (a,b)\in R\}$$

이다.

역관계
이항관계에서 그 관계를 갖는 원소의 순서를 바꾼 것이다.

예제 2.1.15 집합 $A=\{1,2,3\}$이고, 집합 A에 대한 관계집합을 $R=\{(1,2),\ (1,3),\ (2,3)\}$이라 정의할 때 R^{-1}을 구하라.

풀이

R의 역관계는 R에 속한 순서쌍의 순서를 바꾸어 주면 되므로

$$R^{-1}=\{(2,1),\ (3,1),\ (3,2)\}$$

이다. ■

예제 2.1.16 집합 $A=\{2,3,4\}$, $B=\{2,6,8\}$이고 임의의 $(x,\ y)\in A\times B$에 대하여, ${}_xR_y$일 필요충분조건이 x가 y의 약수일 때 역관계 R^{-1}를 구하라.

풀이

$A\times B=\{(2,2),(2,6),(2,8),(3,2),(3,6),(3,8),(4,2),(4,6),(4,8)\}$이고 이 중에서 관계 집합 $R=\{(2,2),\ (2,6),\ (2,8),\ (3,6),\ (4,8)\}$이므로 역관계 $R^{-1}=\{(2,2),\ (6,2),\ (8,2),\ (6,3),\ (8,4)\}$이다. 즉, 임의의 모든 $(x,\ y)\in B\times A$에 대하여, ${}_yR^{-1}{}_x$가 될 필요충분조건은 y가 x의 배수이다. ■

합성관계

합성관계
관계에 포함되는 최초 관계의 정의역과 마지막 관계의 치역 간의 순서쌍으로 표현된다.

집합 A, B, C에 대하여 R은 A에서 B로 가는 관계이고 S는 B에서 C로 가는 관계라 할 때, 관계 R과 S의 **합성관계**(composite relation)는 A에서 C로의 관계로써 $R\circ S$로 표기하며

$$R\circ S=\{(a,\ c)\in A\times C\ :\ (a,\ b)\in R\text{이고 }(b,c)\in S\text{인 }b\in B\text{가 존재한다.}\}$$

이다. 아래의 그림 2.1.10과 같이 화살표 그림(arrow diagram)을 이용해보자. a에서 c에 이르는 연결선이 존재하려면 관계 R에 의하여 a에서 b에 이르고 다음에는 관계 S에 의해 b에서 c에 이르는 연결선이 존재해야 한다.

$R\circ S$
관계 R은 합성관계에 포함되는 최초의 관계이며 a는 정의역, b는 치역에 해당된다. 관계 S는 합성관계에 포함되는 마지막 관계이며 b는 정의역, c는 치역에 해당된다. 따라서 합성관계 $R\circ S$는 a와 c의 순서쌍으로 나타낸다.

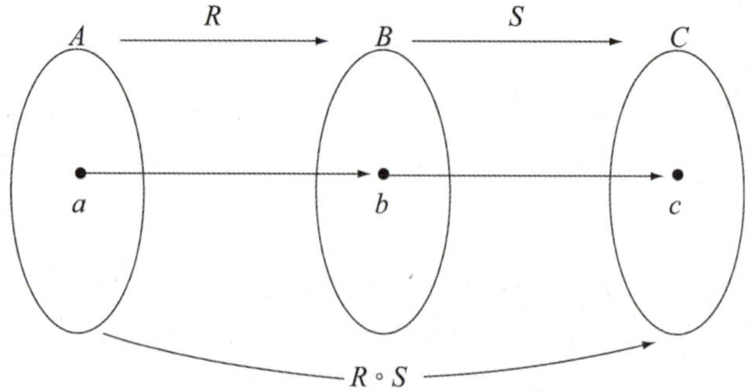

그림 2.1.10 합성관계 $R\circ S$

예제 2.1.17 집합 $A=\{1,2,3,4\}$, $B=\{a,b,c\}$, $C=\{\alpha,\beta,\gamma\}$라 두자. 관계 $R=\{(1,a),\ (2,c),\ (4,a),\ (4,c)\}$이고 $S=\{(a,\alpha),\ (c,\alpha),\ (c,\gamma)\}$일 때 $R\circ S$를 구하라.

풀이

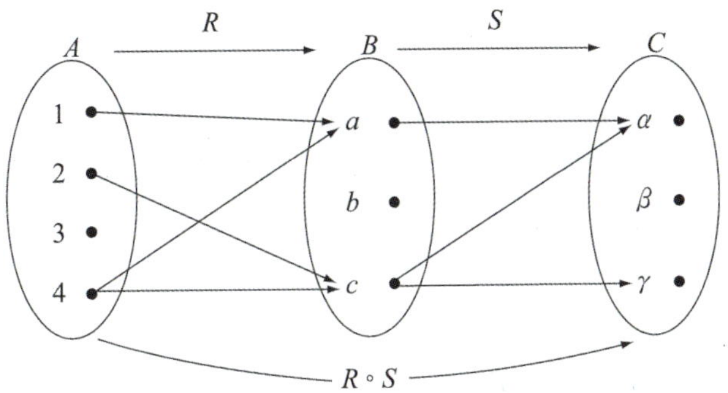

그림 2.1.11 합성관계 $R\circ S$

위의 그림 2.1.11에서 $R\circ S=\{(1,\alpha),\ (2,\gamma),\ (4,\alpha),\ (4,\gamma),\ (2,\alpha)\}$임을 알 수 있다. ■

동치관계와 분할

관계 R을 집합 A에 관한 관계라 할 때, 관계 R은 다음과 같은 주요한 성질을 가진다.

(1) 모든 $a\in A$에 대하여 ${}_aR_a$이면, 이때 R을 **반사관계**(reflexive relation)라 한다.

예를 들면, 집합 $A=\{1,\ 2,\ 3\}$에서 $R=\{(1,1),\ (2,2),\ (3,3),\ (1,2)\}$라면 R은 반사적이며, 만약 $A=\{1,\ 2,\ 3,\ 4\}$라면 R이 $(4,\ 4)$을 포함하고 있지 않으므로(집합 A의 모든 원소에 대하여 반사적이어야 한다.) 이때 R은 반사적이 아니다.

(2) 임의의 두 원소 $a,b\in A$에 대하여 ${}_aR_b$이면 반드시 ${}_bR_a$일 때 이때 R을 **대칭관계**(symmetric relation)라 한다.

예를 들면, 집합 $A=\{1,\ 2,\ 3\}$에서 $R_1=\{(1,1),\ (2,2),\ (1,2),\ (2,1),(3,1),\ (1,3)\}$ $R_2=\{(1,1),\ (1,2),\ (2,1),\ (2,3)\}$이라 두면 R_1은 대칭적이나 R_2는 대칭적이 아니다. 왜냐하면 R_2가 대칭적이 되기

반사관계
예)
※ $R=\{(a,b)a\in\mathrm{N}, b\in\mathrm{N}, a\le b\}$일 때 R은 반사 관계에 해당된다.

대칭관계
반사관계와 달리 관계에 포함된 집합의 모든 원소에 대하여 대칭성을 가져야 하는 것이 아니라, ${}_aR_b$가 존재할 때에만 ${}_bR_a$가 존재하면 대칭관계를 충족하는 것으로 한다.
예)
※$a=b$이면 $b=a$이다.

위해서는 $(2,3) \in R_2$이므로 반드시 $(3,2) \in R_2$이어야 하기 때문이다.

(3) 임의의 원소 $a, b, c \in A$에 대하여 $_aR_b$이고 $_bR_c$이면 반드시 $_aR_c$일 때 R을 **추이관계**(transitive relation)라 한다.

예를 들면, 집합 $A = \{1, 2, 3\}$에서 관계 $R = \{(1, 1), (2, 1)\}$은 추이적이다.

추이관계
반사관계와 달리 관계에 포함된 집합의 모든 원소에 대하여 추이성을 가져야 하는 것이 아니라, $_aR_b$가 존재하고 $_bR_c$가 존재할 때에만 $_aR_c$가 존재하면 추이관계를 충족하는 것으로 한다.

예)
※$a<b$이고 $b<c$이면 $a<c$이다.
※$a=b$이고 $b=c$이면 $a=c$이다.

반대칭관계

어떤 $a, b \in A$에 대해 $(a, b) \in R$을 만족하고, 동시에 $(b, a) \in R$을 만족하면 $a = b$이고, $a \neq b$이기 위해서는 $(b, a) \notin R$을 만족하여야 한다.
예) $\{(1,1), (3.3). (2.1)\}$
$\{(4,1), (3.3). (5.2), (1,2)\}$

이러한 관계들은 예제 2.1.18과 같이 유향그래프를 이용하면 쉽게 알아낼 수 있다.

예제 2.1.18 집합 $A = \{1, 2, 3, 4\}$라 할 때 다음 관계들의 반사관계, 대칭관계, 추이관계를 판단하라.

$$R_1 = \{(1,1),\ (1,2),\ (1,3),\ (2,2),\ (3,3),\ (4,4)\}$$
$$R_2 = \{(1,1),\ (2,2),\ (1,2),\ (2,1),\ (3,1),\ (1,3)\}$$
$$R_3 = \{(1,1),\ (1,2),\ (2,2),\ (1,3),\ (3,3),\ (1,4),\ (2,3),\ (2,4)\}$$
$$R_4 = \{(1,1),\ (1,2),\ (2,1),\ (3,1),\ (1,3),\ (2,3),\ (3,2),\ (2,2),\ (3,3),\ (4,4)\}$$

풀이

관계 R_1, R_2, R_3, R_4를 유향그래프로 나타내면 그림 2.1.12와 같다.

따라서 R_1은 반사관계이나 대칭관계와 추이관계는 되지 않는다. 또한 R_2는 대칭관계이나 반사관계와 추이관계는 되지 않으며, R_3는 추이관계이나 반사관계와 대칭관계는 되지 않는다. 그러나 R_4는 반사관계, 대칭관계, 추이관계 모두를 만족한다.

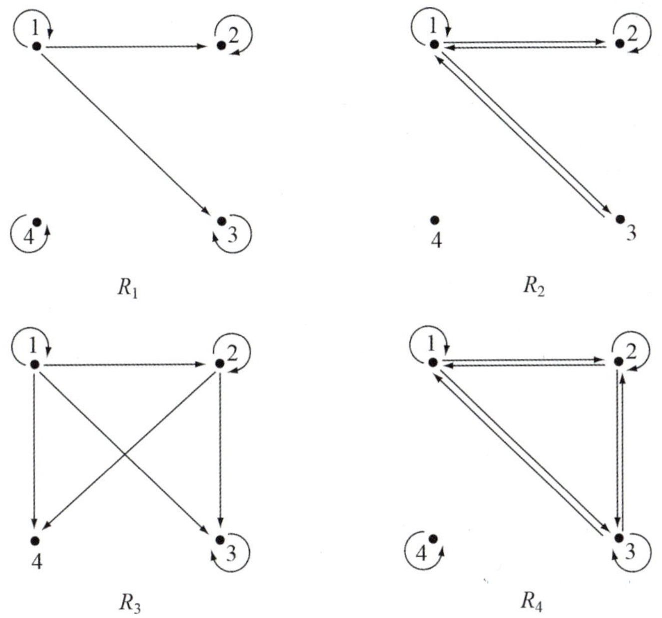

그림 2.1.12 유향그래프를 이용한 관계의 표현 ■

반사, 대칭, 추이관계의 표현

반사관계

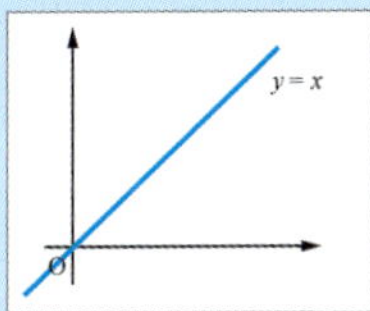	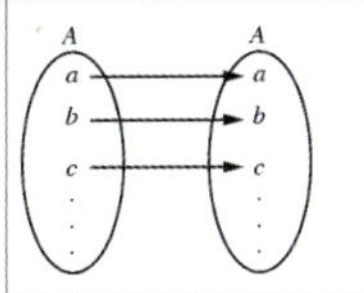	$\begin{bmatrix}1 & & \\ & 1 & \\ & & 1\end{bmatrix}$	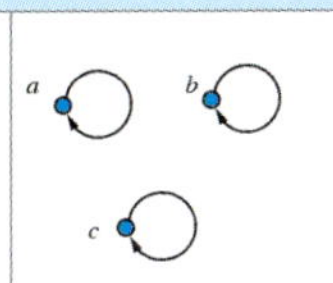
좌표도표 ($y=x$ 직선상에 분포)	화살표 그림 (자기 자신에서 자기 자신으로)	관계 행렬 (관계 행렬 주대각선의 값이 모두 1)	유향그래프 (자기 자신으로 되돌아가는 화살표가 존재)

대칭관계

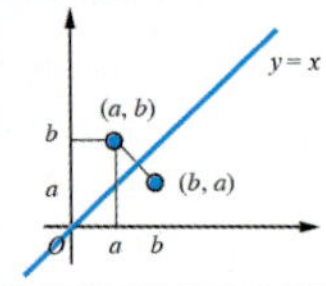	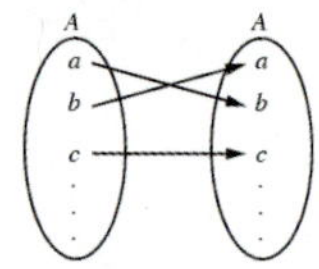	$\begin{bmatrix} & 1 & \\ 1 & & 1 \\ & 1 & \end{bmatrix}$	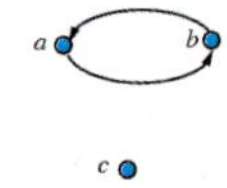
좌표도표 (관계 R에 (a, b)가 포함될 시 $y=x$ 직선상에 대칭하는 (b, a)가 존재)	화살표 그림 (a에서 b로 가는 화살표가 존재할 시 b에서 a로 가는 화살표가 존재)	관계 행렬 (관계 R에 a행 b열이 1일 시 주대각선에 대칭하는 b행 a열이 1)	유향그래프 (a에서 b로 가는 화살표가 존재할 시 b에서 a로 가는 화살표가 존재)

추이관계

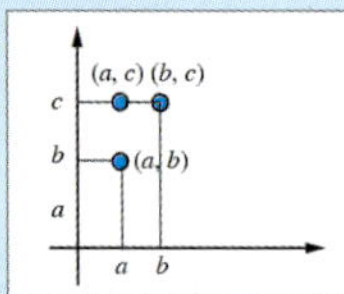	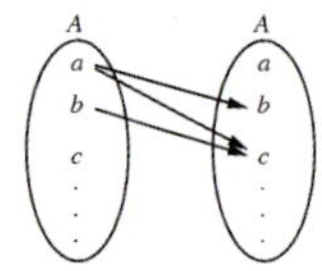	$\begin{bmatrix} 1 & 1 & 1 \\ & 1 & 1 \\ & & 1 \end{bmatrix}$	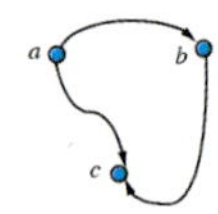
좌표도표 ($(a, b), (b, c)$가 모두 존재 시 (a, c)가 존재)	화살표 그림 (a에서 b로 가는 화살표와 b에서 c로 가는 화살표가 모두 존재 시 a에서 c로 가는 화살표가 존재)	관계 행렬 (a행 b열, b행 c열이 모두 1일 시 a행 c열의 값이 1)	유향그래프 (a에서 b로 가는 화살표와 b에서 c로 가는 화살표가 모두 존재 시 a에서 c로 가는 화살표가 존재)

동치관계
반사 대칭 추이관계를 만족하면 동치관계이며 대표적인 동치관계는 교환법칙, 결합법칙, 분배법칙 등이 있다.
동치관계 R은 서로 공통 부분이 없으면서 공집합이 아닌 동치류들로 분할할 수 있다.

동치류
집합 X에서 동치관계 R이 주어졌을 때, 원소 $x \in X$의 동치관계 R에 대한 동치류(equivalence class) [x]는 그 원소와 동치인 원소들의 집합이다

예제 2.1.18의 관계 R_4와 같이 집합 A에 관한 관계 R이 반사, 대칭, 추이관계 모두를 만족하면 R을 **동치관계**(equivalent relation)라고 한다. 특히 관계 R이 동치관계이면, 각 $x \in A$에 대하여 R에 관한 x의 **동치류**(equivalent class)는 $[x]$로 표기하고

$$[x] = \{y \in A \ : (x, y) \in R\}$$

을 의미한다.

예제 2.1.19 등호(=)가 동치관계임을 증명하라.

풀이

$a=a$(반사성) : a와 a는 동일하므로 반사관계 성립

$(a=b) \Rightarrow (b=a)$(대칭성) : a와 b가 동일하면 b와 a도 동일하므로 대칭관계 성립

$(a=b) \wedge (b=c) \Rightarrow (a=c)$(추이성) : a와 b가 같고 동시에 b와 c가 같으면 a와 c가 같으므로 추이관계 성립

따라서 등호(=)는 반사성, 대칭성, 추이성을 모두 만족하므로 동치관계이다. ■

예제 2.1.20 정수의 집합 A에서 정의된 관계 $R=\{(a, b) \mid a \equiv b \pmod 5\}$는 a, b를 5로 나눈 나머지가 같다는 뜻으로 "a와 b는 **법**(module) 5에서 **합동**(congruent)"이라 하고 $a \equiv b \pmod 5$를 **합동식**이라 한다.

첫째 모든 정수 a에 대하여 $a \equiv a \pmod 5$이므로 R은 반사관계이다. 또 $a \equiv b \pmod 5$이면 a, b는 5로 나눈 나머지가 같으므로 $b \equiv a \pmod 5$이다. 따라서 R은 대칭관계이다. 마지막으로, $a \equiv b \pmod 5$이고 $b \equiv c \pmod 5$이면 a, b는 5로 나눈 나머지가 같고, b, c도 5로 나눈 나머지가 같으므로 a, c도 5로 나눈 나머지가 같다. 즉, $a \equiv c \pmod 5$이므로 R은 추이관계이다. 그러므로 R은 동치관계이다. 따라서 동치관계 $a \equiv b \pmod 5$는 다음과 같이 다섯 개의 동치류를 가진다.

$$
\begin{aligned}
[0] &= \{a \in \mathbb{Z} \mid a\text{는 5로 나누어 나머지가 0인 정수}\} \\
&= \{\cdots, -5, 0, 5, 10, \cdots\} \\
[1] &= \{a \in \mathbb{Z} \mid a\text{는 5로 나누어 나머지가 1인 정수}\} \\
&= \{\cdots, -4, 1, 6, 11, \cdots\} \\
[2] &= \{a \in \mathbb{Z} \mid a\text{는 5로 나누어 나머지가 2인 정수}\} \\
&= \{\cdots, -3, 2, 7, 12, \cdots\} \\
[3] &= \{a \in \mathbb{Z} \mid a\text{는 5로 나누어 나머지가 3인 정수}\} \\
&= \{\cdots, -2, 3, 8, 13, \cdots\} \\
[4] &= \{a \in \mathbb{Z} \mid a\text{는 5로 나누어 나머지가 4인 정수}\} \\
&= \{\cdots, -1, 4, 9, 14, \cdots\}
\end{aligned}
$$

이다. ■

정리 2.1.1

관계 R이 집합 A에 관한 동치관계일 때
(ⅰ) $[a]=[b]$일 필요충분조건이 $(a, b)\in R$이고
(ⅱ) 만일 $[a]\neq[b]$이면 $[a]\cap[b]=\varnothing$임을 알 수 있다.

증명

(ⅰ) $[a]=[b]$이라 가정하자. $a\in[a]$이므로 $a\in[b]$이다. 따라서 $(a, b)\in R$이다. 다음은 $(a, b)\in R$이라 가정하자. $x\in[a]$이면 $(x, a)\in R$이다. R이 추이관계이므로 $(x, b)\in R$이다. 그러므로 $x\in[b]$이다. 즉, $[a]\subseteq[b]$이다. 같은 방법으로 $[b]\subseteq[a]$가 된다.

(ⅱ) $[a]\cap[b]\neq\varnothing$일 때 $[a]=[b]$임을 보이자. $c\in[a]\cap[b]$의 원소라 두면 $(c, a)\in R$이고 $(c, b)\in R$이다. R이 대칭관계이므로 $(a, c)\in R$이고 $(b, c)\in R$이다. 그러므로 $(a, c)\in R$이고 $(c, a)\in R$이므로 추이관계를 이용하면 $(a, b)\in R$이므로 $[a]\subset[b]$이다. 다시 한 번 더 추이관계를 이용하면 $(b, a)\in R$이고 $[b]\subset[a]$이다. 따라서 $[a]=[b]$이다.

동치와 동형과 합동의 의미?

- **동치:** 두 문장이 논리적으로 같다는 것을 의미한다. 이것은 한 문장이 참이면 다른 한 문장도 참이고, 한 문장이 거짓이면 다른 문장도 거짓이 된다는 것을 뜻한다.
  논리적 동치의 예)

동치	이름
$p\wedge \mathrm{T}\equiv p$ $p\vee \mathrm{F}\equiv p$	항등 법칙
$p\vee \mathrm{T}\equiv \mathrm{T}$ $p\wedge \mathrm{F}\equiv \mathrm{F}$	지배 법칙
$p\vee p\equiv p$ $p\wedge p\equiv p$	멱등 법칙
$\neg(\neg p)\equiv p$	이중 부정 법칙
$p\vee q\equiv q\vee p$ $p\wedge q\equiv q\wedge p$	교환 법칙
$(p\vee q)\vee r\equiv p\vee(q\vee r)$ $(p\wedge q)\wedge r\equiv p\wedge(q\wedge r)$	결합 법칙

동치	이름
$p \vee (q \wedge r) \equiv (p \vee q) \wedge (p \vee r)$ $p \wedge (q \vee r) \equiv (p \wedge q) \vee (p \wedge r)$	분배 법칙
$\neg (p \wedge q) \equiv \neg p \vee \neg q$ $\neg (p \vee q) \equiv \neg p \wedge \neg q$	드모르간 법칙
$p \vee (p \wedge q) \equiv p$ $p \wedge (p \vee q) \equiv p$	흡수 법칙
$p \vee -p \equiv \mathrm{T}$ $p \wedge -p \equiv \mathrm{F}$	부정 법칙

- **동형:** 동형이란 두 개 이상의 어떤 수학적 대상물이 동일한 구조적 성질을 갖고 있을 때 서로 동형이라고 한다.
  동형인 대상물들은 서로 다른 형태로 표현될 수는 있으나 구조적으로 같은 필수적인 구조를 갖고 있다. 그러므로 두 개의 대상물이 동형인지 아닌지는 겉으로 드러나게 표현된 형태로 판정할 수는 없다.
  두 대상물 사이에 어떤 함수가 존재하여 서로의 구조가 그대로 보존되어야 하는데, 그러한 함수가 바로 동형사상이다.
  그래프에 동형의 예)

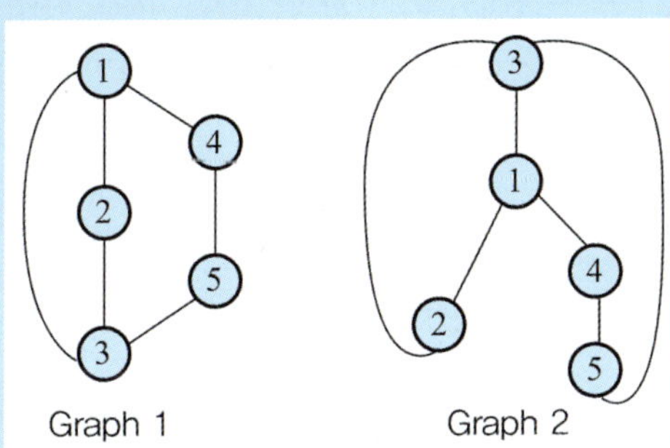

- **합동:** 합동은 두 도형이 모양과 크기가 같음(완전히 일치)을 나타내는 관계이다. 즉, 두 도형을 점집합으로 생각할 때, 그중 하나에 변환을 취하여 다른 하나를 얻을 수 있다면, 두 도형이 합동이라고 한다. 서로 합동인 도형은 서로 닮음이나 그 역은 일반적으로 성립하지 않는다.
  합동의 예)

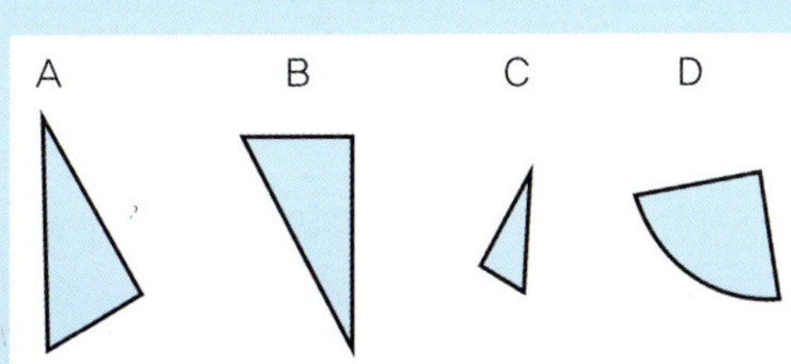

A와 B는 합동, B와 C는 닮음, D는 합동과 닮음 모두 아니다.

그림 2.1.12에서 볼 수 있듯이 예제 2.1.18의 관계 R_4는 집합 A를 두 개의 동치류 $\{1, 2, 3\}$, $\{4\}$로 나누었다. 이때 집합 A는 이러한 부분집합들로 **분할**(partition)되었다고 한다. 이렇게 분할되는 것이 동치관계의 특성이다. 즉, 집합 A의 부분집합 A_1, A_2, $\cdots$, A_n이 어느 두 부분집합도 서로소이며 $A = A_1 \cup A_2 \cup \cdots \cup A_n$일 때 집합 A의 **직합분할**이라 한다.

분할
집합의 분할은 집합의 원소들을 부분집합으로 나누어 모든 원소가 하나의 부분집합에만 속하게 만드는 것이다. 이때, 모든 부분집합은 공집합이 아니다.

예제 2.1.21 집합 $A = \{2, 3, 4, 6, 7, 9\}$이고 A상에 관계 R을 다음과 같이 정의한다. A의 임의의 x, y에 대하여, ${}_xR_y$가 될 필요충분조건은 $x - y$가 3의 배수이다. 이때, 관계 R을 구하고 동치류를 유향그래프를 이용하여 구하라.

풀이

$2 - 2 = 0$이고 0은 3의 배수이므로 ${}_2R_2$이다. 이와 같은 방법으로 ${}_3R_3$, ${}_4R_4$, ${}_6R_6$, ${}_7R_7$, ${}_9R_9$이 된다. 또한 $6 - 3 = 3$이고 3은 3의 배수이므로 ${}_6R_3$이고, 같은 방법으로 ${}_3R_6$, ${}_3R_9$, ${}_9R_3$, ${}_6R_9$, ${}_9R_6$, ${}_4R_7$, ${}_7R_4$가 됨을 알 수 있다. 따라서 다음과 같이 유향그래프를 이용하면 R의 동치류를 쉽게 구할 수 있다.

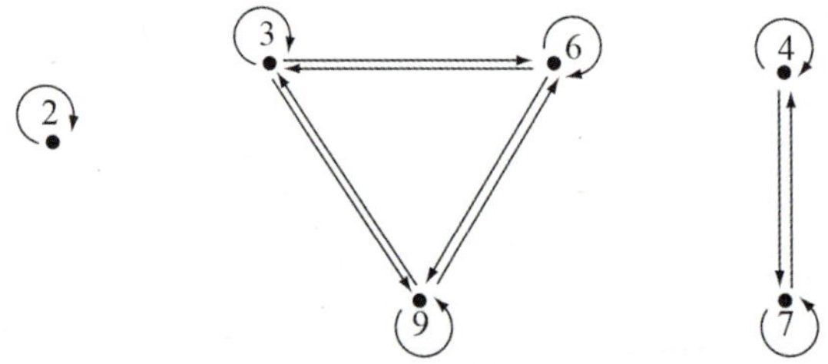

그림 2.1.13 관계 R의 유향그래프

그림 2.1.13에서 알 수 있듯이 동치류(블록)는 $\{4, 7\}$, $\{2\}$, $\{3, 6, 9\}$이며, 관계 R이 동치관계임을 알 수 있다. ■

예제 2.1.21에서 정리 2.1.1의 역으로 다음과 같은 정리를 얻을 수 있다.

정리 2.1.2

P를 집합 A의 분할이라 하자. 분할 P에 속하는 동치류 혹은 블록에 대하여 A상에서 관계 R을 a, b가 같은 동치류의 구성원일 때 $(a, b) \in R$로 정의하면, R은 동치관계이다.

증명

(i) 모든 원소 $a \in A$에 대하여 $(a, a) \in R$, 즉 R은 반사관계이다.

(ii) $(a, b) \in R$이면 a, b가 같은 동치류의 원소이므로 $(b, a) \in R$이므로 R이 동치관계이다.

(iii) $(a, b) \in R$이면 a, b가 같은 동치류에 속하고 b, c가 같은 동치류에 속하면 a, c가 같은 동치류에 속하므로 R은 추이관계이다. 따라서 관계 R은 동치관계이다. 이러한 R을 A의 분할 P에 의해서 결정되는 동치관계라 한다.

예제 2.1.22 집합 $A = \{2, 3, 4, 6, 7, 9\}$에서 그림 2.1.13에서와 같이 분할을 $P = \{\{2\}, \{4, 7\}, \{3, 6, 9\}\}$라 할 때, P에 의하여 결정되는 동치관계 R을 구하면 R은 P의 동치류들의 각각이 같은 블록에 속하는 원소들끼리만 동치관계를 만들면 되므로 구하는 관계는

$$R = \{(2, 2), (4, 4), (7, 7), (4, 7), (7, 4), (3, 3), (6, 6), (9, 9), (3, 6), (6, 3), (3, 9), (9, 3), (6, 9), (9, 6)\}$$

이 된다. ■

동치류와 분할

- 동치류의 성질
  ① 각 동치류 x/ϵ는 X의 부분집합이다. (단, $x/\epsilon \neq \varnothing$)
  ② ${}_x\epsilon_y \Leftrightarrow x/\epsilon \cap y/\epsilon \neq \varnothing$
  ③ $x/\epsilon = y/\epsilon \Leftrightarrow {}_x\epsilon_y$

※동치류의 집합은 분할이다.
집합 $X(X \neq \varnothing)$ 위의 하나의 동치관계 ϵ에 대하여 X/ϵ는 X의 분할이다.

증명)

Step 1.

$x/\epsilon \neq y/\epsilon \Rightarrow x/\epsilon \cap y/\epsilon = \varnothing$ 증명

$X/\epsilon = x/\epsilon|\epsilon \in X$는 부분집합의 족 (동치류 x/ϵ는 X의 부분집합)

$x/\epsilon \neq y/\epsilon \Rightarrow x/\epsilon \cap y/\epsilon = \varnothing$

$\Leftrightarrow x/\epsilon \cap y/\epsilon \neq \varnothing \Rightarrow x/\epsilon = y/\epsilon$ (대우 명제로 증명)

동치류의 성질 ② ${}_x\epsilon_y \Leftrightarrow x/\epsilon \cap y/\epsilon \neq \varnothing$와 동치류의 성질 ③ $x/\epsilon = y/\epsilon \Leftrightarrow$ ${}_x\epsilon_y$ 이용 $\Rightarrow x/\epsilon \cap y/\epsilon \neq \varnothing \rightarrow {}_x\epsilon_y \Rightarrow x/\epsilon = y/\epsilon$

Step 2.

$$\bigcup_{x \in X} x/\epsilon = X$$

$X/\epsilon = \{x/\epsilon|x \in X\}$는 부분집합의 족 $\Rightarrow \bigcup_{x \in X} x/\epsilon \subseteq X$

$\forall x \in X$에 대하여 $x \in x/\epsilon \Rightarrow X \subseteq \bigcup_{x \in X} x/\epsilon$

$\therefore \bigcup_{x \in X} x/\epsilon = X$

동치류와 유향그래프

예제 2.1.20에서 동치류들은 다음과 같은 5개의 동치류로 정의된다.

$[0] = \{a \in \mathbb{Z} \mid a$는 5로 나누어 나머지가 0인 정수$\} = \{\cdots, -5, 0, 5, 10, \cdots\}$

$[1] = \{a \in \mathbb{Z} \mid a$는 5로 나누어 나머지가 1인 정수$\} = \{\cdots, -4, 1, 6, 11, \cdots\}$

$[2] = \{a \in \mathbb{Z} \mid a$는 5로 나누어 나머지가 2인 정수$\} = \{\cdots, -3, 2, 7, 12, \cdots\}$

$[3] = \{a \in \mathbb{Z} \mid a$는 5로 나누어 나머지가 3인 정수$\} = \{\cdots, -2, 3, 8, 13, \cdots\}$

$[4] = \{a \in \mathbb{Z} \mid a$는 5로 나누어 나머지가 4인 정수$\} = \{\cdots, -1, 4, 9, 14, \cdots\}$

이러한 동치류들이 포함된 관계를 유향그래프로 나타내면

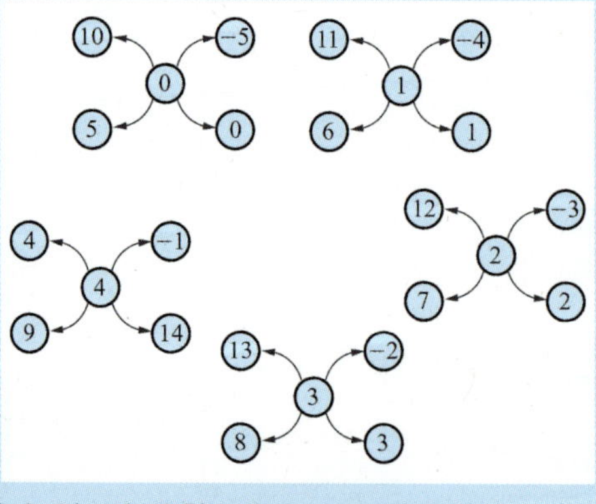

와 같이 표현될 수 있으며, 유향그래프상의 분리된 각각의 그래프는 하나의 동치류와 같음을 알 수 있다.

2.2 함수

함수

수학에서 함수(function) 또는 사상(mapping)은 어떤 집합의 각 원소를 다른 집합의 유일한 원소에 대응시키는 이항관계다. 즉, 한 변수의 값에 따라 정해지는 다른 변수의 값을 먼저 주어지는 값에 상대하여 일컫는 말이다. 예를 들면, 집합 X의 원소 x 한 개에 집합 Y의 원소 y 한 개가 대응하는 관계를 의미한다($y=f(x)$, $y=x+1$, $y=x^2+2x+1$ 등). 거꾸로 y 한 개가 x 여러 개에 대응하는 관계도 함수라고 한다. 함수는 시스템의 입출력관계로 정의될 수 있다.

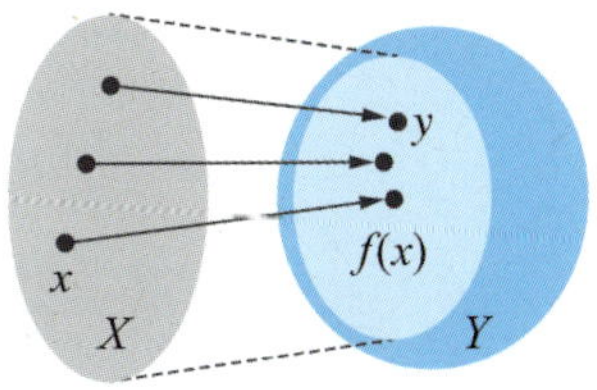

$f: X \rightarrow Y$

함수 f는 다음과 같이 정의된다.

- X는 집합이며, 이를 f의 **정의역**이라고 한다.
- Y는 집합이며, 이를 f의 **공변역**이라고 한다.
- Y 중 x와 대응하는 y를 f의 **치역**이라고 한다.

함수는 다음과 같은 성질을 만족하는 **관계의 특수한 형태**이다.

① x는 Y 중 하나의 y에만 유일하게 대응하여야 한다.
② Y에 포함되는 y는 여러 개의 다른 x에 대응할 수 있다.
③ X에 포함된 x 중 y에 대응하지 않는 x가 존재하지 않아야 한다.

요약

컴퓨터공학에서 함수

함수는 시스템의 입출력관계로 정의될 수 있다.

컴퓨터공학에서 함수는 집합 X의 원소 x 한 개에 집합 Y의 원소 y 한 개가 대응하는 관계를 일련의 코드로 작성한 것이다. 즉, 함수(function), 서브루틴(subroutine), 루틴(routine), 메소드(method), 프러시저(procedure)는 소프트웨어에서 특정 동작을 수행하는 일정 코드 부분을 의미한다.

함수는 대부분의 프로그래밍 언어에서 지원하는 기능으로, 하나의 큰 프로그램을 여러 부분으로 나누어주기 때문에 같은 함수를 여러 상황에서 여러 차례 호출할 수 있으며 일부분을 수정하기 쉽다는 장점을 가진다.

함수를 사용할 때에는 시스템의 입력과 출력에 해당하는 매개변수(인자)를 사용하고 결과 값을 반환하는 일련의 과정을 거치게 된다. 또한, 함수는 다른 함수의 내부에서 호출될 수 있으며(중복 함수) 자기 자신의 함수 내부에서 자기 자신을 호출(재귀 함수)하기도 한다. 이러한 중복함수와 재귀함수는 일반적으로 프로그래밍언어에서 함수 내에서 자기 자신의 함수명을 호출함으로써 구현할 수 있다.

```
int factorial(int x){
            …;
        return factorial(x−1);   //함수 내에서 자기 자신
                                 //의 함수명을 호출
    }
```

특정함수에 전달된 매개변수는 시스템의 입력 값에 해당하며, 함수의 실행에 따른 결과 값은 출력 값에 해당한다. 함수의 출력 값은 또 다른 함수의 입력 값으로 사용될 수 있으며, 이를 합성함수라고 한다.

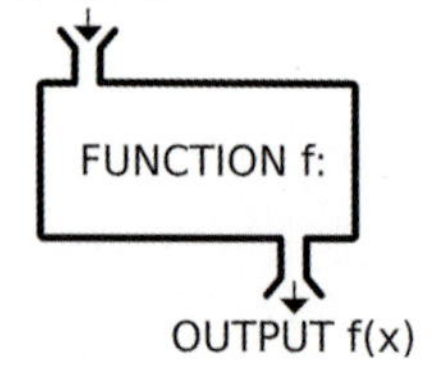

함수는 이항관계의 특수한 형태로, 하나의 입력에 하나의 출력 값을 출력하는 **입출력관계**(input-output relation)로 볼 수 있다. 함수는 수학적 도구의 기본으로서 이 절에서 함수의 정의, 여러 가지 함수, 알고리즘에 필요한 함수의 정환 등을 학습한다.

입출력관계
컴퓨터공학 등 정보 통신 분야에서 함수는 시스템의 입출력 관계를 의미하며 이때 사용되는 함수를 시스템 함수라 한다.

함수

집합 A, B 사이에 다음 두 조건을 만족하는 관계 f를 집합 A에서 B로의 **함수**(function, mapping)라고 한다.

(i) 모든 $a \in A$에 대하여, $(a, b) \in f$를 만족하는 $b \in B$가 존재한다.
(ii) $a \in A$이고, $b \in B$, $c \in B$일 때, $(a, b) \in f$이고 $(a, c) \in f$이면 $b = c$이다.

집합 A에서 B로의 함수 f를 $f : A \to B$로 표기하며 집합 A를 **정의역**(domain), 집합 B를 **공변역**(codomain)이라고 한다. 이때, A의 각 원소가 함수 f에 대해서 두 번째 함수 성질에 의해 유일하게 대응되므로 $b = f(a)$로 표기하며, 이때 b를 f에 의한 a의 **상**(image)이라고 한다. 집합 A의 원소 a가 집합 B의 원소 b에 **사상**(mapping)된다고도 하며, 사상에 참여한 모든 상들의 집합을 f의 **치역**(range)이라고 한다.

정의역
프로그래밍 언어에서 함수에 입력될 수 있는 모든 값의 집합이다.

공변역
프로그래밍 언어에서 함수의 출력 값을 포함하는 모든 값의 집합이다.

치역
프로그래밍 언어에서 함수의 출력 값의 집합이다.

예제 2.2.1 다음 사상이 함수의 조건을 만족하는지를 살펴보고 함수이면 정의역, 공변역, 치역을 구하라.

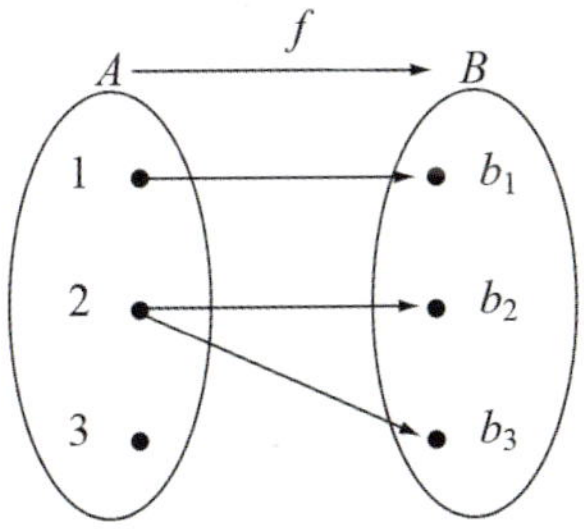

(i)

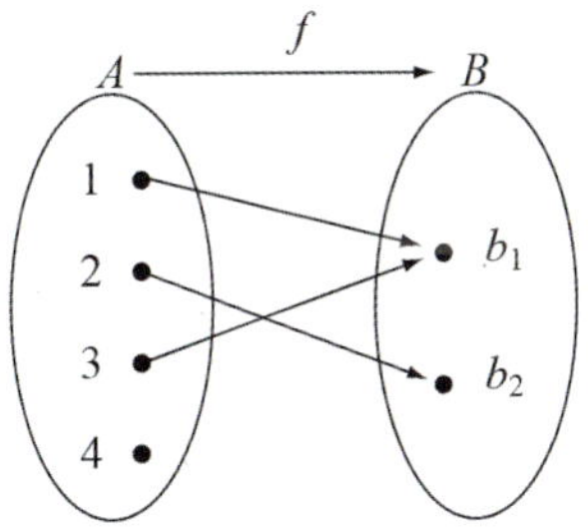

(ii)

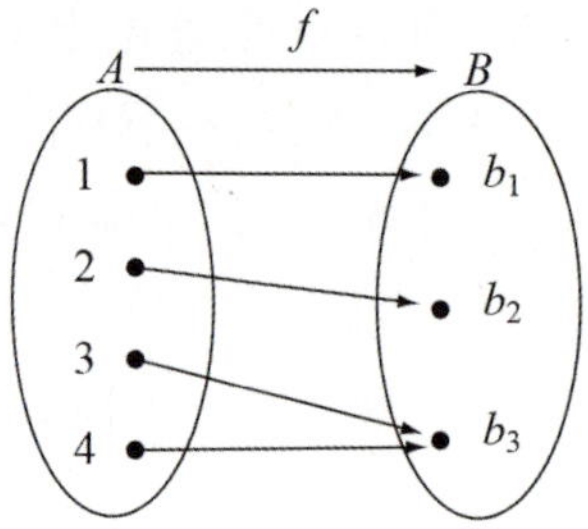

(iii)

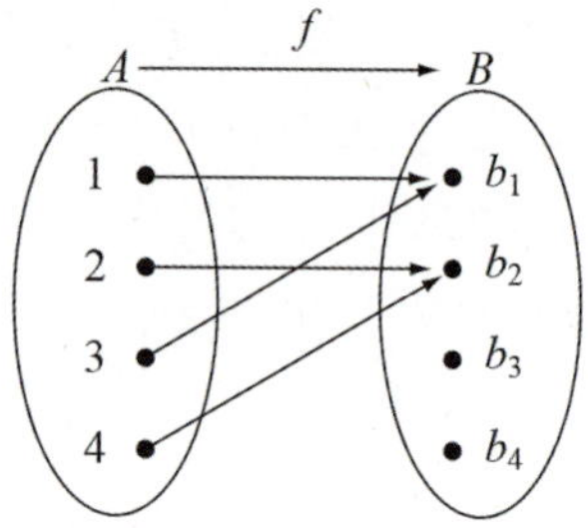

(iv)

그림 2.2.1 다양한 사상들

풀이

(i) $(2, b_2) \in f$이고 $(2, b_3) \in f$이나 $b_2 \neq b_3$이므로 함수가 되기 위한 두 번째 조건을 만족하지 못하므로 함수가 되지 않는다. 또한, 정의역의 원소 3에 대응하는 상이 없으므로 함수가 되지 않는다.

(ii) 정의역의 원소 4에 대응되는 상이 없으므로 함수가 되기 위한 첫 번째 조건을 만족하지 못하므로 함수가 되지 않는다.

(iii) 함수 두 가지 조건 모두를 만족하므로 함수이다.

정의역 : $\{1, 2, 3, 4\}$

공변역 : $\{b_1, b_2, b_3\}$

치　역 : $\{b_1, b_2, b_3\}$

(iv) 함수 두 가지 조건 모두를 만족하므로 함수이다.

정의역 : $\{1, 2, 3, 4\}$

공변역 : $\{b_1, b_2, b_3, b_4\}$

치　역 : $\{b_1, b_2\}$ ■

예제 2.2.2 실수 집합 $\mathbb{R}$에서 $\mathbb{R}$로의 함수 $f(x) = x^2 + 1$, $f(x) = \sqrt{x}$, $f(x) = x \pm 1$가 각각 함수인지 판단하라.

풀이

실수 집합 $\mathbb{R}$에서 $\mathbb{R}$로의 함수 $f(x) = x^2 + 1$은 임의의 실수 x값에 대하여 $f(x)$는 유일한 실수 값이 정해지므로 함수이다. 그러나 $f(x) = \sqrt{x}$는 x가 음의 실수일 때는 대응되는 $f(x)$값이 존재하지 않으므로 함수가 아니다. 이때 정의역을 양의 실수 집합으로 한정하면 함수가 된다. 또한,

$f(x)=x\pm1$은 한 개의 실수 x값에 대하여 두 개의 실수 값이 정해지므로 함수가 아니다.

또한, 함수가 성립하는지 여부는 그래프를 이용하여 간단히 확인할 수 있다.

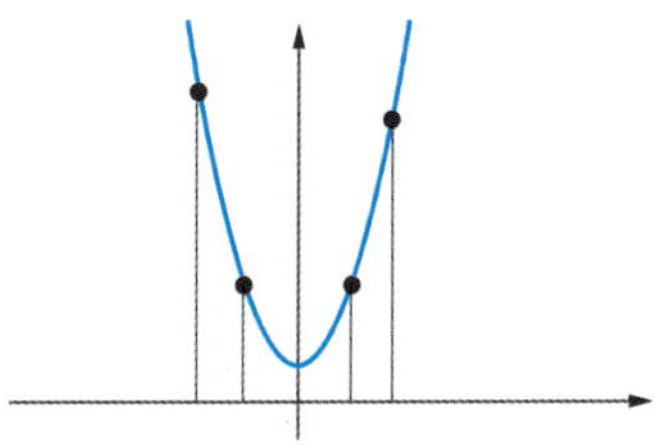

임의의 x에 대하여 대응하는 y의 값이 유일하게 존재하므로 함수임.

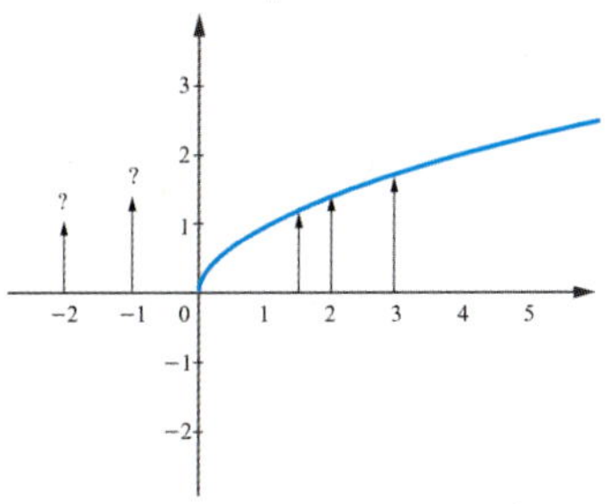

x의 값이 양의 구간인 경우 유일한 y의 값이 대응하나, 음의 구간에 대하여서는 대응하는 y가 존재하지 않으므로 함수가 아님.

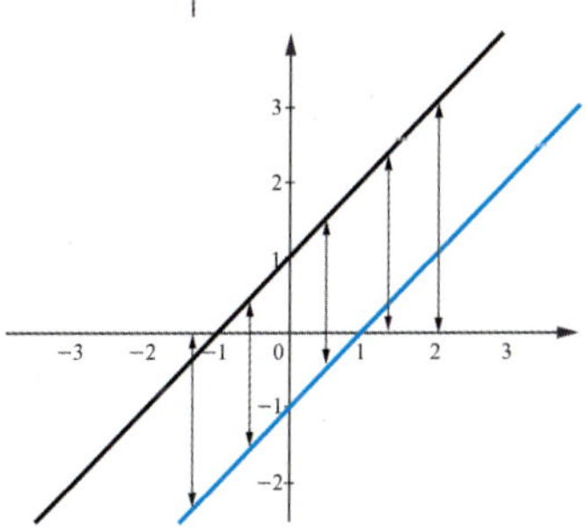

임의의 x에 대하여 대응하는 y의 값이 두 개가 존재하므로 함수가 아님. ■

모든 함수 $f:A\rightarrow B$는 A에서 B로의 관계를 만들어 내는데 이 관계를 함수의 그래프(graph of function)라 하고,

$$f\text{의 그래프} = \{(x,\ y)\ :\ x\in A,\ \ y=f(x)\}$$

로 나타낸다.

두 함수 $f:A\rightarrow B$와 $g:A\rightarrow B$는 모든 $x\in A$에 대해서 $f(x)=g(x)$이면 서로 같다고 하고 $f=g$로 표기한다. 따라서 함수와 함수 그래프를 특별히 구별하지 않는다.

항등함수
정의역과 공역이 같고, 모든 원소를 자기 자신으로 대응시키는 함수이다. 항등함수는 $f(x)=x$의 함수 형태로 표현할 수 있다.

상수함수
정의역의 값에 관계없이 치역이 항상 같은 값에 사상되는 함수를 말한다. 상수함수는 $f(x)=b$의 함수 형태로 표현할 수 있다.

집합 A의 모든 원소 x에 대하여 $f(x)=x$로 정의되는 함수 $f : A \to A$를 A에서의 **항등함수**(identity function)라 하고, I_A로 표기한다. 만약 A, B에서 A의 모든 원소 x에 대하여 $f(x)=b$를 만족하는 $b \in B$가 유일하게 존재할 때 함수 $f : A \to B$를 **상수함수**(constant function)라 한다.

예제 2.2.3

(1) 집합 $A=\{-1,0,1\}$에 대하여 $f(x)=x^3$은 $f(-1)=-1$, $f(0)=0$, $f(1)=1$이므로 항등함수이다. 이때 이 함수는 정의역이 $\{-1,0,1\}$일 때만 항등함수이다.

(2) 실수상에서 정의된 함수 $f : \mathbb{R} \to \mathbb{R}$가 모든 실수 x에 대하여 $f(x)=3$으로 주어질 때 f는 상수함수이다. ■

다음은 함수의 합성에 대해서 알아보자. $f : A \to B$, $g : B \to C$가 존재할 때 f의 공변역이 g의 정의역과 같다면 A에서 C로의 함수가 존재할 수 있으며 임의의 A의 원소 x에 대하여

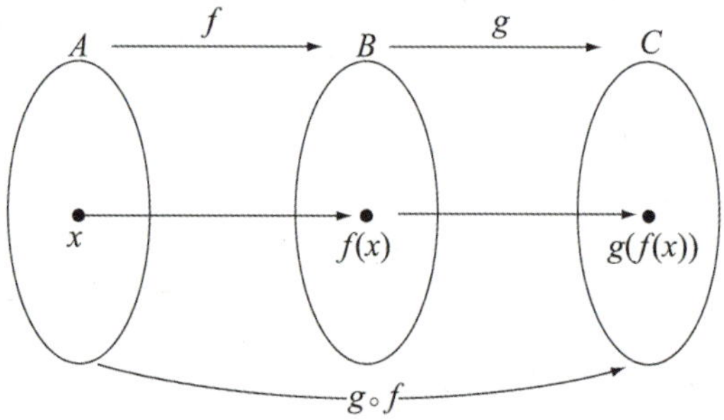

그림 2.2.2 f와 g의 합성함수 $g \circ f$

$$(g \circ f)(x)=g(f(x))$$

합성함수
f의 정의역은 합성함수의 입력 값으로, g의 치역은 합성함수의 출력 값으로 생각할 수 있다.

로 새로이 정의할 수 있다. 이를 f와 g의 **합성(composition)함수**라고 하며, $g \circ f$로 표기한다. 즉, f에 의해서 x의 상을 찾은 후, 다시 g에 의해 $f(x)$의 상을 찾는 것이다.

합성함수는 다음과 같은 성질이 성립한다.

(i) $f \circ (g \circ h) = (f \circ g) \circ h$

(ii) $f \circ I_A = f = I_B \circ f$

예제 2.2.4 실수 상에서 정의된 두 함수 $f, g : \mathbb{R} \to \mathbb{R}$가

$$f(x) = 2x - 1, \ g(x) = x^2 + x$$

일 때, 합성함수 $g \circ f$를 구하라.

풀이

$(g \circ f)(x) = g(2x-1) = (2x-1)^2 + (2x-1) = 4x^2 - 2x$이다. ■

단사함수, 전사함수, 전단사함수, 역함수

함수 $f : A \to B$가 A에 속하는 서로 다른 두 원소 x, x'에 대하여 $f(x) \neq f(x')$이면, 즉 $f(x) = f(x')$일 때 $x = x'$이면 f를 **단사함수**(injection) 혹은 **일대일 함수**(one to one)라 한다. 또 B의 모든 원소가 A에 있는 어떤 원소의 상이면, 즉 $Ran(f) = B$일 때 f를 **전사함수**(surjection, onto function)라고 한다.

함수 f가 단사함수이고 동시에 전사함수일 때, 이 함수를 **전단사함수**(bijeciton)라 한다. 전단사함수를 A와 B 사이에 **일대일 대응**(one to one correspondence)이라고도 한다.

단사함수
정의역의 서로 다른 원소를 공변역의 서로 다른 원소로 대응(정의역과 치역은 일대일 대응)시키는 함수이다.

전사함수
공변역과 치역이 같은 함수 (정의역과 치역은 일대일 또는 N대1)이다.

전단사함수
공변역과 치역은 같으며, 동시에 정의역과 치역이 일대일 대응한다.

예제 2.2.5

(1) $A = \{a_1, a_2, a_3\}$에서 $B = \{b_1, b_2, b_3, b_4\}$로의 함수
$f = \{(a_1, b_1), (a_2, b_2), (a_3, b_3)\}$는 단사함수이나 전사함수는 아니다.

(2) $A = \{a_1, a_2, a_3, a_4\}$에서 $B = \{b_1, b_2, b_3\}$로의 함수
$g = \{(a_1, b_1), (a_2, b_2), (a_3, b_2), (a_4, b_3)\}$는 전사함수이나 단사함수는 아니다.

(3) $A = \{a_1, a_2, a_3\}$에서 $B = \{b_1, b_2, b_3\}$로의 함수
$h = \{(a_1, b_1), (a_2, b_3), (a_3, b_2)\}$는 전사함수이고 동시에 단사함수이므로 일대일 대응함수이다.

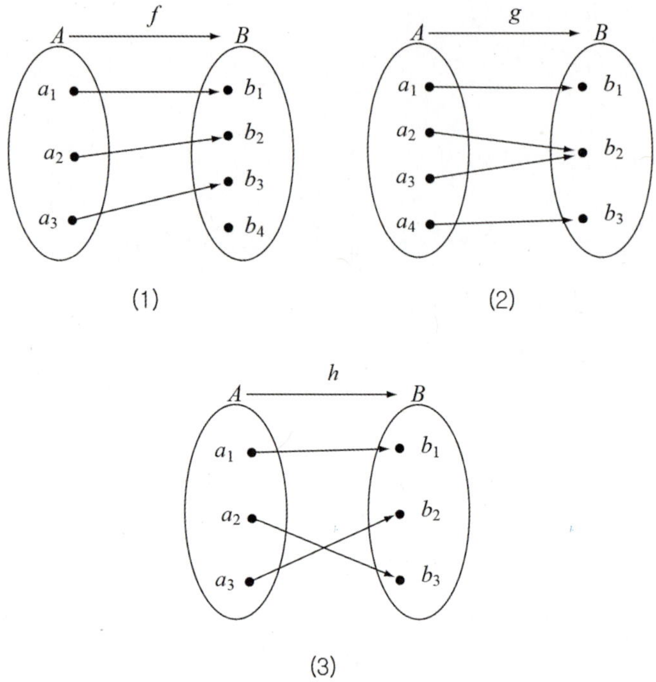

그림 2.2.3 여러 가지 함수들

예제 2.2.6 다음 함수들이 단사함수, 전사함수, 전단사함수인지 판정하라.

(1) $f \;:\; \mathbb{N} \rightarrow \mathbb{N}$

$\quad ;\; f(x) = 2x$

(2) $g \;:\; \mathbb{R} \rightarrow \mathbb{R}$

$\quad ;\; f(x) = x^2$

(3) $h \;:\; \mathbb{R} \rightarrow \mathbb{R}^+ \cup \{0\}$

$\quad ;\; f(x) = x^2$

여기서 $\mathbb{R}^+$는 양의 실수 집합이다.

풀이

(1) f의 공변역은 자연수이고, $f(x) = 2x$이면 정의역에 해당하는 모든 값들이 공변역에 해당하는 임의의 값들 중 짝수에 해당하는 값들로만 사상되므로 f는 단사함수(일대일 함수)이지만 전사함수는 아니다(공변역의 홀수에 해당하는 원소들은 사상되지 않는다).

(2) g의 공변역은 실수이며, g의 치역 $f(x) = x^2$이므로, 공변역은 양수와

음수를 모두 포함하나 치역은 양수만 포함되므로 전사함수가 아니다. 또한 $f(-2)=f(2)$일 때, 즉 서로 다른 정의역 -2와 2에 대하여 동일한 치역 4가 사상되므로 단사함수도 아니다.

(3) h의 공변역은 양의 실수이며 치역 또한 양의 실수 구간에 해당하므로, 공변역과 치역이 동일하며 전사함수에 해당한다. 그러나 h의 정의역은 모든 실수구간을 포함하며 이때 사상관계를 분석하면 (2)의 g의 함수와 같이 사상되므로 단사함수에는 해당하지 않는다. ■

함수 $f: A \to B$에 대하여 그의 역관계 $f^{-1}: B \to A$도 함수일 때, 함수 f는 **가역**(invertible)이라 하고 f^{-1}을 f의 **역함수**(inverse function)라 한다.

가역
가역함수는 역함수가 존재하는 함수이다. 역함수가 존재하기 위해서는 원함수가 전단사함수여야 한다.

역함수
함수가 입력과 출력과의 관계를 나타낸다면 역함수는 출력과 입력의 관계를 나타낸다.

예제 2.2.7 예제 2.2.5의 (3)에서 h의 역관계 $h^{-1}=\{(b_1, a_1), (b_3, a_2), (b_2, a_3)\}$도 B에서 A로 가는 함수가 되므로 h는 가역이다. 그러나 예제 2.2.5의 (1)에서 f의 역관계 $f^{-1}=\{(b_1, a_1), (b_3, a_2), (b_2, a_3)\}$는 f^{-1}의 정의역 B의 원소 b_4가 대응되는 상이 없으므로 함수가 아니며 f는 가역이 아니다.
예제 2.2.5의 (2)에서 g의 역관계 $g^{-1}=\{(b_1, a_1), (b_2, a_2), (b_2, a_3), (b_3, a_4)\}$는 g^{-1}의 정의역 B의 원소 b_2이 대응되는 상이 a_2과 a_3 서로 다른 두 개의 A의 원소가 있으므로 g^{-1}는 함수가 아니므로 g 역시 가역이 아니다. ■

위의 예제 2.2.7에서 알 수 있듯이 모든 함수에 대하여 역함수가 존재하는 것이 아니며, 함수 f의 역관계 f^{-1}**가 함수의 성질을 만족하기 위해서는 함수 f가 반드시 전단사함수여야 한다.**

임의의 함수 $f: A \to B$에 대하여 f의 역함수가 존재하면, 다음이 성립한다.

$$f^{-1} \circ f = I_A \text{이고} \quad f \circ f^{-1} = I_B$$

예제 2.2.8 함수 f의 역함수가 존재한다면 오직 하나만 존재함을 나타내라.

풀이

함수 $f : A \to B$의 역함수 g, h가 존재한다고 가정하자.

즉, $f \circ g = I_B$, $g \circ f = I_A$이고 $f \circ h = I_B$, $h \circ f = I_A$이다.

따라서 $g = g \circ I_B = g \circ (f \circ h) = (g \circ f) \circ h = I_A \circ f = f$이다. ■

예제 2.2.9 예제 2.2.5의 (3)의 전단사함수 $h : A \to B$가 정의될 때 $h^{-1} \circ h = I_A$이고 $h \circ h^{-1} = I_B$가 됨을 나타내라.

풀이

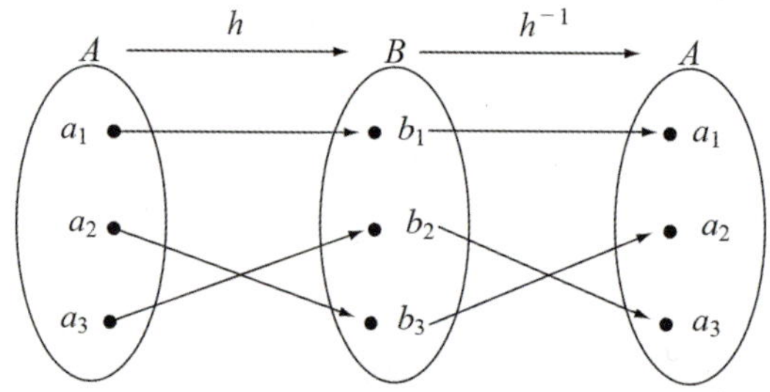

그림 2.2.4 합성함수 $h \circ h^{-1}$

$$(h^{-1} \circ h)(a_1) = h^{-1}(h(a_1)) = h^{-1}(b_1) = a_1$$
$$(h^{-1} \circ h)(a_2) = h^{-1}(h(a_2)) = h^{-1}(b_3) = a_2$$
$$(h^{-1} \circ h)(a_3) = h^{-1}(h(a_3)) = h^{-1}(b_2) = a_3$$

따라서 $h^{-1} \circ h : A \to A$는 항등함수이다. 즉, $h^{-1} \circ h = I_A$이다.

같은 방법으로, $h \circ h^{-1} : B \to B$ 역시 항등함수이다. ■

예제 2.2.10 함수 $f : \mathbb{R} \to \mathbb{R}$가 $f(x) = 3x + 1$로 정의될 때 f가 가역임을 보이고 역함수 f^{-1}을 구하라.

풀이

먼저 $f(x_1) = f(x_2)$라 두면 $3x_1 + 1 = 3x_2 + 1$이므로 $x_1 = x_2$이다. 따라서 f는 단사함수이다. 또한 f의 치역은 실수 집합 $\mathbb{R}$이므로 f는 전사함수이다. 따라서 f는 전단사함수이므로 f는 가역이다.

역함수 f^{-1}을 구할 때 $f(x)$를 $y = 3x + 1$로 두면 f의 정의역이 f^{-1}

의 치역이 되고 f의 치역이 f^{-1}의 정의역이 되므로 x와 y의 위치를 바꾸어, 즉 $x=3y+1$을 y에 대해서 정리하면 $y=\frac{1}{3}(x-1)$이 역함수 $f^{-1}(x)=\frac{1}{3}(x-1)$이 된다. ■

전단사함수는 함수의 그래프를 활용하여 간단하게 판별할 수 있다.

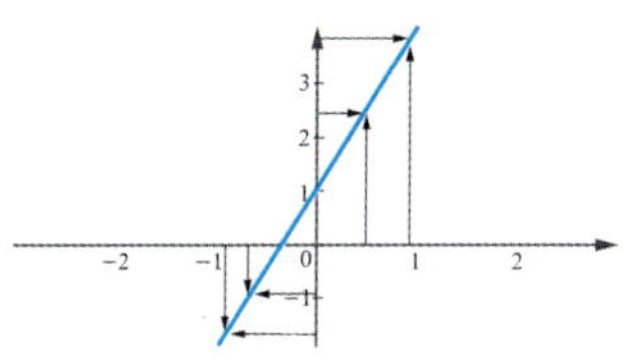

모든 정의역 x에 대하여 대응하는 y(치역)가 한 개만 존재하여야 하며 모든 y(치역)에 대하여 대응하는 x(정의역)가 하나만 존재할 경우 해당 함수는 전단사함수로 판별할 수 있다.

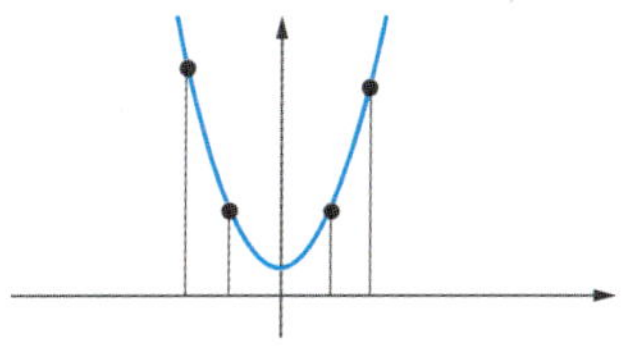

하나의 y(치역)에 대하여 두 개의 x(정의역)가 대응하므로 전단사 함수가 아니다.

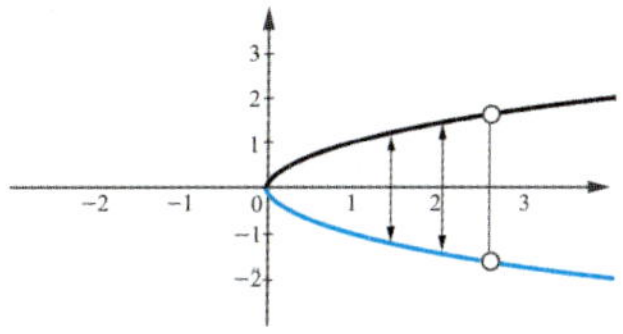

하나의 x(정의역)에 대하여 두 개의 y(치역)가 대응하므로 전단사 함수가 아니다(함수의 조건을 만족하지 못한다).

예제 2.2.11 함수 $f: A \to B$와 $g: B \to C$가 가역이면 $(g \circ f)^{-1}=f^{-1} \circ g^{-1}$임을 나타내라.

풀이

함수 f, g의 합성함수 $g \circ f: A \to C$이고 $(g \circ f)^{-1}=f^{-1} \circ g^{-1}$라고 하면

$$\begin{aligned}(g \circ f) \circ (g \circ f)^{-1} &= (g \circ f) \circ (f^{-1} \circ g^{-1}) \\ &= g \circ (f \circ f^{-1}) \circ g^{-1} \\ &= g \circ I_B \circ g^{-1} = g \circ g^{-1} = I_C\end{aligned}$$

$$(g \circ f)^{-1} \circ (g \circ f) = (g^{-1} \circ f^{-1}) \circ (f \circ g)$$
$$= f^{-1} \circ (g^{-1} \circ g) \circ f$$
$$= f^{-1} \circ I_B \circ f = f^{-1} \circ f = I_A$$

이므로 $(g \circ f)^{-1} = f^{-1} \circ g^{-1}$이다. ■

특수함수

특성함수

특성함수
B가 집합 A의 부분집합일 때, B의 원소 x에 대하여 $x \in B$이면 $f(x)=1$, B의 여집합 $A-B$의 원소 x에 대하여 $f(x)=0$인 함수 f를 B에 대하여 특성함수라 한다.

전체집합 U의 부분집합 A에 대하여, A의 **특성함수**(characteristic function) f_A를 다음과 같이 정의한다.

$$f_A(x) = \begin{cases} x \in A \text{이면 } 1 \\ x \notin A \text{이면 } 0 \end{cases}$$

예제 2.2.12 전제 집합 $U = \{x \mid x$는 10 이하의 자연수$\}$의 부분집합 $A = \{x \in U \mid x$는 10 이하의 짝수$\}$의 특성함수 $f_A(x)$는

$$f_A(2) = f_A(4) = f_A(6) = f_A(8) = f_A(10) = 1$$

이고

$$f_A(1) = f_A(3) = f_A(5) = f_A(7) = f_A(9) = 0$$

이다. ■

지수함수와 로그함수

로그(logarithm)함수
로그함수는 지수 함수의 역함수이다(지수함수와 로그함수는 $y=x$에 대칭한다). 로그함수가 의미하는 바는 어떤 수를 나타내기 위해 고정된 밑을 몇 번 곱하여야 하는지를 나타낸다.

$a>0$인 임의의 실수에 대하여 함수 $f(x)$가

$$f(x) = a^x \quad (a>0,\ a \neq 1)$$

로 정의될 때, 이 함수를 a를 밑으로 하는 **지수함수**(exponential function)라 한다. 한편, $2^2=4$, $2^3=8$이지만, $2^x=6$일 때 x의 값을 구하는 것이 문제가 된다. 이때 **로그함수**를 이용하여 푼다. 즉, $x=\log_2 6 = 2.585$이다.

$$f(x)=\log_a x \ \ (x>0,\ a>0,\ a\neq 1) \quad \Leftrightarrow \quad a^{f(x)}=x$$

로 정의될 때, 이 함수를 a를 밑으로 하는 로그함수(logarithmic function)라 한다.

따라서 **지수함수와 로그함수는 서로 역관계**에 있다. 왜냐하면 함수 $y=a^x$를 x와 y의 변수 위치를 바꾸어 다시 y에 대하여 정리하면 $y=\log_a x$가 되기 때문이다.

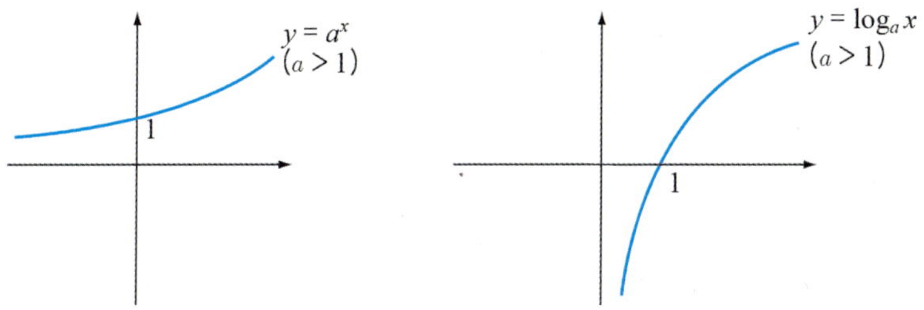

그림 2.2.5 지수함수와 로그함수

예제 2.2.13 실수 집합에서 양의 실수 집합으로 정의된 3을 밑으로 하는 지수함수 $f(x)=3^x$의 그래프를 그리고 그 역함수를 구하라.

풀이

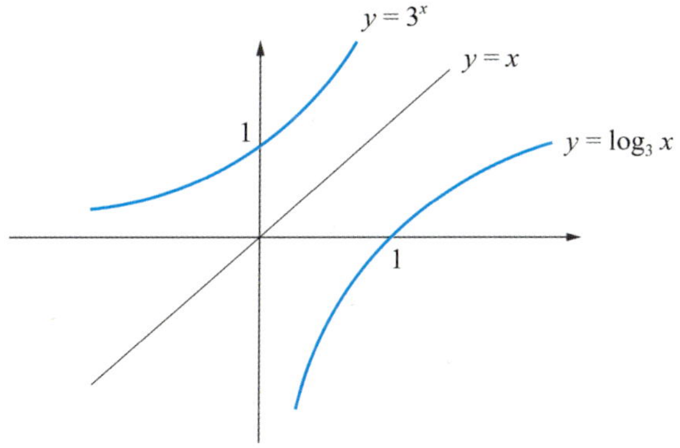

$$y=3^x \Rightarrow x=3^y \Rightarrow y=\log_3 x$$

따라서 역함수는 $f(x)=\log_3 x$이다. ■

함수의 정환

어떤 알고리즘들을 수행하는 데 소요되는 시간을 비교하기 위해 자연수 n을 정의역으로 하는 함수 $f(n)$에 대하여 n의 값이 증가함에 따라 그 함수의 값이 증가하는 속도를 나타내는 용어가 필요하다.

자연수 n을 정의역으로 두 함수 f와 g에서 n이 증가함에 따라 $f(n)$이 증가하는 속도가 $g(n)$이 증가하는 속도를 넘지 않는 경우, 즉 $n \geq k$인 모든 n에 대하여

$$|f(n)| \leq c\,|g(n)|$$

인 상수 c, k가 존재할 때, f는 $O(g)$라 하고

"f는 g의 **빅-오**(big-oh of g)"

라고 읽는다.

> **빅-오**
> $O(g(n))$은 $g(n)$의 증가율보다 작거나 같은 함수들의 집합을 말한다.
> 예를 들어 $O(n^2)$에는 $O(1)$, $O(n)$, $O(n\log n)$ 등이 포함된다.

예제 2.2.14 함수 $f(n) = \frac{1}{5}n^2 + n$과 $g(n) = n^2$에서 $2 \leq n$인 자연수 n에 대하여

$$n \leq \frac{4}{5}n^2 \text{이고} \quad \frac{1}{5}n^2 + n \leq \frac{1}{5}n^2 + \frac{4}{5}n^2 = n^2$$

이므로 함수 f는 함수 g의 빅-오이다. ■

위의 예제 2.2.14에서 $n^2 \leq n^3 \leq n^4 \leq \cdots$이므로 n^2 대신에 n^3 또는 n^4 등을 쓸 수 있고 $n^2 \leq 2 \cdot n^2 \leq 3 \cdot n^2 \leq \cdots$이므로 $C=1$ 대신에 2 또는 3 등을 쓸 수 있다. 즉, 상수 C와 k는 존재성만 확인하면 되고 $O(g)$의 대상이 되는 함수 g를 구할 경우에는 조건을 만족하는 가장 간단한 식을 사용한다.

또, $O(g)$ 대신에 **함수 g의 식**을 써서 나타내고 그 식을 함수의 **정환**(order)이라 한다. 예를 들면, 위의 예제에서 함수 $\frac{1}{5}n^2 + n$의 정환은 n^2 또는 $O(n^2)$이다.

두 함수 f, g에 대하여 f가 $O(g)$이고 g가 $O(f)$이면 f와 g는 같은

정환을 가지고 있다고 하고 f는 $O(g)$이나 g가 $O(f)$ 아니면 f는 g보다 낮은 정환을 가지고 있다고 한다.

이 경우 f는 g보다 낮은 속도로 증가하는 것을 의미한다.

제2장 핵심문제

1 다음 집합 A에서 원소의 개수를 밝히라.

$$A = \{x | x \in Z,\ x\text{는 홀수이고 } x < 11\}$$

$\{1, 3, 5, 7, 9\}$ 5개

2 집합 $S = \{a, b, c, d\}$에 대한 관계 R이 다음과 같이 표현될 때, R의 순서쌍들을 구하라.

(1)

$$R_S = \begin{array}{c} \\ a \\ b \\ c \\ d \end{array} \begin{array}{c} \begin{array}{cccc} a & b & c & d \end{array} \\ \begin{bmatrix} 0 & 0 & 1 & 1 \\ 0 & 1 & 0 & 0 \\ 1 & 0 & 1 & 0 \\ 0 & 1 & 0 & 1 \end{bmatrix} \end{array}$$

(2)

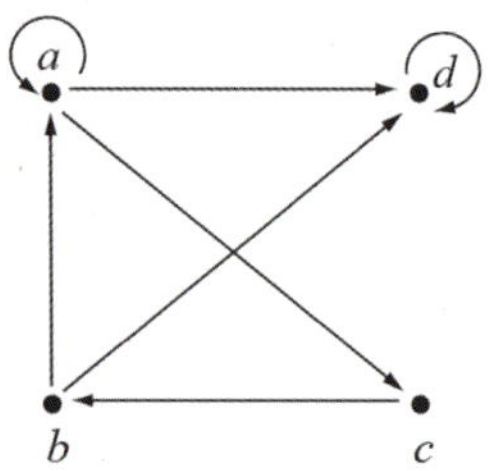

(1) $R = \{(a, c), (a, d), (b, b), (c, a), (c, c), (d, b), (d, d)\}$

(2) $R = \{(a, a), (a, c), (a, d), (b, a), (b, d), (c, b), (d, d)\}$

3 집합 $A = \{1, 2, 3\}$상에 관계가 주어졌을 때, 그 관계에 따른 방향 그래프가 다음과 같다면 반사관계, 대칭관계, 반대칭 관계 및 추이관계가 성립하는지를 판단하라.

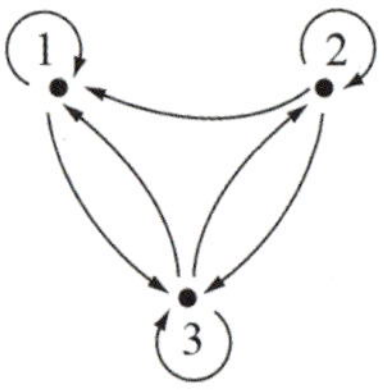

반사 관계, 추이 관계가 성립한다.

4 $S = \{1, 2, 3, 4, 5, 6, 7\}$의 부분집합이 다음과 같을 때, 집합 S를 분할하는지를 판단하라.

$$\{(1, 2), \{3, 4\}, \{6\}, \{7\}\}$$

$\{1, 2\} \cup \{3, 4\} \cup \{6\} \cup \{7\} = \{1, 2, 3, 4, 6, 7\} \neq S$이므로 분할이 아니다.

5 관계 R이 다음과 같은 방향 그래프로 표현될 때, R을 구하라.

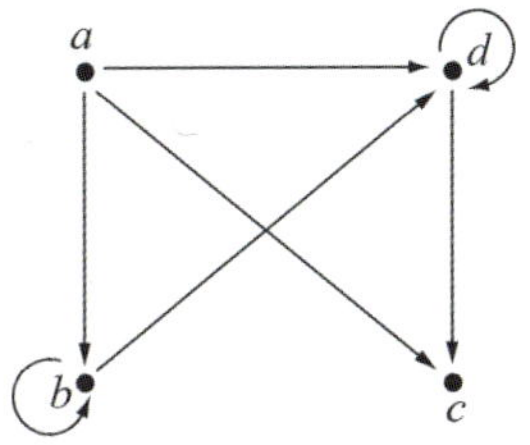

$R = \{(a, b), (a, c), (a, d), (b, b), (b, d), (d, c), (d, d)\}$

6 $A = \{1, 2, 3, 4\}$에서 관계 R이 다음과 같다. R이 반사적, 대칭적, 반대칭적, 추이적인지를 살피라.

(1) $R = \{(1, 1), (1, 2), (2, 1), (2, 2), (3, 3), (3, 4), (4, 3), (4, 4)\}$

(2) $R = \{(1, 3), (1, 1), (3, 1), (1, 2), (3, 3), (4, 4)\}$

(3) $R = \{(1, 2), (1, 3), (3, 1), (1, 1), (3, 3), (3, 2), (1, 4), (4, 2), (3, 4)\}$

(1)은 반사적, 대칭적, 추이적이다.
(2)는 반사적, 대칭적, 반대칭적, 추이적 모두 해당하지 않는다.
(3)은 추이적이다.

7 $A = Z$(정수의 집합)이다. 관계 R이 $R = \{(a, b) \in A \times A | a \leq b\}$일 때, R은 동치관계인지 아닌지를 밝혀라.

관계 R에 포함되는 순서쌍 (a,b)에 $a \leq a$가 포함되므로, R은 반사적이다. $a \leq b$이면, $b \leq a$가 될 수 없으므로, R은 대칭적이지 않다. $a \leq b$이고, $b \leq c$이면, $a \leq c$이므로 추이적이다. R은 대칭적이 아니므로 동치관계는 아니다.

8 집합 A의 분할을 P라 할 때, 집합 A에서 관계 R을 다음과 같이 정의하자. ${}_aR_b$는 a와 b가 A의 분할 P의 같은 블록에 속한다는 관계이면, R은 A에서의 동치관계임을 밝히라.

(1) $a \in A$이면, a는 a 자신의 블록에 속하므로 ${}_aR_a$이다.

(2) ${}_aR_b$이면 a와 b는 같은 블록에 속한다. 따라서 ${}_bRa$이다.

(3) ${}_aR_b$이고 ${}_bR_c$이면, a와 b, c는 모두 분할 P의 같은 블록에 속한다. 따라서 ${}_aR_c$이다.

(1)에서 R은 반사적이고, (2)에서 R은 대칭적이고, (3)에서 R은 추이적이므로 R은 동치관계이다.

9 $A=\{1,2,3,4\}$이고, $P=\{(1,2),(3,4)\}$는 A의 한 분할이다. A에서 동치관계 R을 구하라.

$\{1,2\}$와 $\{3,4\}$는 P의 분할이다. 한 블록에 있는 각 원소는 같은 블록에 있는 다른 원소와 동치관계가 있으므로 $\{1,2\}$가 동치관계가 되기 위해서는 반사관계를 만족하기 위하여 $(1,1),(2,2)$가 포함되어야 하며, 대칭관계를 만족하기 위하여 $(1,2),(2,1)$이 포함되어야 한다.
마찬가지로 $\{3,4\}$에서도 반사관계를 만족하기 위하여 가 포함되어야 하며, 대칭관계를 만족하기 위하여 $(3,4),(4,3)$이 포함되어야 한다. 반사 관계와 추이관계를 충족하는 순서쌍들이 관계 R에 포함되면 $\{1,2\}$, $\{3,4\}$로 조합가능한 순서쌍들이 모두 포함되므로 추이관계에 대하여서는 확인하지 않아도 동치관계임을 알 수 있다.
따라서 동치관계 $R=\{(1,1),(1,2),(2,1),(2,2),(3,3),(3,4),(4,3),(4,4)\}$이다.

10 세 집합 A, B, C가 실수의 집합일 때, $f:A\to B$, $g:B\to C$이며 $f(a)=a+2$, $g(b)=2b+1$이라고 정의할 때, 다음 합성 함수를 구하라.

(1) $(g\circ f)(2)$

(2) $(f\circ g)(-1)$

(3) $(g\circ f)(x)$

(4) $(f\circ g)(x)$

(5) $(g\circ f)\circ g(x)$

(6) $(g\circ f)\circ f(x)$

(1) $g(f(2))=g(2+2)=g(4)=9$
(2) $f(g(-1))=f(-2+1)=f(-1)=1$
(3) $g(f(x))=g(x+2)=2x+5$
(4) $f(g(x))=f(2x+1)=2x+3$
(5) $g(f(g(x)))=g(f(2x+1))=g(2x+3)=4x+7$
(6) $f(g(f(x)))=f(g(x+2))=f(2x+5)=2x+7$

11 두 함수 f, g가 f, $g : R \to R$, $f(x) = ax + b$, $g(x) = 1 - 2x$일 때, $(g \circ f)(x) = 6x + 3$이라면 a와 b의 값을 구하라.

$$
\begin{aligned}
(g \circ f)(x) &= g(ax+b) = 1-2(ax+b) \\
&= 1 - 2ax - 2b \\
&= -2ax - 2b + 1
\end{aligned}
$$

$\therefore a = -3$, $b = -1$

제2장 연습문제

01 어떤 자동차 메이커는 3가지 형태의 프레임과 2종류의 엔진을 생산하고 있다.

프레임 : $s=$세단, $t=$트럭, $w=$왜건
엔　진 : $g=$휘발유, $d=$디젤

이 회사가 생산할 수 있는 가능한 자동차 모델을 열거하라.

02 $A=\{1, 2, 3, 4\}$에 관한 다음 관계 R에 대하여

$$R=\{(1, 3), (1, 4), (3, 2), (3, 3), (3, 4)\}$$

(1) R의 정의역과 치역을 구하라.
(2) R를 화살표 그림으로 나타내라.
(3) R의 행렬로 나타내라.
(4) R의 유향그래프를 그려라.

03 $A=\{1, 2, 3, 4, 6\}$에 관한 관계 R을, 임의의 A의 원소 $x, y \in A$에 대하여, ${}_xR_y$가 될 필요충분 조건을 'y는 x로 나누어진다'고 하자. 관계 R^{-1}을 구하라.

04 $A=\{1, 2, 3\}$, $B=\{a, b, c\}$, $C=\{x, y, z\}$이고 다음의 관계 R과 S는 각각 A에서 B, B에서 C로 가는 관계라 하자.

$$R=\{(1, b), (2, a), (2, c)\},\ S=\{(a, y), (b, x), (c, y), (c, z)\}$$

이때 합성 관계 $R \circ S$를 구하라.

05 집합 $A=\{1, 2, 3, 4, 5\}$에 관해서 R이 다음과 같은 동치관계라 하자.

$$R=\{(1,1),\ (1,5),\ (2,2),\ (2,3),\ (3,2),\ (3,3),\ (4,4),\ (5,1),\ (5,5)\}$$

이때 R의 동치류를 구하라.

06 집합 $A=\{1,2,3\}$, $B=\{1,3,5\}$일 때, 관계 S를 임의의 원소 $(x,y)\in A\times B$에 대하여 xSy일 필요충분조건을 'x가 y보다 작다'로 정의했을 때 관계 S를 화살표 그림과 관계행렬로 나타내라.

07 집합 $A=\{1,2,\ \cdots,\ 19,20\}$이라 할 때, 집합 A에 관한 관계 R을 ${}_xR_y$일 필요충분조건을 $x=y(\text{mod } 5)$로 정의한 S에 관한 관계라 할 때 동치류를 구하라.

08 다음 집합 $A=\{0,1,2,3\}$에 관한 관계들이라 하자.

$$S=\{(0,0),\ (0,2),\ (0,3),\ (2,3)\}$$
$$R=\{(0,0),\ (0,1),\ (0,3),\ (1,0),\ (1,1),\ (2,2),\ (3,0),\ (3,3)\}$$
$$T=\{(0,1),\ (2,3)\}$$

관계 R, S, T가 반사적·대칭적 관계인가를 결정하라.

09 다음 그림 2.2.6의 유향그래프에 대응하는 관계가 동치관계인지를 결정하라.

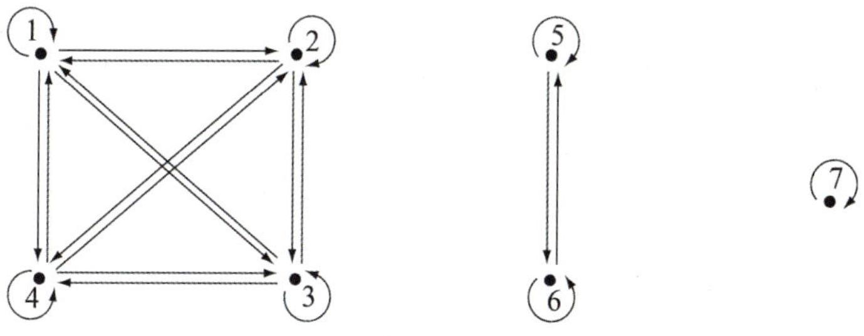

그림 2.2.6 관계와 유향그래프

10 $A=\{1,2,3,4,5\}$이고 $f:A\to A$는 그림 2.2.7과 같이 정의한 함수라 할 때

(a) $f(A)$, 즉 f의 상을 구하라.

(b) f의 그래프, 즉 f를 순서쌍의 집합으로 쓰라.

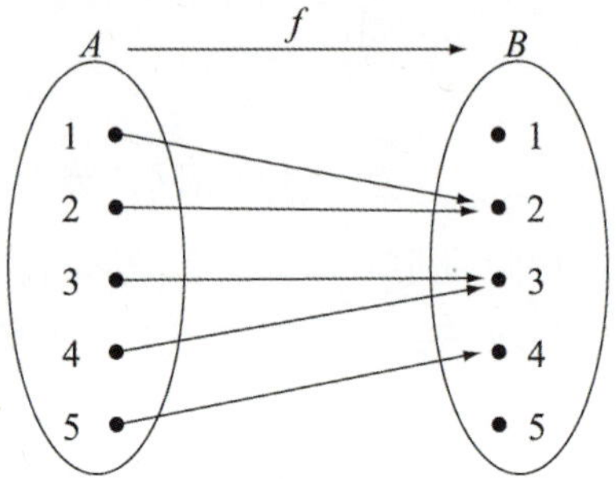

그림 2.2.7 $f: A \to A$

11 $\mathbb{R} \to \mathbb{R}$, 함수 f, g가 실수 집합 $\mathbb{R}$에 $\mathbb{R}$로 대응되는 함수로서 $f(x) = 3x + 1$이고 $g(x) = \sqrt{x}$일 때 $f \circ g$를 구하라.

12 $g : \mathbb{N} \to \mathbb{N}$, $g(n) \to 2n$이라고 할 때, $A = \{1, 2, 3, 4\}$라 하자. 그리고 $f : A \to \mathbb{N}$, $f = \{(1, 2), (2, 3), (3, 5), (4, 7)\}$로 정의하였을 때 $g \circ f$를 구하라.

13 다음 ℕ으로부터 ℕ으로의 함수 중에 어느 것이 일대일이고, 전사이고, 일대일도 아니고 전사도 아니고, 일대일이면서 전사인가?

① $f(n) = 2$ ② $f(n) = n + 1$ ③ $f(n) = n^2 + 1$

14 전사함수이나 단사함수가 아닌 $f : \mathbb{Z} \to \mathbb{Z}$의 예를 하나만 들라.

15 집합 $A = \{1, 2, 3, 4, 5\}$라 하고, 함수 $f : A \to A$, 단 $f(1) \neq 1$이 전단사함수가 되도록 정의할 수 있는 함수의 수는 몇 개인가?

16 집합 $A = \{1, 2, 3, 4, 5\}$, $B = \{a, b, c, d, e\}$일 때, f가

$$f = \{(1, d), (2, a), (3, d), (4, b), (5, c)\}$$

로 정의되어 있다면 f^{-1}이 존재하는가? 존재한다면 f^{-1}를 구하라.

17 실수 집합 $\mathbb{R}$에서 $\mathbb{R}$로의 함수 $f(x)=3x^2-1$의 역을 구하라.

18 $f\left(\dfrac{x}{x-1}\right)=5x^2+x$일 때, $f(2)$를 구하라.

19 함수 $g(a)=\begin{cases} a^2-2a, & a \geq 1 \\ a-1\ , & a<1 \end{cases}$ 에 대하여, $g(5)$와 $g(0)$을 구하라.

20 n이 양의 정수일 때, $f(n)=1+2+3+\cdots+n$의 정환은 $O(n^2)$임을 보이라.

21 n이 양의 정수일 때, $f(n)=3n^4-4n^3$의 정환은 $O(n^4)$임을 보이라.

제 3 장

그래프 이론

그래프(graph)는 점과 선들로 이루어진 순서쌍 $G=(V,E)$으로 볼 수 있으며, 여기에서 집합 V는 꼭짓점, E는 간선(변)을 의미한다. 이러한 그래프는 방향성이 없는 그래프와 방향성이 있는 그래프로 구분할 수 있다.

그래프의 종류에는 방향성의 유무에 따라 유향 그래프와 무향그래프, 변의 중복 여부에 따라 단순 그래프와 다중 그래프, 부호에 따라 부호형 그래프 등으로 구분할 수 있으며 그래프의 각 꼭짓점에 색을 추가하는 그래프 채색 문제 등으로 응용할 수 있다.

컴퓨터공학 분야에서 그래프는 vertex와 edge로 구성된 한정된 자료구조를 의미한다. vertex는 정점, edge는 정점과 정점을 연결하는 간선(변)이며, 자료 구조는 그래프 구조와 그래프 관리에 사용되는 알고리즘에 영향을 받게 된다. 또한, 이론적으로 그래프는 리스트와 행렬 구조 중의 하나로 구별 가능하다.

요약

3.1 그래프

그래프

그래프(graph) G는 꼭짓점의 집합 V와 변의 집합 E의 순서쌍으로 정의된다. 즉, $G \equiv (V, E)$로 나타낸다. 집합 V의 원소는 꼭짓점(vertex), 집합 E의 원소는 변(모서리, edge)이라 부른다. 그래프를 표현할 때, 꼭지점은 점이나 원으로 표현하고, 변은 두 끝점을 잇는 선분으로 표현한다.

변의 집합 E는 모든 $e \in E$가 v_1, $v_2 \in V$에 대하여 $e = \{v_1, v_2\}$가 되도록 정의한다. 이때 v_1, v_2를 e의 끝점(endpoint)이라 하고, v_1과 v_2는 서로 인접한다(adjacent) 또는 이웃한다(neighbor)고 한다. 'e는 v_1, v_2와 붙어있다(incident)' 또는 'v_1, v_2를 연결한다(connect)'고 한다. 두 꼭짓점 v_1, v_2를 연결하는 변을 간단히 v_1v_2와 같이 표기하기도 한다.

꼭짓점의 차수

그래프 내에 존재하는 꼭짓점의 차수(degree)는 한 꼭짓점에 이어져 있는 변의 수를 말한다.

부분 그래프(subgraph)

부분 그래프는 어떤 그래프의 꼭짓점 집합의 부분집합과 그것에 연결된 변으로 이루어진 그래프를 말한다. 부분 그래프를 다르게 표현하면 어떤 그래프의 변의 부분집합과 그것과 연결된 꼭짓점으로 이루어진 그래프를 말한다.

그래프 내 두 점 사이의 거리

그래프 내 두 점(v_1, v_2) 사이의 거리는 v_1, v_2 사이의 경로 가운데 가장 짧은 것의 변의 수를 의미한다. 만약 이러한 경로가 존재하지 않는다면 두 점 사이의 거리를 무한대라고 한다.

그래프의 직경

그래프 내에 존재하는 점들 중 거리가 가장 먼 두 점 사이의 거리를 직경(지름)이라 한다.

컴퓨터공학에서 그래프

컴퓨터공학 분야에서 그래프는 자료구조 등에서 응용된다. 컴퓨터 시스템에 그래프를 저장하기 위해서는 다양한 방법이 존재하며, 자료 구조는 그래프 구조와 그래프 관리에 사용되는 알고리즘에 의하여 영향을 받는다.

그래프는 리스트 또는 행렬 구조로 구현 가능하나, 실제 적용에 있어서 최적의 자료 구조를 구현하기 위하여 일반적으로 이 두 구조의 조합된 형태를 활용한다. 리스트 구조는 적은 메모리 공간을 필요로 하는 장점이 있으며, 행렬 구조는 많은 양의 메모리 공간을 필요로 하지만 빠른 접근이 가능하다는 장점이 있다.

그래프 표현

그래프를 표현하는 방법에는 인접 행렬을 활용하는 방법, 인접 리스트를 활용하는 방법 등이 존재한다.

인접 행렬(adjacency matrix)

간선 (i, j)가 존재하면 원소(i, j) = 1을 저장하며 그렇지 않으면 원소(i, j) = 0이 된다.

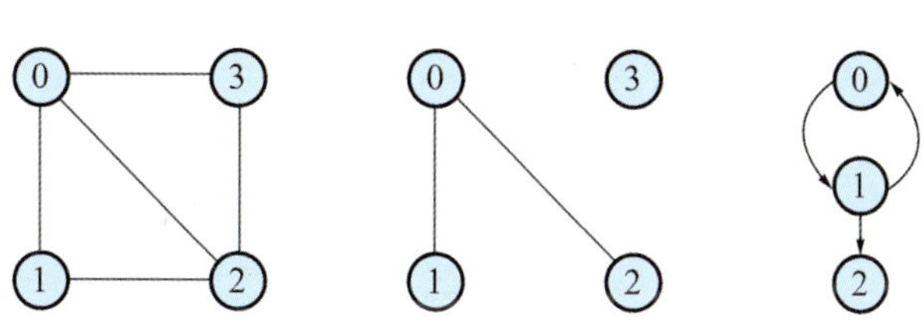

정점 0의 차수 = 0+1+1+1=3

	0	1	2	3
0	0	1	1	1
1	1	0	1	0
2	1	1	0	1
3	1	0	1	0

	0	1	2	3
0	0	1	1	0
1	1	0	0	0
2	1	0	0	0
3	0	0	0	0

	0	1	2
0	0	1	0
1	1	0	1
2	0	0	0

요약

인접 리스트(adjacency list)

정점의 총 개수가 N이라고 할 때 각 정점에 인접한 정점들을 N개의 연결 리스트로 표현한 방법이다.

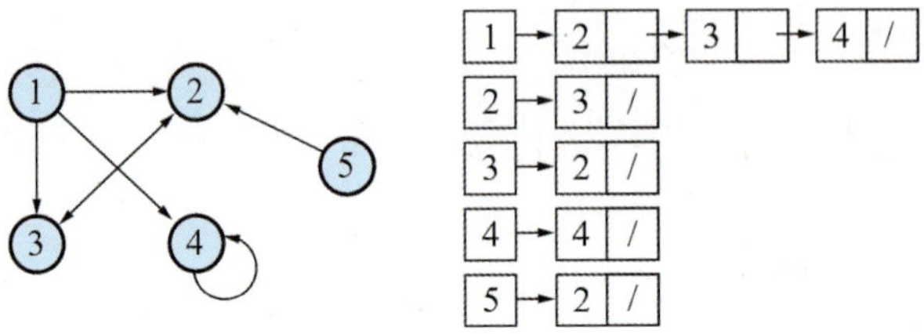

2장에서 관계를 표현하는 방법으로 유향그래프를 학습하였으며 방향성을 가진 그래프를 **유향그래프**라고 정의하였다.

> **유향그래프**
> $G=(V,E)$로 표현된다. 여기서 V는 정점들의 집합이며, E는 정점들의 순서화된 쌍인 아크(arc) 또는 연결선들의 집합이다. 정점 v에서 정점 w로 가는 아크는 $v \to w$로 표시한다.

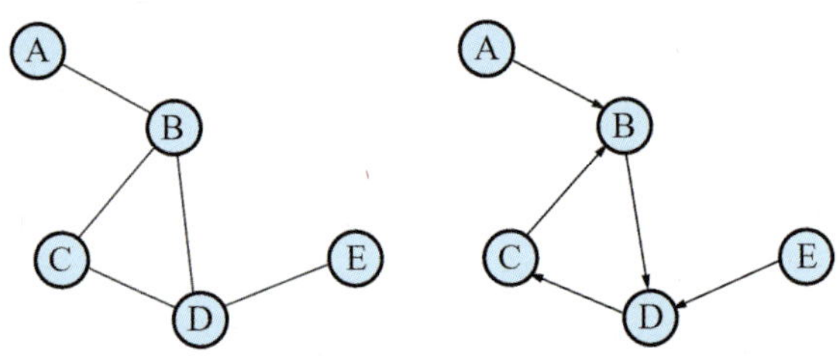

그림 3.1.1 방향성이 없는 그래프와 유향그래프

그래프(graph) G는 **정점**(vertex, node)들의 유한집합 V와 **변**(edge)들의 집합 E로 이루어진 도형을 말한다. 한 변 e는 서로 다른 정점의 쌍 $\{v, w\}$로 된 연결선이다. 이때, v와 w를 e의 **종점**(endpoint)이라 하고 $e=\{v, w\}$라고 표기한다. 그래프는 도형으로 정의되지만 도형으로서의 성질보다는 그래프를 구성하는 점과, 점과 점 사이의 관계 또는 연결성에 관한 정보를 나타내기 위하여 사용되므로 이런 의미에서 이 그래프를 $G=(V, E)$로 표기한다.

> **종점**
> 다른 이름으로 끝점이라고도 한다.

예제 3.1.1 정점의 집합 $V=\{v_1, v_2, v_3, v_4, v_5\}$와 변의 집합 $E=\{e_1,$

e_2, e_3, e_4, e_5, $e_6\}$로 구성된 그래프를 그리라. 여기서 $e_1 = \{v_1, v_2\}$, $e_2 = \{v_1, v_4\}$, $e_3 = \{v_2, v_4\}$, $e_4 = \{v_3, v_4\}$, $e_5 = \{v_4, v_5\}$, $e_6 = \{v_3, v_5\}$이다.

풀이

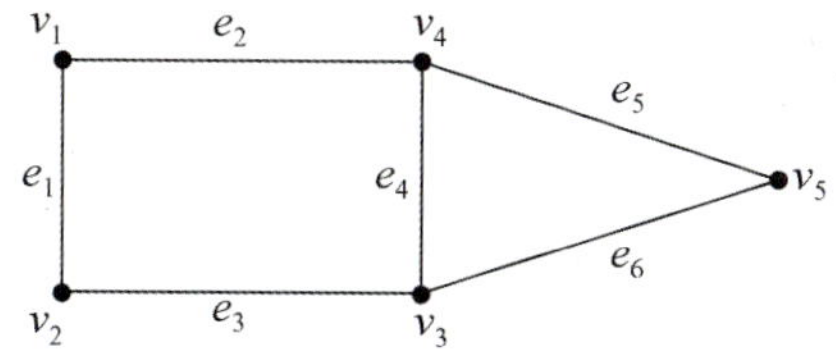

그림 3.1.2 그래프 G ■

그래프 $G=(V, E)$에서 2개 이상의 변이 같은 끝점을 가지면 이 변을 **다중변**(multi edge)이라고 하며, 변의 두 끝점이 같은 정점이면 이 변을 **루프**(loop)라고 한다. 이와 같이 다중변이나 루프를 가지는 그래프를 특히 **다중그래프**(multi graph)라고 하며 다중변과 루프가 없는 그래프를 **단순그래프**(simple graph)라 한다.

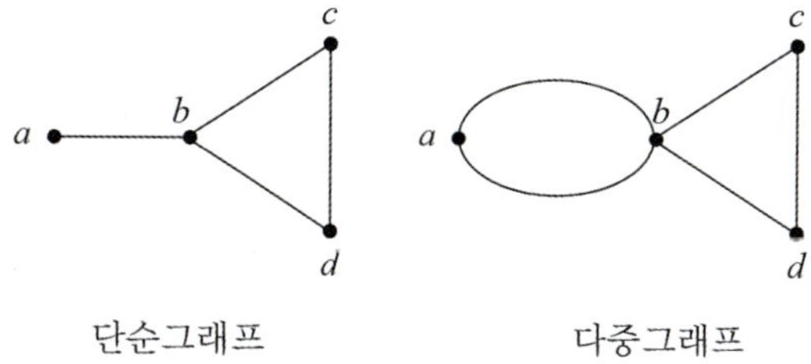

예제 3.1.2 정점의 집합 $V=\{v_1, v_2, v_3, v_4\}$와 변의 집합 $E=\{e_1, e_2, e_3, e_4, e_5, e_6\}$로 구성된 다중그래프를 그리라. 여기서 $e_1 = \{v_1, v_2\}$, $e_2 = \{v_1, v_4\}$, $e_3 = \{v_1, v_3\}$, $e_4 = \{v_1, v_3\}$, $e_5 = \{v_3, v_4\}$이다.

풀이

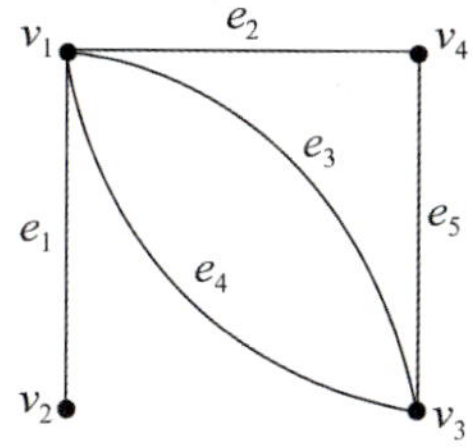

그림 3.1.3 다중그래프 ■

그래프에서 변들이 모두 방향이 주어져 있다면 그 그래프는 유향그래프(directed graph 혹은 digraph)라 하고 이는 제2장에서 이미 소개하였다. 일반적으로 그래프라고 말할 때는 통상적으로 방향성이 없는 그래프를 의미하며 본 장에서는 주로 방향성이 없는 무향그래프의 특성 및 성질에 대하여 학습한다.

그래프(유향그래프)에서 정점 v, w가 변으로 이어져 있을 때 v, w는 서로 **인접(순접)**(adjacent)하다고 하고 두 개의 서로 다른 변이 하나의 정점에 물려 있을 때, 두 변은 서로 인접하다고 한다. 각 정점에 연결된 변의 수를 **차수**(degree)라고 하며 정점 v의 차수는 $\deg(v)$로 표기한다. 이때 차수가 짝수인 정점을 **우결점**(even vertex), 차수가 홀수인 정점을 **기결점**(odd vertex)이라고 한다. 또 차수가 0인 정점을 **고립점**(isolated vertex)이라고 한다.

그래프에 있어서 차수의 합과 변의 수 사이에는 다음과 같은 관계식이 성립한다.

정리 3.1.1

그래프에서 꼭지점 차수의 합은 변의 수의 2배이다.

증명

한 변이 두 개의 끝점을 가지므로 꼭지점 차수의 합은 변의 수의 2배이다.

예제 3.1.3 예제 3.1.1의 그래프의 각 정점의 차수를 구하고, 정점의 차수의 합이 연결선의 2배와 같음을 보이라.

증명 $\deg(v_1) = \deg(v_2) = \deg(v_5) = 2,\ \deg(v_3) = \deg(v_4) = 3$

이므로, 각 정점의 차수의 합은 $2+2+2+3+3=12$이다. 변의 개수는 6이므로 정점의 차수 합이 변의 개수의 2배가 됨을 알 수 있다.

따름정리 3.1.2

그래프에서 홀수점의 개수는 짝수이다.

증명

그래프 $G=(V, E)$에 홀수점을 $v_1, v_2, \cdots, v_k$, 짝수점을 $v_{k+1}, \cdots, v_n$라 하면 위의 정리에 의해

$$\underset{\substack{\uparrow \\ \text{짝수}}}{2|E|} = \underset{\substack{\uparrow \\ \text{홀수}}}{d(v_1)} + \cdots + \underset{\substack{\uparrow \\ \text{홀수}}}{d(v_k)} + \underset{\substack{\uparrow \\ \text{짝수}}}{d(v_{k+1})} + \cdots + \underset{\substack{\uparrow \\ \text{짝수}}}{d(v_n)}$$

좌변 $2|E|$가 짝수이므로 $d(v_1)+ \cdots +d(v_k)$는 짝수이어야 한다. 만약 k가 홀수이면 $d(v_1)+ \cdots +d(v_k)$는 홀수이므로 홀수점의 개수 k는 짝수이다.

예제 3.1.4 9명으로 구성된 그룹에 속한 사람들은, 각자 다른 5명과만 친구 관계가 있게 하려고 한다. 이 방법은 가능한가?

풀이

9명의 각 사람을 정점으로, 친구인 관계를 변으로 대응시켜 생각하면 이는 하나의 단순그래프가 된다. 이 그래프는 각 정점에서의 차수가 5가 되므로 총 차수는 $9 \cdot 5 = 45$가 되므로 위의 정리 3.1.2에 의하면 총 차수는 짝수가 되어야 하므로 이런 방법은 불가능하다.

예제 3.1.5 8개 팀이 출전하는 경기에서 모든 팀이 홀수 번 시합할 수 있게 대진표를 만들 수 있겠는가?

풀이

각 팀을 정점으로, 시합을 변으로 대응시켜 생각하면 대진표는 그래프가 된다. 홀수 번 시합을 하려면 홀수 점이므로 홀수 점의 개수가 8이므로 따름정리 3.1.2에 의해 가능하다.

경로와 회로

그래프(유향그래프) $G=(V, E)$에서 두 정점 v, w에 대해

$$v = x_0, e_0, x_1, e_1, x_2, \cdots, e_{n-1}, x_{n-1}, x_n = w$$

단, $e_i \in \{x_{i-1}, x_i\}$, $1 \le i \le n$와 같이 정점 v부터 시작하여 w까지 인접(순접)되어있는 변이 연속적으로 구성되어 있는 것을 **경로**(path)라고 한다. 이때 정점 v로부터 시작하여 w까지 변을 따라 이동하되 두 번 이상 지나지 않는다.

경로를 이루는 변의 개수를 **경로의 길이**(length)라고 한다. 양 끝점이 같은 경로를 **순회**(circuit)라 한다. 하나의 경로에서 경로를 지나는 모든 정점이 서로 다른 정점일 때 **단순경로**(simple path)라 하고, 하나의 순회에서도 모든 정점이 서로 다를 때 **단순 순회**(simple circuit)라 한다.

예제 3.1.6 다음 그래프(그림 3.1.4)에서 $v_1 e_1 v_2 e_3 v_3 e_5 v_4$는 경로이고 $v_1 e_1 v_2 e_3 v_3 e_5 v_4$는 단순경로이다. 또한 $v_2 e_3 v_3 e_5 v_4 e_{10} v_5 e_6 v_3 e_7 v_6 e_8 v_2$는 순회이고 $v_2 e_3 v_3 e_7 v_6 e_8 v_2$는 단순순회이다.

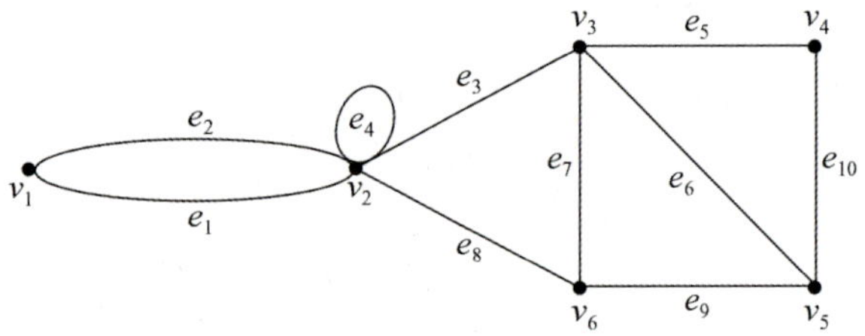

그림 3.1.4 그래프 G

3.2 여러 가지 그래프

연결그래프

그래프 내에 존재하는 임의의 두 정점 사이의 경로가 존재하면 **연결그래프**(connected graph)라고 하고 그렇지 않으면 **비 연결그래프**(disconnected graph)라고 한다. 비 연결그래프는 여러 개의 연결그래프로 나뉘어져 있으므로 이들 각 연결그래프를 그래프의 **성분**(component)이라 한다.

예제 3.2.1 다음 그래프는 2개의 성분으로 구성된 비 연결그래프이다.

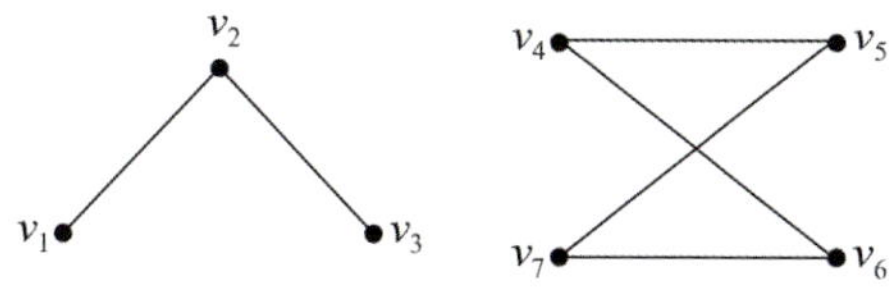

그림 3.2.1 두 성분으로 구성된 하나의 비 연결그래프

부분그래프

그래프 $G=(V, E)$에서 V의 부분집합 W가 정점의 집합이고 E의 부분집합 F가 변의 집합인 그래프 $H=(W, F)$를 그래프 G의 **부분그래프**(subgraph)라 한다. 부분그래프 중 G의 모든 꼭지점을 포함하는 것, 즉 $V=W$일 때 이 부분그래프를 G의 **생성부분그래프**(spanning subgraph)라고 한다.

예제 3.2.2 그림 3.2.2의 그래프에서 부분그래프는 그림 3.2.3이고, 생성부분그래프는 그림 3.2.4이다.

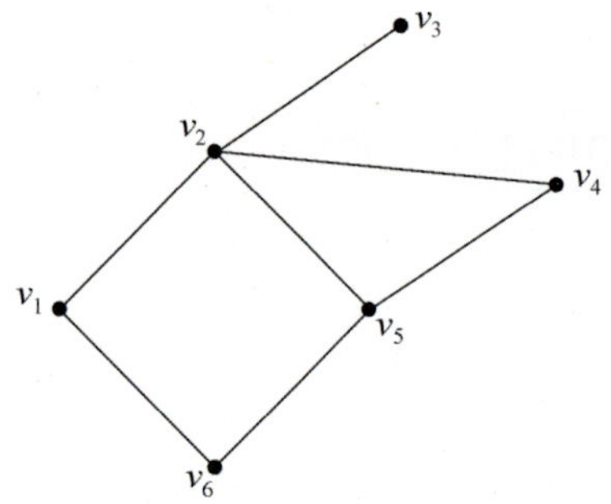

그림 3.2.2 그래프 G

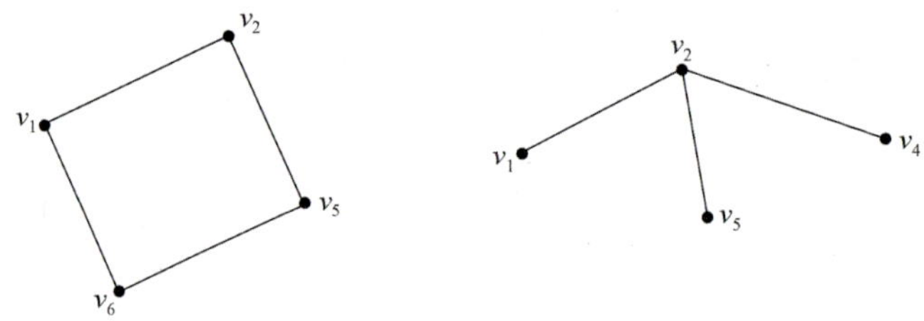

그림 3.2.3 부분그래프

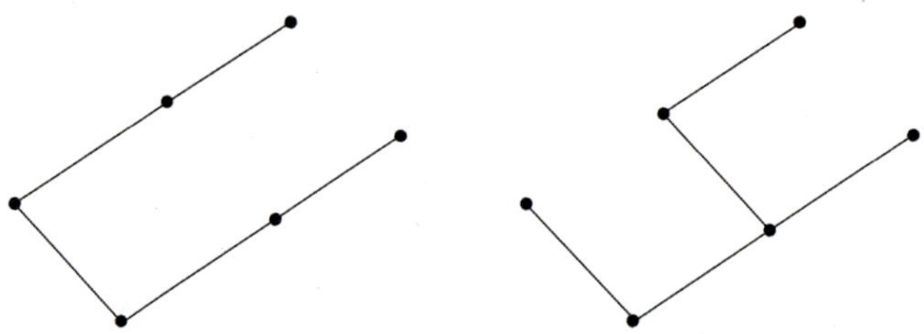

그림 3.2.4 생성부분그래프

동형 사상(isomorphism)
서로 구조가 같은 두 대상 사이에, 모든 구조를 보존하는 사상을 말한다. 두 대상 사이에 동형 사상이 존재하는 경우 서로 동형(isomorphic)이라고 하며, 서로 동형인 두 대상은 모양이 달라도 구조가 같다.

동형 그래프

두 그래프의 정점의 개수가 같고 정점 사이의 인접성이 같은 두 그래프를 서로 **동형**(isomorphic)이라고 한다. 예를 들면, 다음의 두 그래프는 정점과 변의 개수가 서로 같고 각 정점의 인접성이 같으므로 두 그래프는 동형이다.

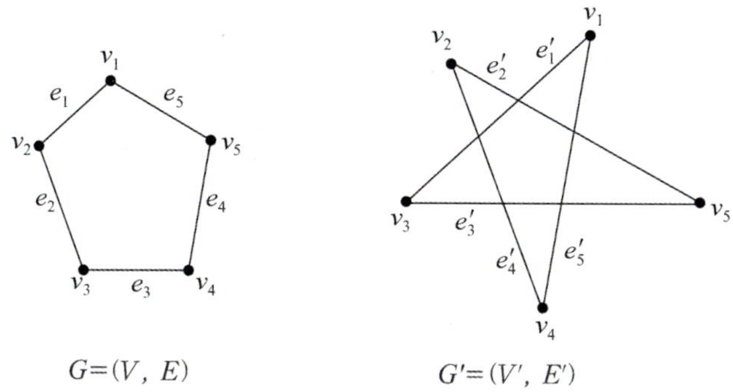

그림 3.2.5 동형 그래프

위의 두 그래프 G, G'는 그림 3.2.6과 같은 대응관계들을 만족한다.

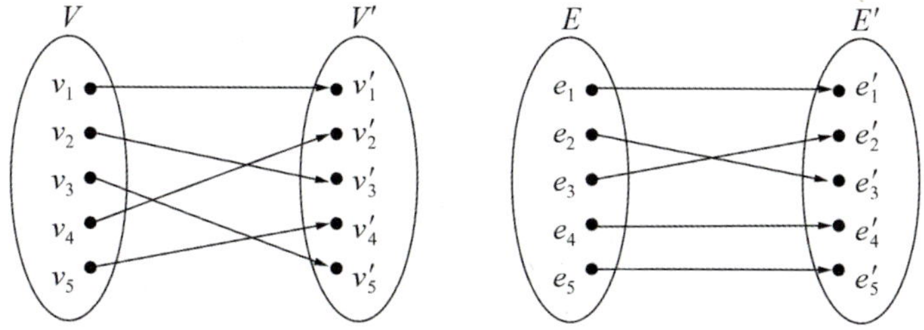

그림 3.2.6 그래프 $G-G'$ 대응관계

즉 두 그래프 $G=(V, E)$, $G'=(V', E')$에 대하여 조건

$$\{v_i, v_j\} \in E \Leftrightarrow \{f(v_i), f(v_j)\} \in E'$$

을 만족하는 전단사함수 $f : V \rightarrow v'$가 존재할 때 G와 G'을 동형이라고 하고 $G \cong G'$라고 표기한다.

예제 3.2.3 다음 두 그래프가 동형임을 보이라.

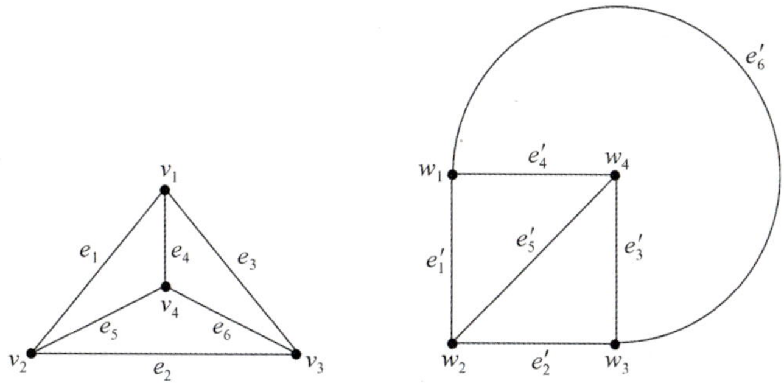

그림 3.2.7 동형 그래프

증명

두 그래프 $G=(V, E)$와 $G'=(V', E')$에서 함수 $f: V \to W$를 $f(v_1)=v_1'$, $f(v_2)=v_2'$, $f(v_3)=v_4'$, $f(v_4)=v_3'$로 대응시키면 변은 $e_1 \leftrightarrow e_1'$, $e_2 \leftrightarrow e_5'$, $e_3 \leftrightarrow e_4'$, $e_4 \leftrightarrow e_6'$, $e_5 \leftrightarrow e_2'$, $e_6 \leftrightarrow e_3'$로 대응되므로 동형 그래프이다.

정규그래프

그래프 내의 모든 정점의 차수가 같을 때(예를 들어 k차라 할 때) 그 그래프를 k-**정규그래프**(k-regular graph)라 한다.

예제 3.2.4 다음 그래프들은 정규그래프이다.

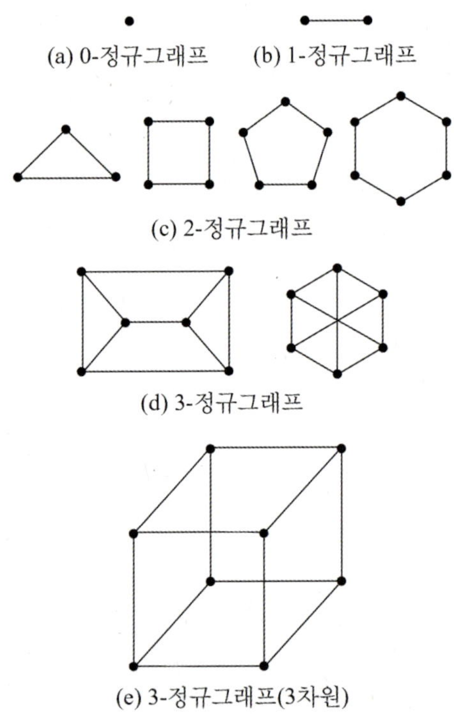

그림 3.2.8 다양향 정규그래프

완전그래프
모든 완전 그래프는 정규그래프에 속한다.

완전그래프와 완전이분그래프

각 정점이 모든 다른 정점과 연결되어 있는 그래프를 **완전그래프**(complete

graph)라고 하며, n개의 정점을 갖는 완전그래프를 K_n으로 표시한다. 이때, K_n의 변의 개수는 $\frac{n(n-1)}{2}$이다.

예제 3.2.5 K_1, K_2, K_3, K_4, K_5 형태의 완전그래프를 그리라.

풀이

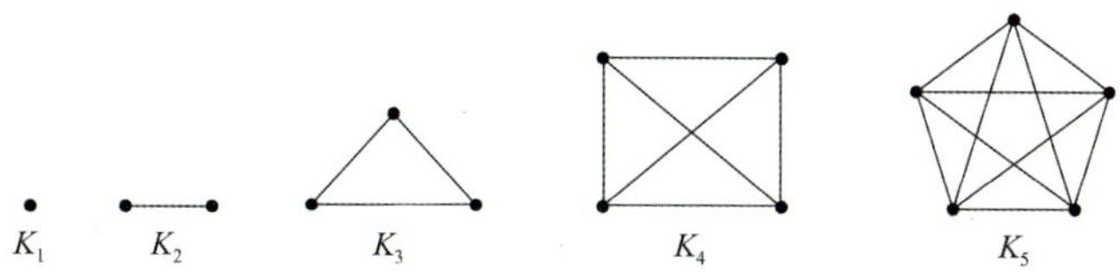

그림 3.2.9 다양한 완전그래프

그래프 $G=(V, E)$에서 정점의 집합 $V=V_1 \cup V_2$이고 $V_1 \cap V_2 = \varnothing$인 두 개의 부분집합 V_1, V_2으로 각 V_1 또는 V_2 내에서는 변이 없고 V_1과 V_2 사이에만 변이 있는 그래프를 **이분그래프**(bipartite graph)라고 한다. 특히, 이분그래프 중에서 V_1의 모든 정점이 V_2의 모든 정점과 연결되어 있는 그래프를 **완전이분그래프**(complete bipartite graph)라고 하며, $K_{|V_1|, |V_2|}$로 표기한다.

> **이분그래프**
> 그래프 내에 존재하는 정점들을 두 부류로 구분할 수 있으며, 서로 다른 그룹에 존재하는 정점들 간에는 연결선이 존재할 수 있으나, 동일한 그룹 내에 존재하는 정점 간에는 연결선이 존재하지 않는 그래프를 말한다.

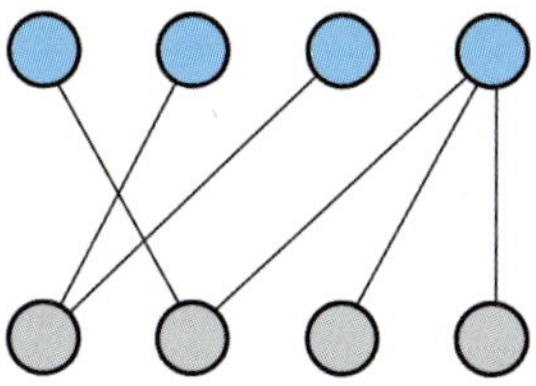

그림 3.2.10 이분그래프

그림 3.2.10에 나타낸 이분그래프의 경우 파란색 정점과 회색 정점이 각각의 서로 다른 그룹으로 구분할 수 있으며, 파란색 정점 간에는 연결선이 존재하지 않으며 서로 다른 색상의 정점 간에는 연결선이 존재할 수 있다.

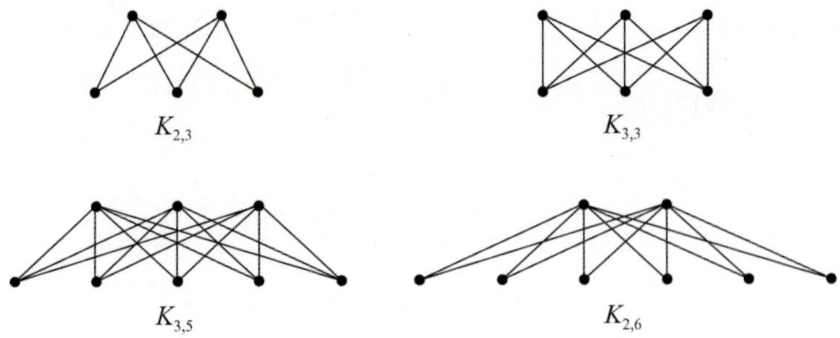

그림 3.2.11 다양한 완전이분그래프

그림 3.2.11에 나타난 완전이분그래프는 이분그래프와 동일한 속성을 가지고 있으나, 서로 다른 그룹 간에는 모든 정점들이 연결되는 것을 알 수 있다.

예제 3.2.6 $K_{1,3}$, $K_{2,3}$, $K_{3,3}$인 완전이분그래프를 그리라.

풀이

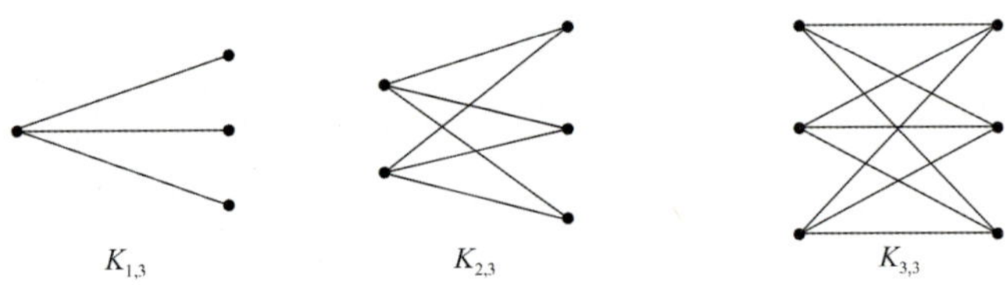

예제 3.2.7 다음 그래프(그림 3.2.12)가 이분그래프임을 보이라.

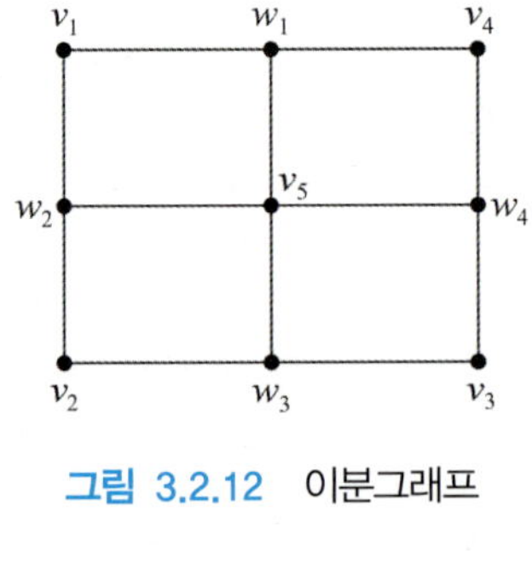

그림 3.2.12 이분그래프

풀이

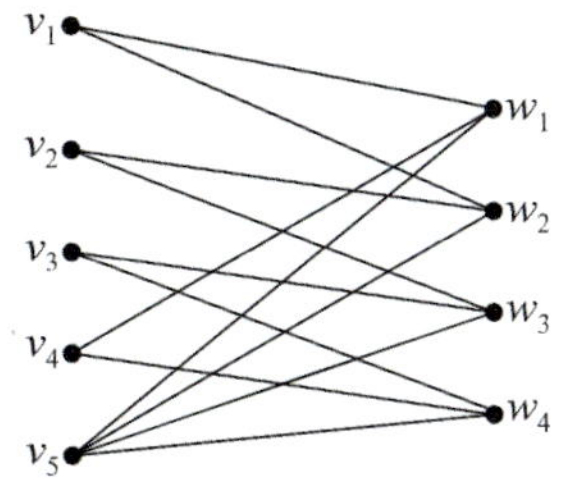

평면그래프

그래프 G가 평면상에서 어떤 두 변도 정점 이외에서는 서로 교차하지 않게 그릴 수 있을 때 G를 **평면그래프**(planar graph)라 한다. 평면그래프임을 확인하기 위해서는 다양한 형태로 변의 위치를 변경해보아야 한다. 이때, 정점과 변의 속성은 변화시키지 말아야 한다.

평면그래프(planar graph) 평면상에 그래프를 그렸을 때, 서로 겹치는 변이 존재하지 않는 그래프를 의미한다.

평면그래프가 아닌 것처럼 보이는 겹쳐지는 변을 보유한 그래프도 변의 위치를 조정하면 겹치지 않게 그려줄 수 있으며, 그 결과 평면그래프임을 확인할 수 있다.

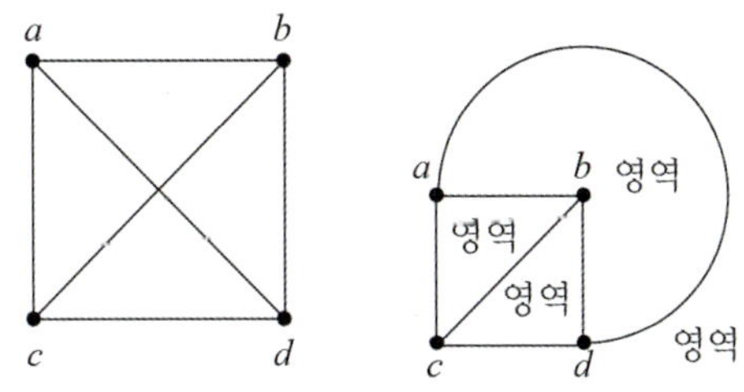

그림 3.2.13 평면그래프

평면그래프에서 변에 의해 분할된 평면을 **영역**(region) 혹은 **면**(face)이라고 하고 이러한 면의 경계를 이루는 순회의 길이를 **면의 차수**라 한다.

면의 차수 영역을 구성하는 연결선의 개수를 면의 차수라고 한다.

다음은 연결평면그래프의 정점, 변, 면의 개수 사이에 관계를 나타내는 **오일러 공식**이다.

> **정리 3.2.1**
> 연결평면그래프 $G=(V, E)$에서 $|V|-|E|+|F|=2$가 성립한다. 단, F는 그래프 G의 면들의 집합이다.

증명

$|E|$에 관한 수학적 귀납법을 활용하면, $|E|=1$인 경우는 다음 그림 3.2.14 (a), (b)와 같은 꼴의 그래프가 된다. (a)에서는 $|V|=1$, $|E|=1$, $|F|=2$이고 (b)에서는 $|V|=2$, $|E|=1$, $|F|=1$이므로 어느 경우나 $|V|-|E|+|F|=2$가 된다.

(a) (b)

그림 3.2.14 $|E|=1$인 그래프

이제 $|E|=k$일 때 $|V|-|E|+|F|=2$라고 가정한 후 $|E|=k+1$일 때 성립함을 보이자. 증명의 편의상 $|E|=k$이고 가정을 만족하는 그래프를 H라 두면 $|E|=k+1$인 연결평면그래프는 다음 그림 3.2.15 (c), (d)와 같은 두 경우가 가능하다.

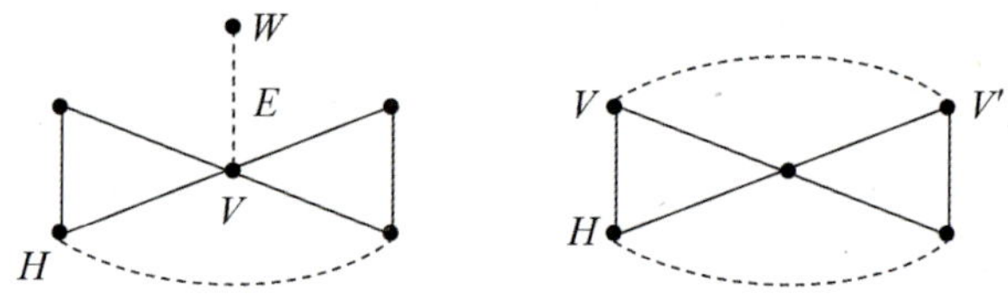

(c) (d)

그림 3.2.15 $|E|=k+1$인 그래프

(c)는 그래프 H에 정점 v와 H의 어느 변과도 교차하지 않는 변 e가 증가하는 경우이다. 이 새로운 그래프는 $(|V|+1)-(|E|+1)+|F|=2$이므로 가정이 성립한다. (d)는 그래프 H에 변이 존재하지 않는 H의 두 정점 사이에 한 개의 변을 추가하는 경우이다. 이때 정점은 증가하지 않고 변과 면만 하나씩 증가한다. 따라서

$$|V|-(|E|+1)+(|F|+1)=2$$

이므로 두 가지 경우 모두 가정이 성립함을 알 수 있다.

예제 3.2.8 다음 그래프 G가 평면그래프임을 보이고 오일러 공식이 성립함을 보이라.

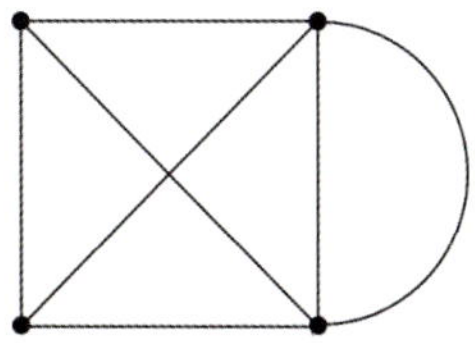

그림 3.2.16 그래프 G

증명

그림 3.2.16을 그림 3.2.17과 같이 평면에 그릴 수 있다.

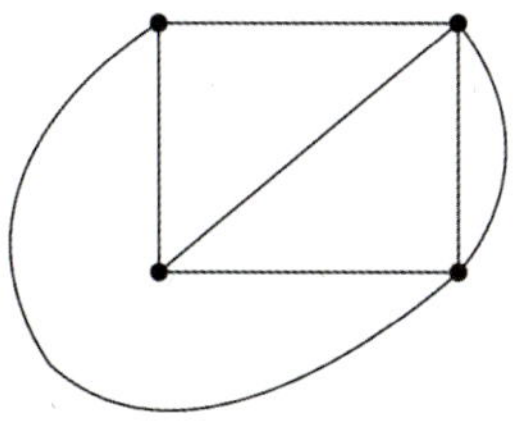

그림 3.2.17 평면그래프 확인을 위한 그래프 G 변의 위치변경

따라서 $|V|=4$, $|E|=7$, $|F|=5$이므로 $|V|-|E|+|F|=4-7+5=2$가 된다.

그래프의 크기가 커지고 복잡해질수록 어떤 그래프가 평면그래프가 되는가를 알기 위하여 위의 예제 3.2.8과 같이 변이 겹치지 않도록 변을 이동하는 것은 쉬운 일이 아니다. 따라서 평면그래프를 확인하기 위해서는 다음과 같은 정리들을 활용한다.

정리 3.2.2

단순연결평면그래프 $G=(V, E)$에서 $|V| \geq 3$일 때

(1) $3|F| \leq 2|E|$, $|E| \leq 3|V|-6$.

단, F는 G의 면들의 집합이다.

(2) G가 길이가 3인 순회를 갖지 않으면 $|E| \leq 2|V|-4$이다.

증명

(1) 그래프 G가 루프와 다중변이 없으므로 한 면은 적어도 3개의 변으로 구성된다. 그리고 한 변은 두 면의 경계가 되므로 $3|F| \le 2|E|$가 성립한다. 또 G가 평면그래프이므로 정리 3.2.1 오일러 공식 $|F| = 2 - |V| + |E|$가 성립한다. 따라서 $3(2 - |V| + |E|) \le 2|E|$를 정리하면 $|E| \le 3|V| - 6$이 된다.

(2) 길이 3인 순회를 갖지 않으므로 적어도 4개 이상의 변으로 영역을 이룬다. 따라서 $4|F| \le 2|E|$이고 $|F| = 2 - |V| + |E|$이므로 $4|F| \le 2|E|$에 대입하여 정리하면 $|E| \le 3|V| - 4$가 된다.

예제 3.2.9 다음 K_5(그림 3.2.9)와 $K_{3,3}$(그림 3.2.11)가 평면그래프가 아님을 보이라.

증명

(1) 완전그래프 K_5는 $|V| = 5$, $|E| = 10$인 연결그래프이다. 그러나 정리 3.2.2 (1)에서 $10 \nleq 3 \cdot 5 - 6 = 9$이므로 $|E| \le |V| - 6$인 조건을 만족하지 않는다. 따라서 K_5는 평면그래프가 아니다.

(2) 완전이분그래프 $K_{3,3}$는 길이가 3인 순회를 갖지 않고 $|V| = 6$, $|E| = 9$인 연결그래프이므로, 정리 3.2.2 (2)에서 $9 \le 2 \times 6 - 4 = 8$이다. 이는 $|E| \le 2|V| - 4$의 조건을 만족하지 않으므로 $K_{3,3}$은 평면그래프가 아니다.

폴란드의 유명한 수학자 쿠라토프스키(Kuratowski)는 1930년에 평면그래프가 되는가를 판정하는 정리를 증명하였다. 쿠라토프스키의 정리는 3.2.3에 나타나 있으나 이 정리를 증명하는 것은 난해하므로 본 교재에서는 생략하기로 한다.

정리 3.2.3 쿠라토프스키의 정리

그래프 G가 평면그래프일 필요충분조건은 G가 K_5, $K_{3,3}$의 동형인 부분그래프를 가지지 않는 것이다.

예제 3.2.10 그림 3.2.18은 부분그래프 K_5와 $K_{3,3}$를 가지지 않으므로 평면그래프이다.

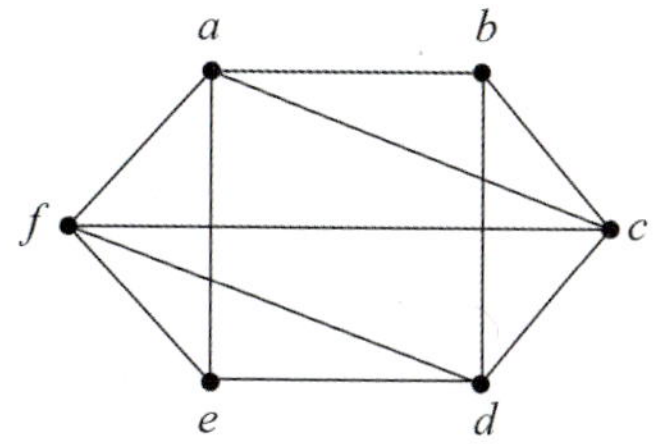

그림 3.2.18 k_5와 $k_{3,3}$을 부분그래프로 가지지 않는 그래프 G

라벨그래프

그래프는 정점과 변으로만 이루어진 도형이지만 어떤 문제들은 각 정점에 이름을 붙여야만 풀 수 있는 것이 있다.

예를 들면, 다음과 같다.

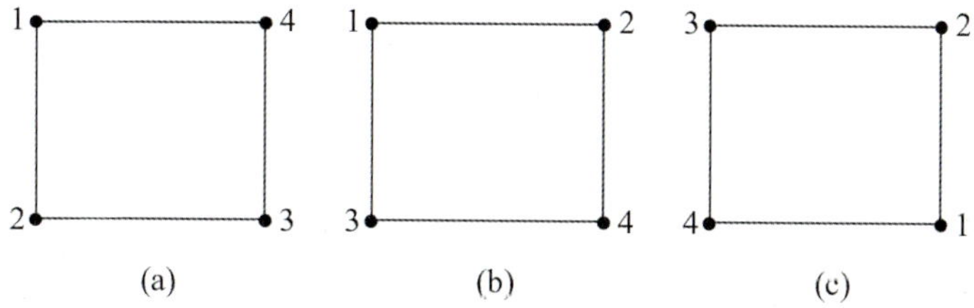

그림 3.2.19 라벨 그래프의 예시

그래프의 각 정점에 이름을 붙인 그래프를 라벨그래프(label graph)라고 한다. 이때 정점의 이름으로 보통 1, 2, 3, …을 붙인다. [그림 3.2.19]의 세 라벨그래프에서 (a)와 (b)는 서로 다른 라벨이지만 (a)와 (c)는 같다. [그림 3.2.20]은 또 다른 형태의 라벨그래프를 나타낸다.

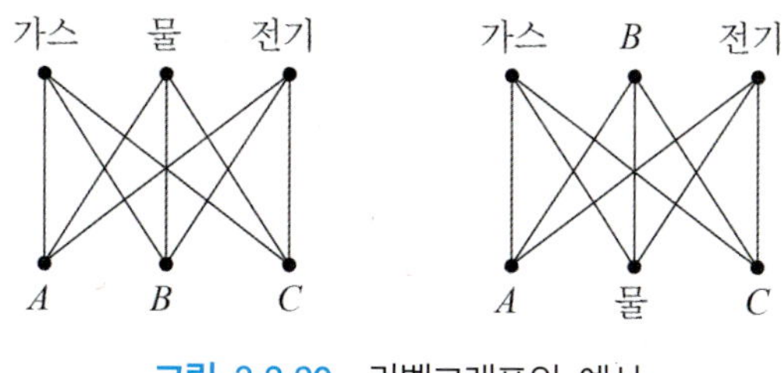

그림 3.2.20 라벨그래프의 예시

3.3 그래프 응용

오일러 경로(Eulerian trail)
그래프에 존재하는 모든 Edge를 정확히 1번씩만 방문하는 연속된 경로를 의미한다. 단, 정점의 경우 여러 번 반복하여 경유하여도 무방하다.

오일러 경로

18세기 중엽, 쾨니히스베르크 도시의 프레겔 강에는 두 섬과 육지를 연결하는 7개 다리가 다음 그림 3.3.1과 같이 놓여 있었다. 이러한 환경을 산책 중 "섬 혹은 육지의 어느 한 지점에서 출발하여 7개 다리를 정확하게 한 번씩만 지나 (섬 혹은 육지는 몇 번 지나도 무방) 원래 출발점으로 돌아올 수 있겠는가?"라는 궁금증이 생겨난 오일러는 문제의 해결을 위하여 그래프 형태로 지형을 표현하여 궁금증을 해결하게 된다. 그림 (b)는 (a)를 그래프 형태로 고쳐 다시 나타낸 그림이다.

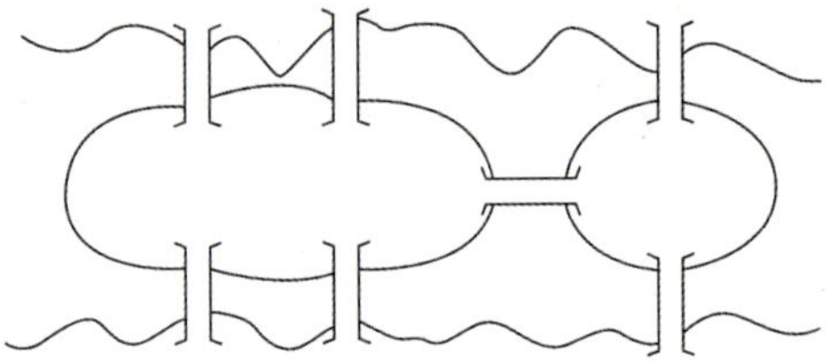

(a)

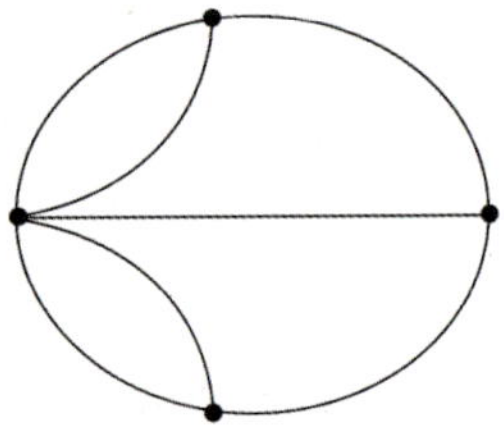

(b)

그림 3.3.1 쾨니히스베르크 다리와 그래프 형태의 표현

이 문제는 (b)에서 4개의 정점 중 어느 한 정점에서 출발하여 모든 변을 정확히 한 번만 지나 처음 점으로 되돌아오는 문제로 바꿀 수 있다. 이 문제를 해결하기 위하여 아래의 정의와 정리가 필요하다.

> **정의 3.3.1**
>
> 그래프 $G=(V, E)$에 대해, 정점들을 여러 번 지나도 상관없으나 모든 변들을 정확히 한 번씩 지나는 경로를 **오일러 경로**(Euler path)라고 하며, 특히, 시작점과 끝점이 같은 오일러 경로를 **오일러 순회** 또는 **오일러 회로**(Euler circuit)라 한다.

예제 3.3.1 다음 그래프에서 G는 오일러 경로($b \to c \to d \to b \to a \to d$)는 존재하나 오일러 순회는 존재하지 않는다. H는 오일러 순회($a \to b \to c \to d \to b \to e \to a \to c \to e \to d \to a$)가 존재한다.

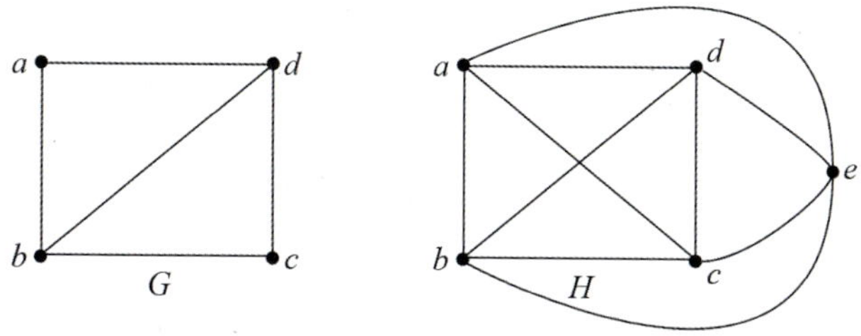

그림 3.3.2 오일러 경로와 오일러 순회

정리 3.3.2

(1) 연결그래프가 오일러 경로를 가질 필요충분조건은 기결점이 오직 두 개만 존재하는 것이다.

(2) 연결그래프가 오일러 순회를 가질 필요충분조건은 모든 정점이 우결점인 것이다.

증명

(1) 그래프 G에 존재하는 모든 정점은 시점, 종점 또는 통과하는 정점 중 하나가 된다. 통과하는 정점의 경우는 경로가 변을 따라 해당 정점으로 들어왔다가 다시 나가야 하므로 정점의 입장에서 생각하면 항상 짝수 개의 변을 가진다. 즉, 통과하는 정점이 되기 위해서는 해당 정점은 우결점이 되어야 한다.

한편, 시점 또는 종점은 경로가 시작되거나 끝나는 정점으로, 연결된 변이 하나만 존재하여야 한다. 그러나 그래프의 형태에 따라 경우에 따라서는 하나보다 더 많은 홀수 개의 변(통과하는 변이 시점 또는 종점에 중첩되어 있을 경우)을 가진다. 이러한 경우를 모두 고려하여, 해당 정점이 시점 또는 종점이 되려면 기결점이 되어야 함을 알수 있다.

그래프 내에 기결점이 2개(v, w)만 존재한다는 것은 시작점과 끝점이 하나씩만 존재한다는 것을 의미하며, 나머지 다른 정점들은 모두 우결점(통과하는 경로 역할을 하는 정점)이라는 것을 의미한다.

오일러 경로가 존재하기 위해서는 그래프 내에 시작점과 끝점이 하나씩만 존재하여야 한다. 이러한 조건을 만족하면, 기결점 중 하나인 v에서 시작하여 또 다른 기결점인 w에서 끝나는 오일러 경로를 만들 수 있다. 즉, v와 w를 제외한 나머지는 정점들은 모두 통과하는 정점들의 역할을 수행하게 된다.

(2) (1)과 같은 방법으로 오일러 경로가 존재할 때, 그 경로의 시점과 종점이 일치하는 경우를 상상해 보라. 시점과 종점이 겹친다는 것은 하나의 정점이 시점과 종점의 역할을 하는 연결선을 동시에 가져야 한다는 것을 의미한다. 이러한 변화는 시점 또는 종점 역할을 하는 두 개의 정점을 하나로 합쳐, 한 점이 시점의 역할과 종점의 역할을 동시에 수행하여야 하며, 이를 위해서는 해당 결점은 두 개의 연결선(우결점)을 가져야 한다. 그래프 내에 존재하는 정점 중 시점과 종점을 제외한 나머지 모든 정점들은 통과하는 정점의 역할을 수행하여야 하므로 우결점이 된다. 즉, 결론적으로 시점과 종점의 역할을 하는 하나의 정점과 나머지 모든 정점들이 모두 우결점이 된다면 오일러 순회가 만들어질 수 있다.

예제 3.3.2 오일러 순회가 존재하기 위해서는 그래프 내에 존재하는 모든 정점이 우결점이어야 하지만, 그림 3.3.1 (a), (b) 쾨니히스베르크 다리는 4개의 정점이 모두 기결점이므로 위의 정리 3.3.2에 의해 오일러 경로, 순회를 가질 수 없으며 7개의 다리를 꼭 한 번씩만 지나 원래 자리로 되돌아올 수는 없다. ■

예제 3.3.3 다음 그래프들(그림 3.3.3)의 오일러 경로와 오일러 순회의 존재에 대해여 알아보라.

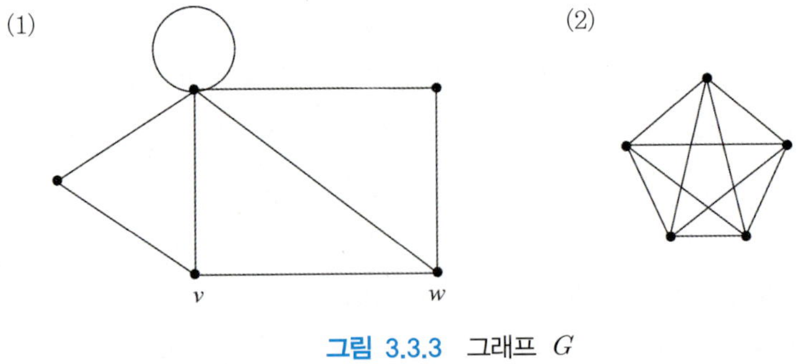

그림 3.3.3 그래프 G

풀이

(1) v와 w의 정점의 차수가 3으로 각각 홀수이고 나머지는 모두 우결점이므로 오일러 경로가 존재한다.

(2) K_5로 모든 정점이 우결점이므로 오일러 순회가 존재한다.

1736년에 오일러는 그래프의 성질을 연구하여 쾨니히스베르크 다리 문제의 해답이 존재하지 않음을 증명하였으며, 이 문제를 시발점으로 그래프 이론이 발전하게 되었다.

그 결과 그래프 이론은 컴퓨터 관련 학문 분야에서 어떤 문제를 모델링하는 데 유용한 모델로 여겨지고 있으며, 특히 논리 회로 설계, 통신망 등 다양한 분야에 응용되고 있다.

초기 그래프 이론은 정점과 연결선으로 구성된 도형에 국한하여 단순하고 직관적인 문제해결에 응용되었으나, 점차 복잡한 문제해결에 응용될 수 있도록 발전하게 되었다.

해밀턴 경로

1859년에는 에이레의 수학자 해밀턴(Hamilton) 경은 다음 그림 3.3.4 (a)와 같은 한 면이 정오각형으로 된 정십이면체(Dodecahedron)에 대해 수수께끼를 제기했다. 정십이면체를 평면에 잡아 들어서 그래프를 다시 그린 것이 그림 3.3.4 (b)이다.

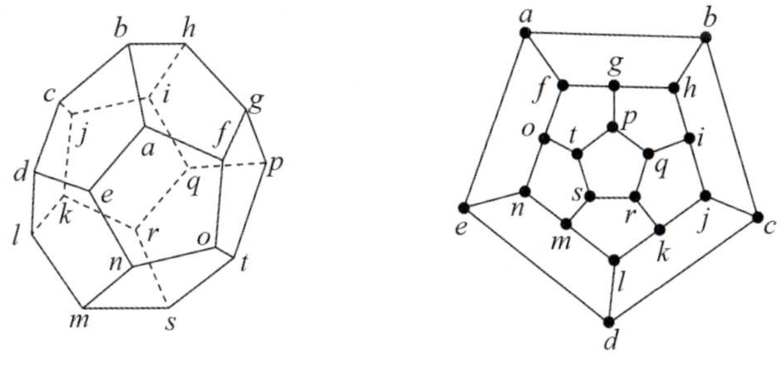

(a) (b)

그림 3.3.4 정십이면체와 그래프 표현

각 정점에 런던, 파리, 베를린, 서울, 도쿄 등과 같이 도시들의 이름을 붙여 어느 한 도시를 출발하여 모든 도시를 한 번씩만 방문하는 여행을 하여 출발한 도시로 되돌아올 수 있겠는가라는 것이었다. 이 문제를 해결하기 위해 다음 정의와 정리가 필요하다.

해밀턴 경로
그래프에서 모든 꼭짓점을 오직 한 번씩만 지나지만 시작점으로 돌아오지 않는 경로를 말한다.

해밀턴 순회
그래프에서 모든 꼭짓점들을 오직 한 번씩만 지나는 순회를 말한다.

그래프 G에 대하여 G의 한 정점에서 출발하여 G의 모든 정점을 정확히 한 번씩만 지나는 경로를 **해밀턴 경로**(Hamiltonian path)라고 한다. 이때, 모든 변을 반드시 지날 필요는 없다. 특히, G의 해밀턴 경로 중에 한 정점에 출발하여 출발점으로 되돌아오는 것을 **해밀턴 순회**(Hamiltonian circuit)라 한다.

예제 3.3.4 다음 그래프들에 대하여, 해밀턴 경로 혹인 해밀턴 순회를 찾으라.

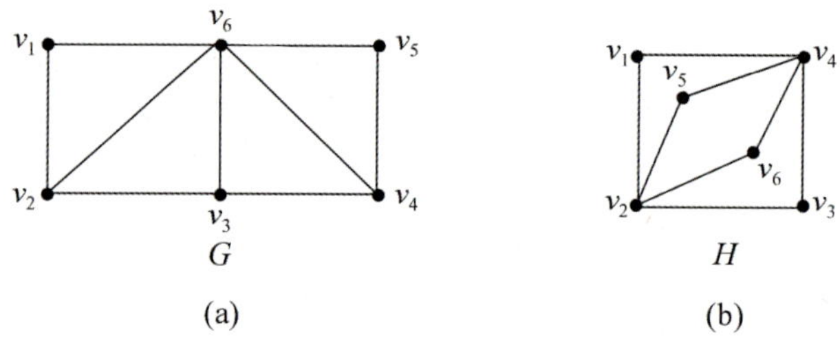

그림 3.3.5 그래프 G

풀이

그래프 G에서는 $v_1 \to v_2 \to v_3 \to v_4 \to v_5 \to v_6$인 해밀턴 순회가 존재한다. 그래프 H는 해밀턴 경로나 해밀턴 순회가 존재하지 않는다. 이는 다음 정리 3.3.3을 이용하면 쉽게 알 수 있다.

위의 그림 3.3.5의 (b)와 같이 오일러 경로나 순회와는 달리 해밀턴 경로나 순회를 갖는 그래프의 필요충분조건이 아직 밝혀지지 않았다. 그러나 정리 3.3.3에 제시된 해밀턴 순회의 특별한 성질을 알 수 있으며, 이에 대한 증명은 본 교재에서 생략하기로 한다.

정리 3.3.3

n개의 정점을 가지는 그래프 G에서 서로 인접한 임의의 정점 v, w의 차수의 합이 n보다 크거나 같으면 G는 해밀턴 순회를 갖는다.

이 정리의 역은 성립되지 않는다. 예를 들면 그림 3.3.6은

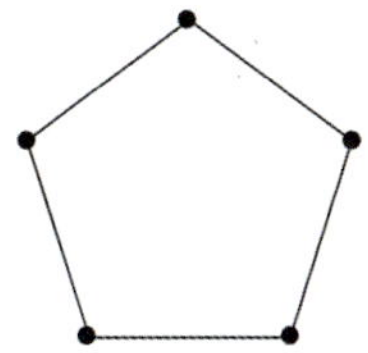

그림 3.3.6 해밀턴 순회가 존재하는 그래프의 예

해밀턴 순회가 존재하지만 임의의 인접한 두 정점의 차수의 합이 4로써 정점의 개수 5보다 작다. 따라서 이 정리는 해밀턴 순회가 존재할 충분조건으로 필요조건은 아니다.

해밀턴 순회 문제는 각 정점을 방문할 집 또는 도시로, 각 변을 연결된 도로로 보고 거기에 거리, 비용 등 무게를 나타낸다고 할 때, 모든 정점들을 한 번씩 방문하면서 무게의 합을 최소로 하는 경로를 구하는 문제에 응용할 수 있다. 이런 문제는 **세일즈맨 문제**(salesman problem) 혹은 방문판매 **최단경로 문제**라고 한다.

세일즈맨 문제
대표적인 예로는, 인쇄회로기판을 만드는 공정을 들 수 있다. 만일, 회로 기판에 구멍을 뚫는 기계가 있다고 가정하면, '도시'는 구멍에 해당하고 '이동 비용'은 드릴의 위치를 이동시키는 데 필요한 시간으로 생각할 수 있다.
세일즈맨 문제를 해결하기 위한 알고리즘은 아직까지 개발되지 않았으며, 유전 알고리즘 등을 활용하여 근사 해를 구하는 방식으로 해결하는 것이 일반적이다.

예제 3.3.5 다음 그림 3.3.7은 어떤 네 도시 A, B, C, D와 도시 사이의 거리를 킬로미터로 표시한 그래프이다. 판매원이 A에서 출발하여 모든 각 도시를 한 번씩만 방문하고 A로 돌아오려고 한다. 이때 판매원이 여행하여야 할 총 거리를 최소화할 수 있는 경로를 구하라. (세일즈맨 최단경로 문제)

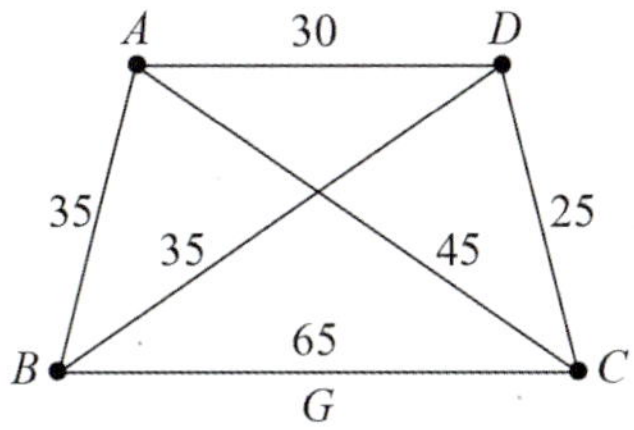

그림 3.3.7 그래프 G

풀이

이 문제는 최소거리를 갖는 해밀턴 순회를 찾는 것이다. 따라서 A에서 출발하여 A에서 끝나는 모든 가능한 해밀턴 순회를 찾아, 총 거리를 계산해

보면 다음과 같이 된다.

$$ABCDA \ : \ 35+65+25+30=155$$
$$ABDCA \ : \ 35+50+25+45=155$$
$$ACBDA \ : \ 45+65+50+30=190$$
$$ACDBA \ : \ 45+25+50+35=155$$
$$ADBCA \ : \ 30+50+65+45=190$$
$$ADCBA \ : \ 30+25+65+35=155$$

따라서 최단거리의 해밀턴 순회는 $ABCDA$, $ABDCA$, $ACDBA$, $ADCBA$ 등이다.

그래프 채색 문제

현실세계의 다양한 대상들을 그래프 문제로 모델링할 수 있다. 그래프의 채색문제는, 서로 인접한 두 정점이 같은 색을 갖지 않도록 색칠하는 것으로서, 이는 다양한 스케줄링 문제 혹은 컴파일러의 레지스터 배치, 패턴 매칭 등에 응용할 수 있다.

그래프 채색 문제

지도 위에 여러 나라가 경계선으로 구분되어 있을 때, 각 나라에 서로 다른 색을 칠하여 구별하려면 최소한 몇 가지 색이 필요하겠는가? 하는 문제를 **채색 문제**(coloring problem)라 한다. 이는 각 나라를 정점으로 표시하고 경계선을 인접된 나라 사이에 변으로 하는 그래프로 나타내어 인접된 정점끼리는 서로 다른 색을 칠하는 문제로 바꿀 수 있다. 이것을 **정점 채색**(vertex coloring)이라 하고, k가지의 색으로 정점 채색이 가능할 때 **k-색 가능**(k-colorable)이라 하고 채색에 필요한 **최소의 색 가지 수를 채색수**(choromatic number)라 한다. 사실상, 채색 문제는 이 채색수를 구하는 문제와 같다.

예제 3.3.6 완전 그래프 K_n의 채색수는 n이다. 그 이유는 임의의 두 정점 사이에는 인접한 변이 항상 존재하므로 각 정점들 모두 서로 다른 색깔을 칠해야 하기 때문이다.

예제 3.3.7 이분그래프 $K_{m,n}$의 채색수는 2이다. 왜냐하면 임의의 이분그래프의 정의에 의해 정점의 집합은 두 부분 V_1, V_2으로 분할되어 있으며 V_1 혹은 V_2끼리는 변이 존재하지 않고 오직 V_1과 V_2 사이에만 변이 존재하므로 2가지 색이면 채색이 가능하기 때문이다.

예제 3.3.8 순환그래프 C_n은 만일 n이 짝수이면 채색수는 2이고 n이 홀수이면 3이다.

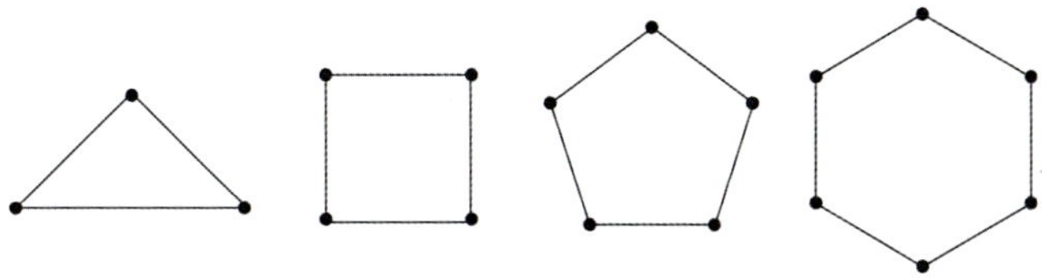

그림 3.3.8 순환그래프 C_n

왜냐하면, n이 짝수이면, 두 개의 색을 사이클에 따라서 교대로 칠할 수 있다. n이 홀수이면, 두 개의 색깔을 $n-1$개 정점까지 교대로 칠하고 마지막 n번째 정점은 세 번째 색깔을 가지고 칠해야 한다.

그래프가 가지는 특별한 성질을 정리 3.3.4와 정리 3.3.5에 나타낸다.

정리 3.3.4

다음의 그래프 G는 서로 동치관계에 있다.

(1) G는 이분 그래프이다.

(2) G는 두 가지 색으로 칠할 수 있다.

(3) G의 모든 순환은 짝수의 길이를 가진다.

정리 3.3.5

어떤 그래프가 평면그래프이면 그 그래프는 네 가지 색 이하로 채색이 가능하다. 이것을 4색 문제(four coloring problem)라고 한다.

3.4
그래프의 표현

인접행렬

인접행렬(adjacency matrix)로 그래프를 나타내는 방법은 다음과 같다. 그래프 $G=(V,E)$가 n개의 정점을 갖는다고 하면 G의 인접행렬은 $n\times n$ 행렬이다. 이 인접행렬을 $A=[a_{ij}]$라고 할 때 각 원소의 값은 다음과 같이 나타낼 수 있다.

$$c_{ij}=\begin{cases}1 & (v_i, v_j)\in E \\ 0 & \text{그 외}\end{cases}$$

즉 정점 v_i와 v_j에 변이 있으면 행렬의 해당 값을 1로, 변이 없으면 0으로 나타낸다. 중복 변이 있을 경우 행렬 원소의 값이 1씩 증가된다.

예제 3.4.1 다음 그래프를 인접행렬로 나타내라.

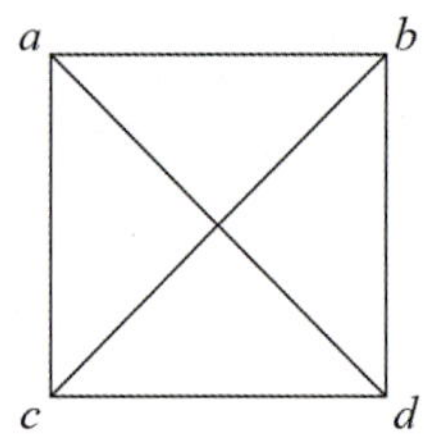

풀이

그래프의 변들을 나열하면 다음과 같다.

$$(a,b),\ (a,c),\ (a,d),\ (b,c),\ (b,d),\ (c,d)$$

변이 있는 곳에서만 행렬 원소의 값이 1이 되므로 인접행렬을 작성하면 다음과 같다.

$$\begin{array}{c} \\ a \\ b \\ c \\ d \end{array}\begin{array}{c} \begin{array}{cccc} a & b & c & d \end{array} \\ \begin{pmatrix} 0 & 1 & 1 & 1 \\ 1 & 0 & 1 & 1 \\ 1 & 1 & 0 & 1 \\ 1 & 1 & 1 & 0 \end{pmatrix} \end{array}$$

인접리스트

인접리스트(adjacency list)는 각 정점에 대해 포인터(pointer)가 할당되고, 그 점과 연결된 정점들을 차례로 연결 리스트(linked list)로 표시한 것이며, 같은 리스트 내에서는 순서는 의미가 없다.

인접리스트를 표현하기 위해서는 인접행렬의 n행들의 값을 n개의 연결 리스트로 나타낸다. 인접리스트로 나타낼 때 해드(head)에서 출발한 각 정점은 적어도 두 개의 필드를 갖는다. 첫 번째 필드는 정점이고, 두 번째 필드는 **링크**(link) 필드다.

인접 리스트(adjacency list)
그래프 이론에서 그래프를 표현하기 위한 방법 중 하나이다. 그래프의 한 꼭짓점에서 연결된 꼭짓점들을 하나의 연결 리스트로 표현하는 방법이다. 인접 행렬에 비하여 변이 희소한 그래프에 효율적이다.

링크
프로그래밍 언어에서 포인터 혹은 레퍼런스를 이용하여 구현한다.

예제 3.4.2 예제 3.4.1의 그래프를 인접리스트로 나타내라.

풀이

그래프를 인접리스트로 나타내면 다음과 같다.

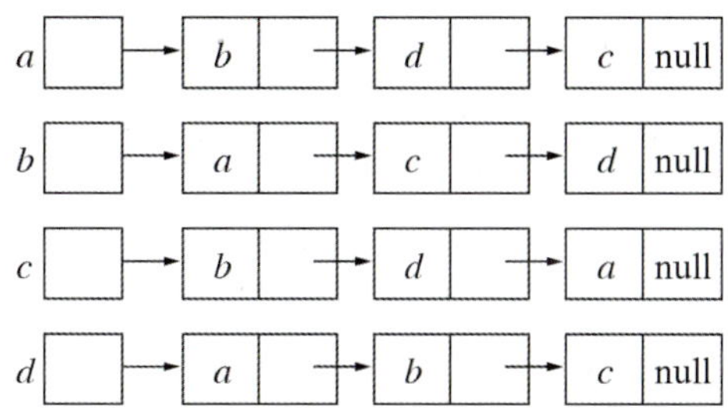

리스트에서 정점은 임의의 순서로 배열해도 무방하다. 처음 값은 헤드며, 나머지 노드의 첫 번째 값은 정점, 두 번째 값은 링크다. 링크 필드의 값은 컴퓨터 기억장치에 해당 정점이 저장되는 포인터(pointer)를 나타내며, 포인터를 사용하지 않기 위해 리스트를 순차적으로 저장하기도 한다.

3.5
그래프의 탐색

그래프의 탐색이란 주어진 그래프 $G=(V,E)$와 정점 $v\in V$가 주어졌을 경우, v로부터 도달 가능한 모든 정점들을 방문하는 것을 그래프 탐색이라 한다. 그래프 탐색에는 깊이우선 탐색과 너비 우선 탐색의 2가지 방법이 있다.

깊이우선탐색

깊이우선탐색
장점으로는 필요한 저장 공간이 비교적 적으며, 목표 정점이 깊은 단계에 있을 경우 해를 빨리 구할 수 있다. 단점으로는 해가 없는 경로에 깊이 빠져 탐색시간이 지체될 가능성이 있으며, 탐색결과 얻어진 해가 최단 경로가 된다는 보장이 없다.

깊이우선탐색(DFS, Depth First Search)이란 미로를 탐색할 때와 비슷한 방법으로, 한 방향으로 갈 수 있을 때까지 계속 가다가 더 이상 갈 수 없게 되면 다시 가장 가까운 갈림길로 돌아와서 이곳으로부터 다른 방향으로 다시 탐색을 진행하는 방법과 유사하다. 즉, 넓게(wide) 탐색하기 전에 깊게(deep) 탐색하는 것으로, 그래프 내에 존재하는 모든 정점을 방문하고자 하는 경우에 이 방법을 사용한다.

깊이우선탐색(DFS)은 너비우선탐색(BFS)보다 간단하게 구현가능하다는 장점이 있으며, 검색 속도는 너비우선탐색(BFS)에 비해 느리다는 단점을 가진다.

깊이우선탐색 과정은 다음과 같다. 출발 정점을 v라고 했을 때 v에 인접하고 아직 탐색을 거치지 않은 정점 w를 선택한다. 그리고 w를 기준으로 다시 w에 인접하고 아직 탐색을 거치지 않은 정점을 선택해나가는 방식으로 탐색을 반복한다. 반복 과정 중에 인접한 모든 정점이 이미 탐색을 거친 상태라면 가장 최근에 탐색했던 정점 중에서 아직 탐색되지 않은 정점을 기준으로 다시 깊이우선탐색을 시작한다.

프로그래밍 언어를 이용하여 깊이우선탐색을 구현할 시에는, 순차적인 프로그램보다는 재귀 알고리즘으로 구현하는 것이 좋으며, 재귀 알고리즘의 구현을 위하여 스택(stack)을 사용한다.

예제 3.5.1 그래프 $G=(V, E)$에 대해 깊이우선탐색을 실행한 결과를 구하라.

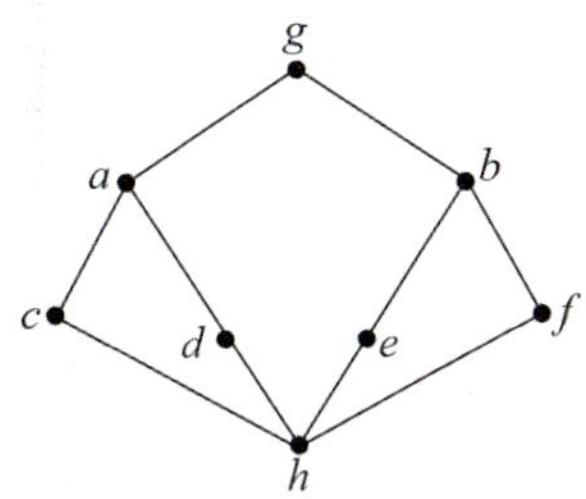

그림 3.5.1 그래프 G

풀이

정점 g를 기준으로 깊이우선탐색을 실행하면 다음과 같다. 먼저 g를 기준으로 인접한 정점 a를 탐색한다. 다음으로 a를 기준으로 인접한 정점 c를 탐색하고, c를 기준으로 인접한 정점 h를 탐색한다. h에 인접한 정점 d를 탐색하고 d에는 탐색하지 않은 인접 정점이 없으므로 h로 되돌아간다. 다시 h를 기준으로 e를 탐색하고 e를 기준으로 b를 탐색한다. 마지막으로 b를 기준으로 f를 탐색하면 그래프에 더 이상 탐색하지 않은 정점이 없으므로 탐색을 종료한다.

그래프 G의 깊이우선탐색을 수행한 결과를 그림으로 나타내면 다음과 같다.

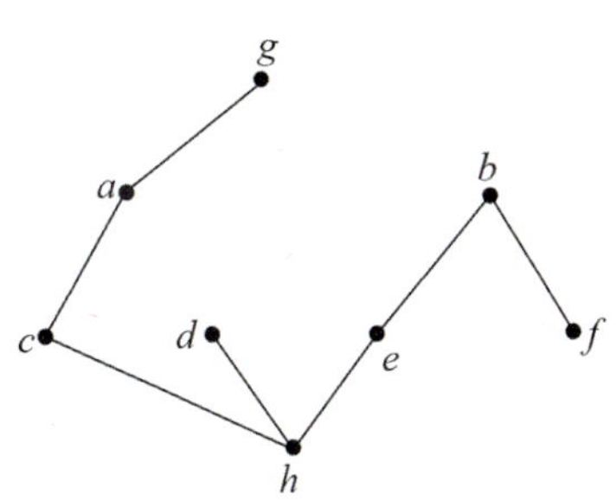

그림 3.5.2 그래프 G의 깊이우선탐색 수행결과

너비우선탐색

너비우선탐색(BFS, Breadth First Search)은 시작 정점으로부터 가까운 정점을 먼저 방문하고 멀리 떨어져 있는 정점을 나중에 방문하는 순회 방법이다. 즉, 시작점에서부터 깊이가 1인 정점들을 모두 방문한 후 깊이가 2인 정점들을 방문하고, 다음 단계로 깊이가 3인 정점들을 방문하는 방식을 의미한다. 이와 같이 너비우선탐색은 깊게(deep) 탐색하기 전에 넓게(wide) 탐색하는 것으로서, 두 정점 사이의 최단 경로 혹은 임의의 경로를 찾고 싶을 때 이 방법을 활용한다. 프로그래밍 언어로 너비우선탐색을 구현하는 것은 깊이 우선 탐색(DFS) 알고리즘에 비하여 좀 더 복잡할 수 있다.

너비우선탐색

너비우선탐색의 장점으로는 출발정점에서 목표정점까지의 최단 길이 경로를 확보할 수 있다는 것이며, 단점으로는 경로의 수가 많아질 경우 탐색 가지가 급격히 증가하며 필요로 하는 저장 공간이 급격하게 증대된다는 문제점을 들 수 있다. 또한, 해가 존재하지 않을 경우 모든 그래프를 탐색한 후에 실패로 끝난다.

너비우선탐색(BFS, Breadth First Search)방법의 그래프 탐색은 항상 새로 선택한 정점을 기준으로 인접한 정점을 방문하는 깊이우선탐색과는 달리 출발 정점을 기준으로 인접한 정점들을 차례로 먼저 모두 방문하는 방식을 취한다. 너비우선탐색에서는 출발 정점을 v 라고 할 때 v 에 인접하고 아직 탐색하지 않은 정점들에 인접한 정점들을 같은 방법으로 탐색하게 된다. 이 과정을 더 이상 방문할 정점이 없을 때까지 반복 실행한다.

예제 3.5.2 예제 3.5.1의 그래프를 너비우선탐색하라.

풀이

깊이우선탐색과 마찬가지로 정점 g를 기준으로 탐색을 시작한다. 먼저 g에 인접한 모든 정점을 차례로 탐색하면 ab다. 두 번째 단계에서 정점 a를 기준으로 탐색을 시작하면 cd를, 정점 b를 기준으로 탐색하면 ef를 탐색하게 된다. 다음 단계에서 다시 정점 c를 기준으로 h를 탐색하면 더 이상 그래프에 탐색하지 않은 정점이 없으므로 탐색을 종료한다. 그 결과를 그림으로 나타내면 다음과 같다.

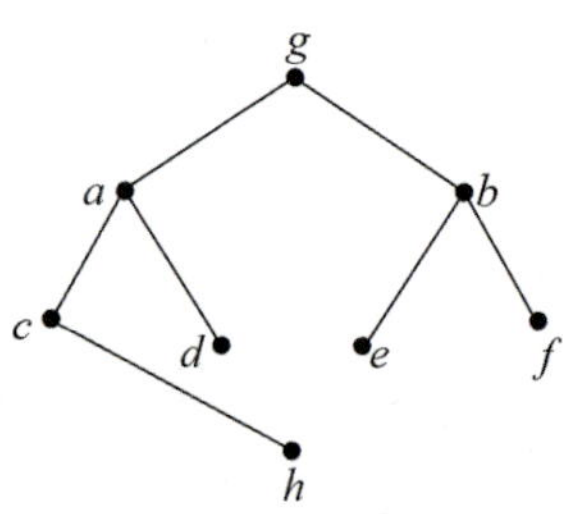

그림 3.5.3 그래프 G(예제 3.5.1)의 너비우선탐색결과 ■

너비우선탐색 source code (C 언어)

```
#include <stdio.h>
int n; // 정점의 개수
int rear, front; // 큐의 전단과 후단
int map[30][30], queue[30], visit[30]; // 인접 행렬, 큐 및 방문 배열
void BFS(int v) { int i; visit[v] = 1; // 방문한 정점을 표시
printf("%d에서 시작\n", v); queue[rear++] = v;
while (front < rear) // 후단이 전단보다 작거나 같으면 종료
{
	v = queue[front++];
	for (i = 1; i <= n; i++) {
	 // 정점 v와 정점 i가 인접, 정점 i는 방문하지 않은 상태
		if (map[v][i] == 1 && !visit[i]) {
			visit[i] = 1; // 정점 i 방문
			printf("%d에서 %d로 이동\n", v, i);
			queue[rear++] = i;
			// 큐에 i 삽입, 후단 1 증가
			}
		}
	}
}
int main() {
	int start; // 시작 정점
	int v1, v2;
	scanf("%d%d", &n, &start);
	while (1) {
		scanf("%d%d", &v1, &v2);
		 if (v1 == -1 && v2 == -1)
			break;
			map[v1][v2] = map[v2][v1] = 1;
	}
	BFS(start); // BFS 함수 호출
	return 0;
}
```

깊이우선탐색 source code (C 언어)

```
#include <stdio.h>
int n; // 정점 개수
int map[30][30], visit[30]; // 인접 행렬, 방문 여부 표시 배열
void DFS(int v) {
        int i; visit[v] = 1; // 정점 v 방문
        for (i = 1; i <= n; i++) {
        // 정점 v와 정점 i 인접, 정점 i는 방문하지 않은 상태
                if (map[v][i] == 1 && !visit[i]) {
                        printf("%d에서 %d로 이동\n", v, i);
                        DFS(i); // 정점 i에서 다시 DFS 함수 호출
                }
        }
}
int main() {
        int start; // 시작 정점
        int v1, v2;
        scanf("%d%d", &n, &start);
        while (1) {
                scanf("%d%d", &v1, &v2);
                if (v1 == -1 && v2 == -1)
                        break; // -1이 입력될 시 종료
        map[v1][v2] = map[v2][v1] = 1;
        // v1과 v2 인접 표시
        }
        DFS(start); // DFS 함수 호출
        return 0;
}
```

제3장 핵심문제

1 다음의 그래프가 평면그래프인지 판단하라.

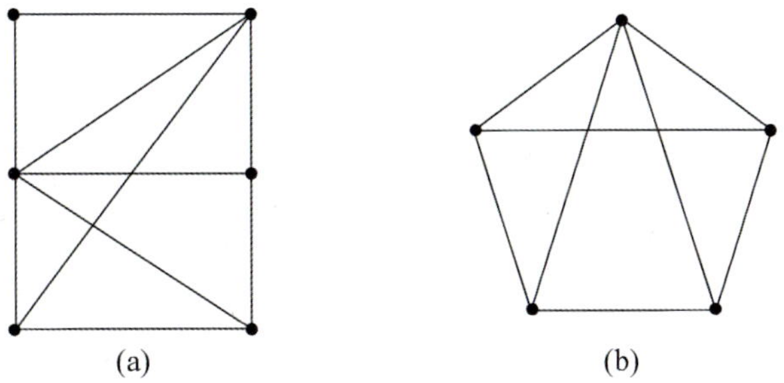

(a) $v=6$, $e=10$이므로, $e=10$, $3*(v=6)-6=12$, $12 \geq e=10$
따라서 평면그래프이다.
(b) $v=5$, $e=8$이므로, $3*(v=5)-6=9$, $9 \geq e=8$
따라서 평면그래프이다.

2 그래프 G는 1, 2, 3, 4, 5, 6, 7을 꼭짓점으로 하고 약수 또는 배수 관계에 있는 서로 다른 두 꼭짓점을 연결한 선 모두를 변으로 한다. 그래프 G에서 차수가 3인 꼭짓점의 개수를 구하라.

조건에 맞는 그래프 G를 그리면 아래와 같다. 차수가 3인 꼭짓점은 2와 6으로 2개의 꼭짓점이 존재한다.

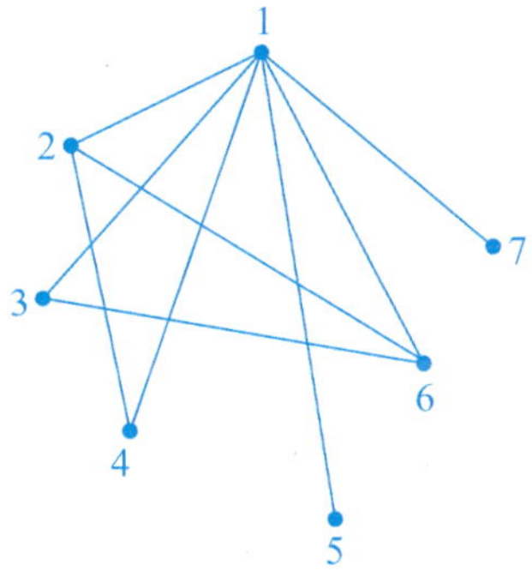

3 다음은 오일러 순회에 관한 설명이다. 옳은 것과 옳지 않은 것을 구분하라.

A. 오일러 순회는 그래프의 한 꼭짓점에서 모든 변을 단 한 번씩만 통과하여 출발점으로 되돌아올 수 있는 순회이다.

B. 모든 변을 단 한 번씩만 통과하되 연결선의 위치를 조정하면 다른 변을 절단하는 일이 없이 통과할 수 있는 그래프가 오일러 순회가 가능한 그래프이다.

C. 꼭짓점의 차수가 모두 우결점이거나, 꼭짓점의 차수가 기결점인 것이 두 개만 존재하는 그래프는 오일러 순회이다.

D. 꼭짓점의 차수가 기결점인 것이 짝수 개 있는 순회는 모두 오일러 순회이다.

E. 오일러 순회는 꼭짓점은 중복 통과해도 되나, 변은 단 한 번씩만 통과해야 한다.

옳은 것은 A, B, E이며, 옳지 않은 것은 C, D이다.

4 다음 그래프의 오일러 경로를 모두 구하라.

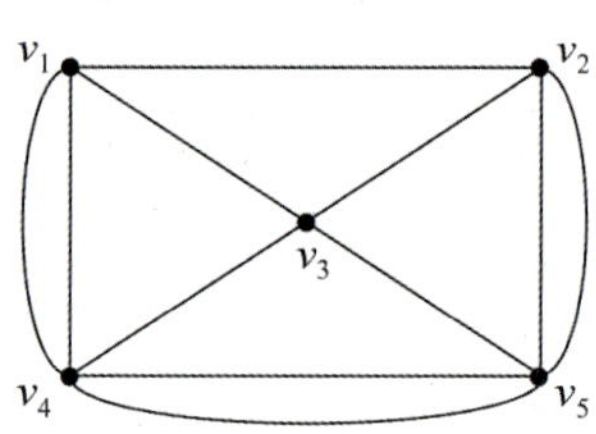

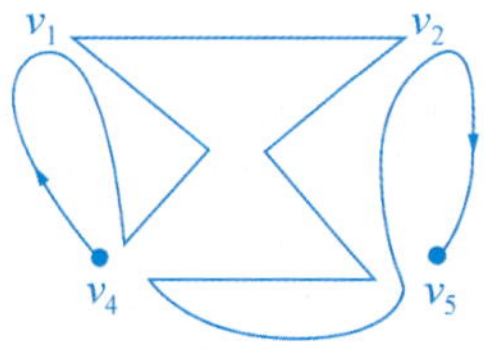

v_4 및 v_5가 기결점이므로 시작점 및 종점이 되어야 한다.

5 다음 인접행렬을 보고 차수가 1인 꼭짓점을 구하라. 단, 꼭짓점의 표기는 1, 2, 3, 4, 5로 한다.

$$A = \begin{array}{c c} & \begin{array}{ccccc} 1 & 2 & 3 & 4 & 5 \end{array} \\ \begin{array}{c} 1 \\ 2 \\ 3 \\ 4 \\ 5 \end{array} & \begin{bmatrix} 1 & 1 & 0 & 1 & 1 \\ 1 & 0 & 1 & 0 & 0 \\ 0 & 1 & 0 & 0 & 1 \\ 1 & 0 & 1 & 0 & 0 \\ 1 & 0 & 1 & 0 & 1 \end{bmatrix} \end{array}$$

인접행렬에서 행 또는 열의 성분의 합이 해당 꼭짓점의 차수이며 따라서 꼭짓점 4의 행 또는 열의 성분 합이 1이므로 구하고자 하는 꼭짓점은 4이다.

6 삼각뿔 $a-bcd$의 평면그래프와 인접행렬은 다음과 같다. (5장 행렬과 행렬식 학습 후 문제 풀이)

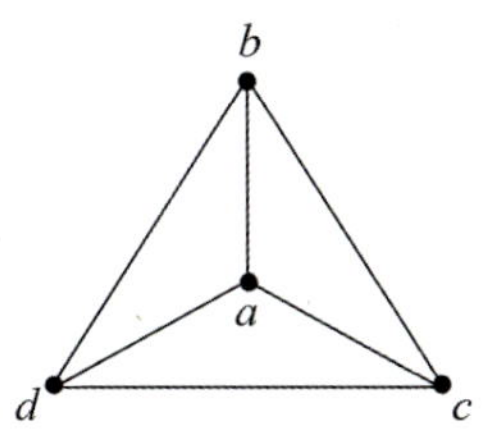

$$A = \begin{array}{c c} & \begin{array}{cccc} a & b & c & d \end{array} \\ \begin{array}{c} a \\ b \\ c \\ d \end{array} & \begin{bmatrix} 0 & 1 & 1 & 1 \\ 1 & 0 & 1 & 1 \\ 1 & 1 & 0 & 1 \\ 1 & 1 & 1 & 0 \end{bmatrix} \end{array}$$

이때, A^2행렬의 대각 성분은 3인데 이때 3이 의미하는 것은 무엇인가?

A^2의 각 성분은 행에 해당하는 꼭짓점에서 열에 해당하는 꼭짓점으로 두 변을 경유하여 되돌아갈 수 있는 경로의 수를 의미한다.

7 집합 $X = \{1, 2, 3\}$에 관한 관계 $R = \{(x, y) | x \le y\}$의 유향그래프를 그리라.

$X \times X = \{(1,1), (1,2), (1,3), (2,1), (2,2), (2,3), (3,1), (3,2), (3,3)\}$이며, $R = \{(1,1), (1,2), (1,3), (2,2), (2,3), (3,3)\}$이다. 따라서 유향그래프는 아래와 같다.

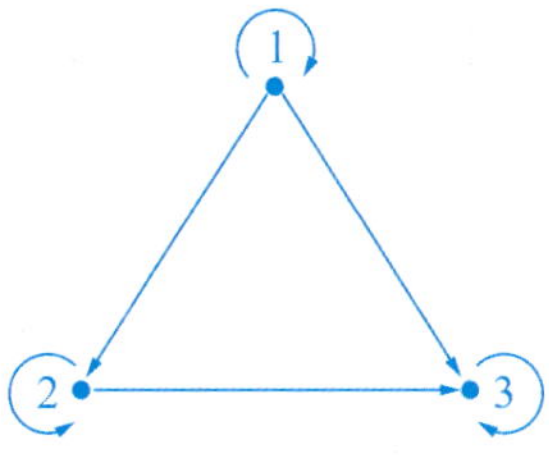

8 다음의 그래프는 몇 번의 한붓그리기가 가능한지 판단하라.

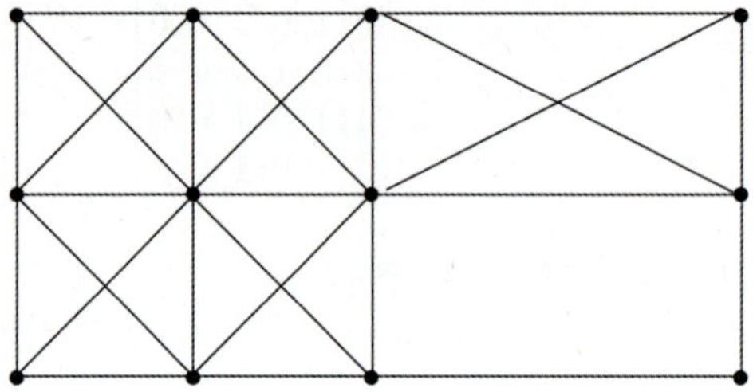

시작점과 끝점은 기결점이어야 하며, 한 번의 한붓그리기로는 하나의 시작점과 하나의 끝점을 그릴 수가 있다. 따라서 8개의 기결점의 경우 4쌍의 시작점과 끝점이 만들어질 수 있다. 그러므로 상기 그래프를 그리기 위해서는 4번의 한붓그리기가 필요하다.

9 다음과 같은 그래프에서 세일즈맨이 A도시에서 출발하여 B, C, D도시를 한 번씩만 방문하고, 다시 A도시로 돌아오고자 할 때 최단 경로를 찾으라.

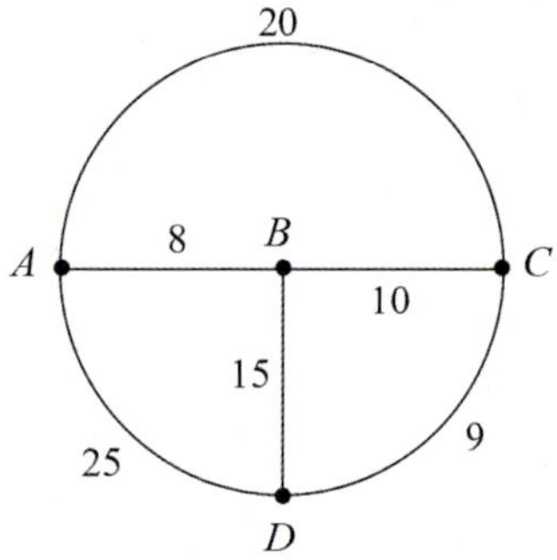

최단 경로를 찾기 위해서는 시작점에서부터 가장 가까운 정점으로 이동을 하고, 다음 단계에 해당 정점에서 방문하지 않은 정점들 중 가장 가까운 정점으로 이동을 하고, 이러한 과정을 반복적으로 수행하면 된다. 본 예제에서는 A를 시작점으로 가정 시 가장 가까운 정점은 B(8)가 되며, B에서 가장 가까운 정점은 C(10), C에서 가장 가까운 정점 D(9)가 되며, A로 되돌아와야 하기 때문에 A와 D점 간의 거리(25)를 합산하면 된다. 따라서 총 이동 거리는 $8+10+9+25=52$가 된다.

제3장 연습문제

01 다음과 같이 정점의 집합 V와 모서리의 집합 E로 주어진 그래프 $G=(V, E)$를 그림으로 나타내라.

(1) $V=\{1, 2, 3, 4\}$,
$E=\{\{1,3\}, \{2,3\}, \{3,4\}, \{3,3\}, \{4,2\}, \{4,4\}\}$

(2) $V=\{a, b, c, d, e\}$,
$E=\{\{a,b\}, \{a,e\}, \{a,d\}, \{b,c\}, \{c,d\}, \{d,e\}, \{e,b\}\}$

02 다음 그래프에 대하여 물음에 답하라.

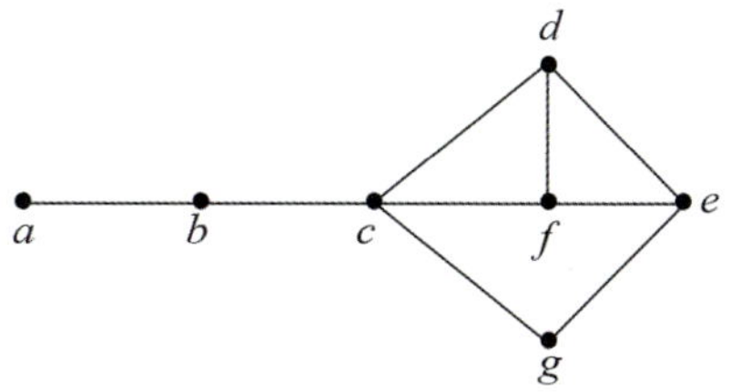

(1) 차수가 각각 1, 2, 3, 4인 정점을 구하라.

(2) 정점 a로 시작되는 모든 단순경로를 구하라.

(3) 정점 a에서 시작되는 길이가 3인 모든 단순경로를 구하라.

03 다음 그래프에서 모서리를 적당히 옮겨 평면그래프를 만들고 다음을 구하라.

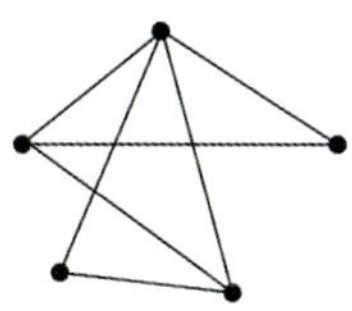

(1) 그래프 G에서 영역을 구하고 각 영역의 차수를 구하라.

(2) 그래프 H에서 오일러의 공식이 성립함을 보이라.

(3) 각각의 그래프에서 길이가 3인 순회를 가짐을 보이고 $e \le 3v-6$의 성질을 만족함을 보이라.

04 정점의 수가 v이고 모서리의 수가 e, 영역의 수가 r인 평면그래프에서 다음을 구하라.

(1) $v=6$, $e=9$인 경우에 영역의 수 r

(2) $v=7$, $r=7$인 경우에 모서리의 수 e

(3) $e=12$, $r=6$인 경우에 정점의 수 v

05 다음 그래프에서 정점 a를 출발점으로 하는 오일러 경로와 오일러 순회가 존재하면 그 경로와 순회를 구하라.

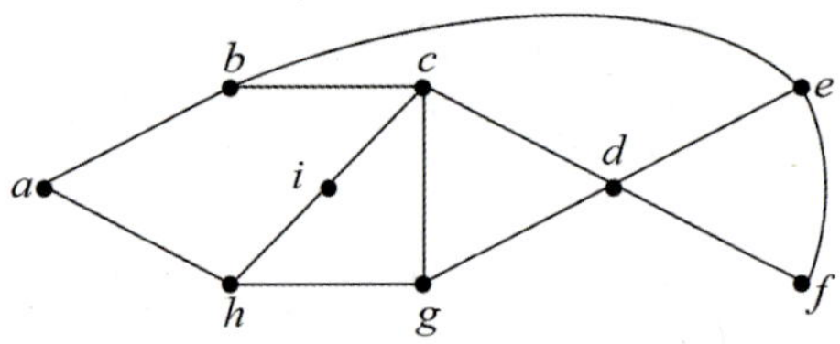

06 다음 그래프에서 정점 a를 출발점으로 하는 해밀턴 경로와 해밀턴 순회가 존재하면 그 경로와 순회를 구하라.

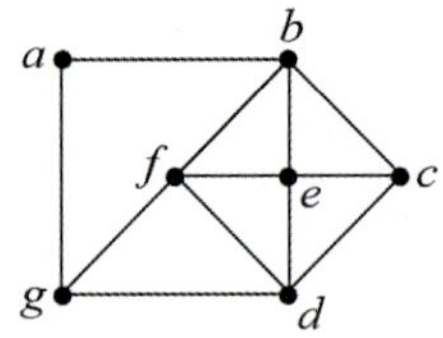

07 다음 그래프의 채색수를 구하라.

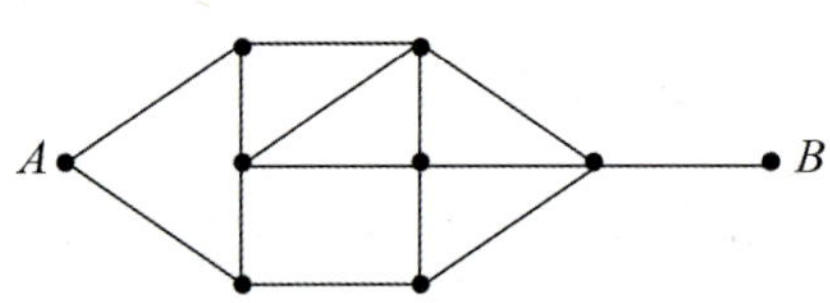

08 위의 7번 그래프에서 모든 정점을 방문하면서 정점 A에서 B에 이르는 최단경로를 구하라.

09 다음 그래프 G_1과 G_2는 동형인가?

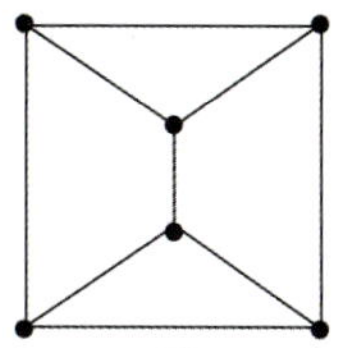

G_1

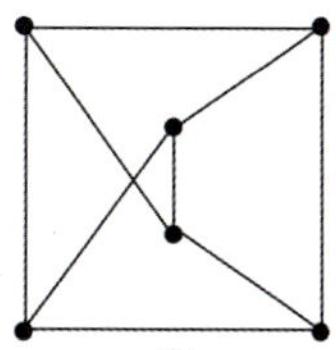

G_2

10 네 개의 정점을 갖는 모든 단순그래프를 분류하라.

11 어떤 정수 n에 대하여 완전그래프 K_n은 오일러 회로를 갖는다. 이러한 n을 구하라.

12 그래프 G의 모든 꼭지점의 차수는 5 또는 6이라고 한다. 차수가 5인 꼭짓점의 개수가 12개 미만이라고 할 때, G는 평면그래프가 아님을 증명하라.

13 변의 수는 15이고, 꼭지점 중 3개는 차수가 4, 나머지는 모두 차수가 3인 그래프의 꼭짓점의 개수를 구하라.

14 다음 조건을 만족하는 단순그래프를 그리라.

(1) 오일러 회로와 해밀턴 회로를 가지지 않는다.

(2) 오일러 회로는 가지지만 해밀턴 회로는 가지지 않는다.

(3) 해밀턴 회로는 가지지만 오일러 회로는 가지지 않는다.

(4) 오일러 회로와 해밀턴 회로를 가지지 않는다.

15 그래프에서 다중변이나 루프를 가지는 그래프를 무슨 그래프라 하는가?

16 그래프에서 정점의 수가 n이고, 변의 수가 m일 때 정점의 차수의 합을 구하라.

17 그래프에서 어떤 변도 중복되지 않은 닫힌 경로를 무엇이라 하는가?

18 임의의 무향그래프가 다음과 같다고 하자.

(1) 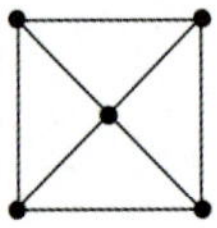 (2) 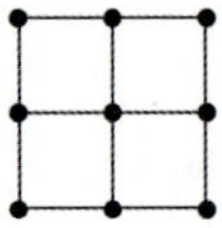 (3) 

① 정점의 집합 V와 연결선의 집합 E를 구하라.

② 각 정점의 차수를 구하고, 정점의 차수의 합이 연결선의 2배가 됨을 보이라.

③ 정점 v_1에서 v_6로 연결되는 경로를 모두 구하라.

④ 정점 v_1과 v_6 사이의 거리와 직경을 구하라.

⑤ 주어진 그래프를 결합행렬로 나타내라.

⑥ 주어진 그래프는 오일러 그래프인가?

19 변들이 서로 교차하지 않도록 평면상에 그릴 수 있는 그래프를 무슨 그래프라 하는가?

20 다음 그래프의 정점의 수(v), 변의 수(e), 면의 수(r)를 구하여 오일러 정리가 성립함을 보이라.

(1) 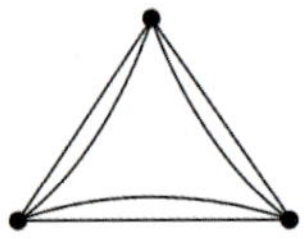 (2) 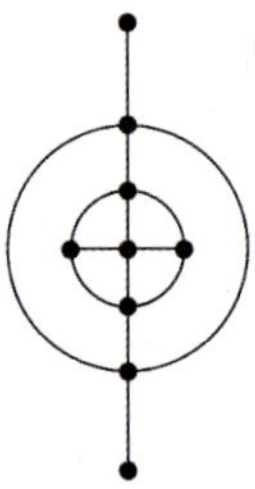

21 다음 그래프를 채색하는 데 필요한 최소의 채색수를 구하라.

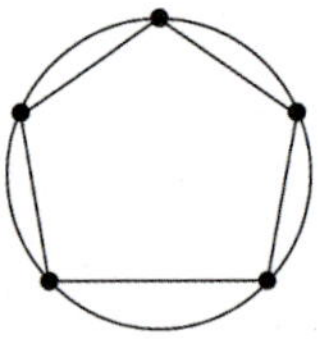

22 그래프의 모양과 생김새는 다르지만 대응되는 정점과 변이 같은 그래프를 무슨 그래프라 하는가?

23 그래프에서 모든 변을 단 한 번씩만 지나는 순환을 갖는 그래프를 무슨 그래프라 하는가?

24 그래프에서 모든 정점을 단 한 번씩만 지나는 순환을 갖는 그래프를 무슨 그래프라 하는가?

25 그래프에서 모든 변을 한 번씩 지나는 경로를 무엇이라 하는가?

26 5개의 정점을 갖고 정점의 차수가 각각 1, 1, 4, 4, 6인 그래프가 존재한다고 할 때, 이 그래프의 변은 몇 개 존재하는가?

제 4 장

트리의 구조와 응용

트리는 그래프의 특수한 형태로서 한 정점으로부터 다른 정점에 이르는 유일한 경로가 존재하는 방향성 그래프이다. 이를 위하여 트리는 순회가 존재하지 않으며 연결된 그래프의 형태로 구성된다. 이러한 트리는 자료구조 등에서 응용되며, 방향성 트리와 무방향성 트리로 구분된다.

본 장에서는 트리의 구조 및 성질, 응용, 최소 신장 트리 등에 대하여 알아본다.

트리에서 각 결점을 모두 포함하는 트리를 신장트리라 한다. 신장트리는 깊이우선탐색이나 너비우선탐색 도중에 사용된 간선들을 모으면 만들 수 있다. 신장트리 중 각 간선이 가지고 있는 가중치의 합이 최소가 되는 신장 트리를 최소신장트리라고 한다.

주변에서 볼 수 있는 트리의 예로는 윈도우의 응용프로그램인 탐색기, 목차 등을 볼 수 있다. 그 외에 유닉스/리눅스의 디렉터리(폴더)구조 역시 트리구조이다. 이와 같이 트리는 컴퓨터를 통한 자료 처리에 중요한 역할을 담당한다.

요약

4.1 트리

트리

트리(tree) 구조란 그래프의 특수한 형태로, 특정 노드와 특정 노드 사이의 경로가 단 하나뿐인 구조를 말한다. 이를 만족하기 위하여 트리에서는 순회가 존재하지 않는다.

트리에서 최상위 노드를 루트 노드(root node)라고 한다. 노드 A가 노드 B를 가리킬 때 A를 B의 부모 노드(parent node), B를 A의 자식 노드(child node)라고 하며, 자식 노드가 없는 노드를 잎 노드(leaf node), 부모 노드가 없는 노드를 루트 노드라고 한다. 부모와 자식이 모두 존재하는 노드를 내부 노드(internal node)라고 하고, 그렇지 않은 노드를 외부 노드라 한다.

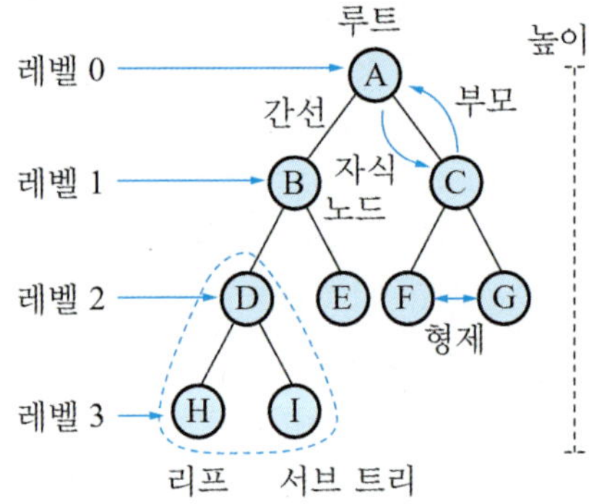

트리에서 사용되는 기본적인 용어

- 노드(node): 트리를 구성하는 기본 원소
- 형제 노드(siblings node): 부모 노드가 동일한 노드들
- 경로(path): 어떤 노드에서 다른 노드에 이르는 길 사이에 있는 노드들의 순서
- 길이(length): 출발 노드에서 도착 노드까지 거치는 노드의 개수
- 레벨(level): 해당 노드에서 루트 노드까지의 경로 길이

- 높이(height): 루트 노드에서부터 가장 멀리 존재하는 노드까지의 경로 길이
- 차수(degree): 각 노드에 연결된 간선(연결선)의 개수(내차와 외차)
- 너비(width): 가장 많은 노드를 갖고 있는 레벨의 크기

트리의 기본적인 성질

- 노드가 N개인 트리는 항상 $N-1$개의 간선(연결선)을 가진다.
- 루트 노드에서 어떤 노드로 가는 경로는 유일하다. 또한 임의의 두 노드 간의 경로도 유일하다 (동일 노드를 재방문하지 않는다는 조건하에)

컴퓨터 공학에서 트리의 응용

트리의 주된 목적은 탐색이며, 트리가 응용되는 분야는 컴파일러, 의사 결정 시스템, 파일 시스템, 검색 엔진, DBMS, 라우터 알고리즘, 계층적 데이터 등을 들 수 있다.

컴파일러에서의 응용

트리는 문법의 파싱을 통하여 자연어 처리와 컴파일러 등에 활용될 수 있다. 파서(Parser)는 파싱하는 도구를 말하며, 파싱은 입력된 문장을 분석하는 것을 의미한다. 즉, 파서는 입력된 문장을 분석하여 원하는 결과물을 만드는 번역기의 역할을 수행한다. 컴파일러의 경우에도 소스코드를 분석하여 기계어로 번역하는 역할을 수행하므로 내부에 파서가 존재한다.

컴파일러가 소스코드를 번역하는 과정은 다음과 같다(컴파일러의 종류에 따라 다소 상이할 수 있음).

어휘 분석(Lexical) → 구문 분석(Syntax) → 의미 분석(Semantic) → 파싱(Parsing) → 중간 코드 생성 (Midi Code Generation)

요약

<digit> <digit> <digit>
⇒ 1 <digit> <digit>

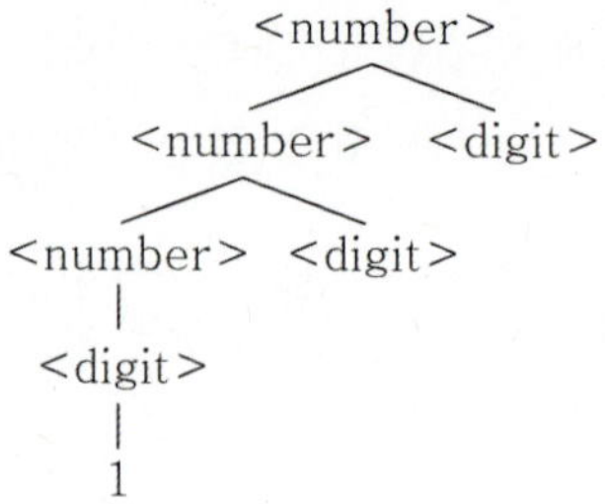

프로그래밍 언어에서 트리의 구현

기본적으로 트리는 그래프의 한 종류이므로 그래프의 구현 방법(인접 리스트 또는 인접 배열)과 동일하게 구현할 수 있다.

인접 배열 이용

- 1차원 배열에 자신의 부모 노드만 저장
  트리의 부모 노드 개수는 0(루트 노드) 또는 1
- 이진 트리의 경우, 2차원 배열에 자식 노드를 저장
  이진 트리의 최대 자식 노드 수는 2
  Ex) A[i][0]: 왼쪽 자식 노드, A[i][1]: 오른쪽 자식 노드

인접 리스트 이용

- 가중치가 없는 트리에 적용
  ArrayList< ArrayList > list = new ArrayList<>();
- 가중치가 있는 트리에 적용
  A) class Node { int num, dist; // 노드 번호, 거리 } 정의
  B) ArrayList[] list = new ArrayList[n + 1];

요약

그래프와 트리의 특성 비교

	그래프	트리
정의	노드와 노드 간을 연결하는 간선들을 모아놓은 자료 구조	그래프의 특수한 형태(비순환 그래프)
방향성	방향그래프와 무방향 그래프	방향트리와 무방향트리
순회	순회 존재 가능	순회 존재 불가능
루트 노드	루트 노드의 개념이 존재하지 않음	하나의 루트 노드가 존재
부모–자식	부모–자식 노드의 개념이 존재하지 않음	루트 노드를 제외한 모든 노드에 하나의 부모 노드가 존재
모델	네트워크 모델	계층 모델
간선의 수	동일한 노드의 수를 가지는 그래프에서도 간선의 수는 다양하게 나타날 수 있음	N개의 노드가 존재할 경우 N–1개의 간선이 존재
경로	임의의 두 노드 사이에는 다양한 경로가 존재 가능	임의의 두 노드 사이에는 경로가 유일
예시	지도, 지하철 노선도, 통신망, 전기회로 소자 등	파일 시스템, 결정트리 등

그래프 G가 어떤 순회(circuit) 또는 순환(cycle)을 포함하고 있지 않을 때 비순환(acyclic) 또는 순환이 없는 그래프라고 한다. 즉, **트리**(tree)는 순환이 없는 연결된 그래프이다. 트리는 **방향성**(directed) 트리와 **무방향성**(undirected) **트리**로 구분된다. 방향성 트리인 경우 결점 사이는 **아크**(arc)로 나타내고, 무방향성 트리인 경우 두 결점을 연결하는 선분을 **연결선** 또는 **변**(edge)이라고 한다. 다음 그림 4.1.1에서 방향성 트리와 무방향성 트리를 보여준다.

트리
컴퓨터공학에서 트리의 응용 분야는 유전학, 알고리즘, 자료의 탐색 정렬, 데이터베이스, 최적화 문제 등 다양한 분야에서 응용할 수 있다.

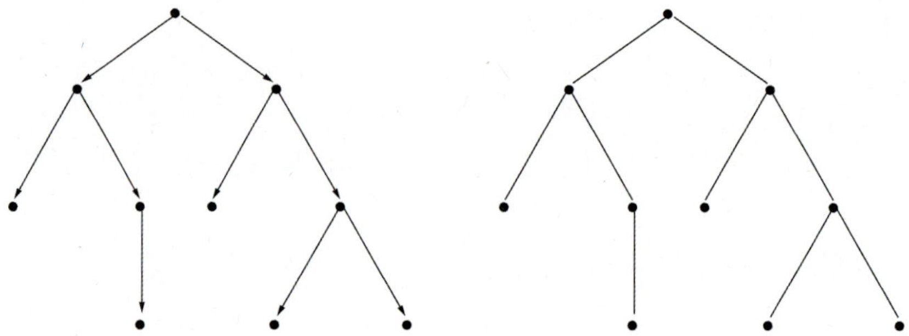

(a) 방향성 트리　　　　(b) 무방향성 트리

그림 4.1.1 트리의 종류

오직 하나의 경로
트리상의 노드 간의 경로가 오직 하나만 존재하는 이유는 트리에 순회가 존재하지 않기 때문이다.

내차
자신의 노드로 들어오는 연결선의 수를 말한다.

외차
자신의 노드에서 출발하여 다른 노드와 연결되는 연결선의 수를 말한다.

이 절에서는 방향성 트리에 대하여 먼저 살펴본다. 방향성 트리는 **루트**(root)라고 하는 결점으로부터 다른 결점으로 **오직 하나의 경로**(path)가 존재한다. 이런 트리를 'rooted tree'라고 한다. 루트에서 다른 결점까지의 경로의 길이를 그 결점의 **레벨**(level) 또는 **깊이**(depth)라고 한다. 그리고 한 트리에서 최대 레벨의 수를 그 트리의 **높이**(height)라고 한다.

들어오는 아크만 존재하는 결점 또는 정점(즉, 외차가 0인 결점)을 트리의 **잎**(leaf) 노드라 하고, 루트와 잎 노드를 제외한 중간 노드를 **내부**(internal) 노드라고 한다(내부노드를 제외한 나머지 노드는 외부노드라 한다). 루트는 유일하게 **내차**가 0인 결점이다. **외차**(outdegree)는 방향성 트리에서 어떤 결점에서 시작하는 아크의 수를 말하고, 내차(indegree)는 어떤 결점에서 끝나는 아크의 수를 의미한다.

예제 4.1.1 다음의 트리에서 내부노드와 외부노드를 구분하여 설명하고, 트리의 높이가 얼마인지 답하라.

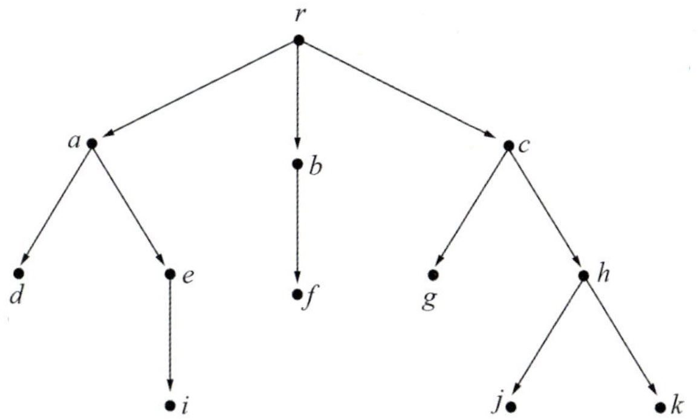

그림 4.1.2 방향성 트리

풀이

그림 4.1.2에서 r 결점이 루트이고, a, b, c, e, h는 내부 노드이고, 나머지 d, f, g, i, j, k는 잎 노드이다. 루트 r에서 다른 결점에 이르는 유일한 경로가 존재한다. 그림 4.1.2에서 a의 레벨은 1, g의 레벨은 2, i의 레벨은 3이다. 그리고 최대 레벨이 3이므로, 이 트리의 높이는 3이 된다.

이들을 종합하면 트리는 내차가 0인 유일한 결점인 루트가 존재하고 어떤 순환도 가지지 않으며 루트를 제외한 각 결점은 내차가 1인 방향성 그래프로 나타낼 수 있다. 그러므로 트리에서는 다음의 정리가 성립한다.

정리 4.1.1

트리는 다음의 성질을 만족한다.

(1) 루트에서 다른 결점으로는 정확히 한 개의 경로로 연결된다.

(2) 트리는 어떤 순환도 가지지 않는다.

(3) 만일 어떤 아크가 제거되면 남겨진 그래프는 비 연결그래프가 된다.

(4) 루트의 내차는 0이고 루트를 제외한 다른 결점의 내차는 1이다.

일반적으로, 트리에서 루트가 제일 위에 존재하고, 아크가 밑으로 향하도록 그린다. 또한, 아크가 아래로 향하는 방향성 트리에서는 방향을 나타내는 화살표를 생략하기도 한다. 트리에서 루트는 **레벨** 0에 있다고 하고 루트에서 시작하는 아크의 종점에 놓여 있는 모든 결점들은 레벨 1에 있게 된다. 레벨 1의 모든 결점들에서 시작하는 각 아크의 종점에 놓여 있는 모

레벨
트리에서 레벨은 루트에서부터 해당 노드까지 연결된 선(아크)의 수를 말한다.

든 결점들은 레벨 2, 그 다음은 레벨 3, ⋯ 형태로 표기한다. 루트에서 잎까지의 경로를 **가지**(branch)라고 한다.

트리 내의 한 결점 v에서 시작되는 아크의 종점에 있는 결점 $v_1, v_2, \cdots, v_n$들을 v의 **자식 노드**(child node)라 하고, v를 v_i들의 **부모**(parent) **노드**라고 한다. 그리고 한 결점에서의 자식들은 서로 **형제**(sibling)라 한다. 임의의 트리에서 루트가 지정된 트리를 rooted tree라고 하며, 일반적으로 방향성 트리에 해당한다. 루트 r로부터 결점 v까지의 경로에 결점 u가 포함된다면, 결점 u가 결점 v에 앞선다거나 결점 v는 결점 u를 **따른다**(follow)고 한다. 만약 결점 v와 u가 인접하고 있다면 v가 u를 **즉시 따른다**(immediately follow)고 한다. 그림 4.1.2에서 결점 i는 결점 a를 따르며, e는 즉시 따른다. 결점 i와 j는 모두 g를 즉시 따름을 볼 수 있다.

형제
형제 노드는 같은 부모 밑에 존재하는 레벨이 같은 노드를 말한다.

rooted tree는 연속되는 사건이 유한개의 방법으로 발생하는 경우 모든 논리적 가능성을 열거하기 위하여 사용할 수 있다.

예제 4.1.2 토너먼트경기에서 A와 B팀 중 어느 팀이든지 연달아서 두 게임을 이기든지, 아니면 합쳐서 세 게임을 먼저 이기는 팀이 토너먼트에서 승리를 한다고 하자. 이 경우 발생할 수 있는 모든 경우 수를 트리를 활용하여 구하라.

풀이

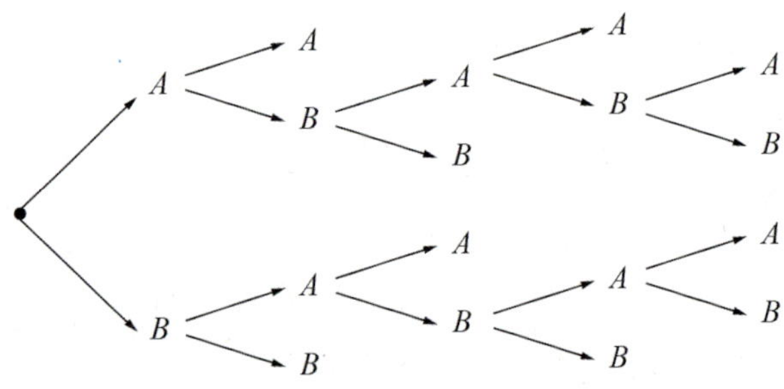

위의 rooted tree 그림과 같이 토너먼트에서 일어날 수 있는 방법으로는 트리의 가지에 해당하는 총 10가지가 있다. 즉 AA, $ABAA$, $ABABA$, $ABABB$, ABB, BAA, $BABAA$, $BABAB$, $BABB$, BB이다.

4.2 트리의 응용

순서 rooted 트리

유향 그래프의 결점과 아크에 체계적으로 어떤 명칭 또는 주소를 붙여 특수한 목적으로 사용할 수 있다. 이와 같이 순서가 정해진 결점들을 가진 트리를 **순서 rooted 트리**(ordered rooted tree) 또는 단순히 **순서 트리**라고 한다. 예를 들어, 먼저 루트 r에 0을 붙이고 루트의 자식들을 왼쪽부터 오른쪽으로 배열하여 1, 2, 3, …을 정한다. 그러면, 1이 r의 첫째 자식, 2가 r의 둘째 자식, … 으로 배열된다. 다음에 레벨 2의 결점들을 체계적으로 명칭을 붙인다. 1의 자식은 1.1, 1.2, …으로 정한다. 이때 다른 방법으로 남은 결점들을 명명해 나간다. 이것을 그림으로 나타내면 그림 4.2.1과 같다.

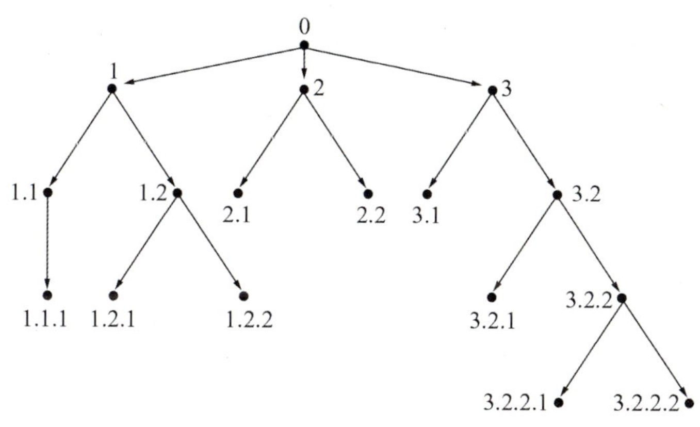

그림 4.2.1 순서 트리의 예

일반적으로 한 순서 트리에 대해 **완전 주소 체계**(universal address system)로써 이 배열된 구조를 나타낸다. 완전 주소 체계는 순서 트리를 선형적으로 기술하도록 해준다. 이러한 배열에서의 배열 규칙은 단어가 사전식으로 배열되는 방법과 비슷하기 때문에 **사전식 순서**(lexicographic order)라고 한다. 그림 4.2.1의 결점들을 사전식 순서로 배열하면 다음과 같다.

$$0 \to 1 \to 1.1 \to 1.1.1 \to 1.2 \to 1.2.1 \to 1.2.2 \to 2 \to 2.1 \to 2.2 \to$$
$$3 \to 3.1 \to 3.2 \to 3.2.1 \to 3.2.2 \to 3.2.2.1 \to 3.2.2.2$$

모든 결점에서 많아야 n개(n : 양의 정수)의 자식을 가지는 트리를 **n진 트리**(n-tree)라 하며, 모든 결점이 정확히 n개의 자식을 가지는 트리를 **완전 n진 트리**(complete n-tree)라 한다. 특히 n값이 2인 경우 **이진 트리**(binary tree)라 한다. n진 트리에서 각 결점은 최대 n개의 자식들을 가지며, 이때 각 자식들은 가상적으로 1부터 n까지 위치를 할당받고 해당 순번의 라벨을 가진다. 이렇게 라벨을 붙인 트리를 **위치지정 트리**(positional tree)라고 한다. 특히 컴퓨터 공학에서는 이진수 체계를 사용하며, 이로 인하여 이진 트리 및 완전 이진 트리는 특별한 성질이 존재한다.

이진 트리

이진 트리(binary tree)는 모든 노드가 각자 최대 두 개의 자식 노드를 가지는 트리이다. 각 노드에서 왼쪽에 존재하는 자식 노드를 왼쪽 자식 노드, 오른쪽에 존재하는 자식 노드를 오른쪽 자식 노드라고 한다. 이진 트리 또한 루트 노드가 존재하므로 방향성 트리의 성질을 가진다. 그러나 이진 트리가 정렬 트리이면서, 루트 트리인 경우, 방향성 트리가 아닌 비방향성 트리로 해석할 수도 있다.

대표적인 이진 트리의 종류에는 포화 이진 트리와 완전 이진 트리를 들 수가 있다. **포화 이진 트리**(perfect binary tree)는 잎 노드를 제외한 모든 노드가 두 개의 자식 노드를 가지는 트리로, 모든 잎 노드는 동일한 깊이(레벨)를 갖는다. **완전 이진 트리**(complete binary tree)는 마지막 레벨을 제외하고 모든 레벨이 완전히 채워져 있으며, 마지막 레벨의 노드는 왼쪽에서부터 채워나간다. 마지막 레벨을 h라고 하면, 마지막 레벨에서 가질 수 있는 노드의 수는 최대 2^h-1개의 노드를 가질 수 있으며, 전체 트리에서 가지는 노드의 수는 최대 $2^{h+1}-1$개의 노드를 가질 수 있다. 이진 트리, 완전 이진 트리 및 포화 이진 트리를 구분하여 나타내면 [그림 4.2.2]와 같다.

포화 이진 트리
잎 노드를 제외한 모든 노드의 자식 수가 2이다.

완전 이진 트리
마지막의 레벨의 노드를 왼쪽에서부터 채워나간다는 점을 항상 유의해야 한다.

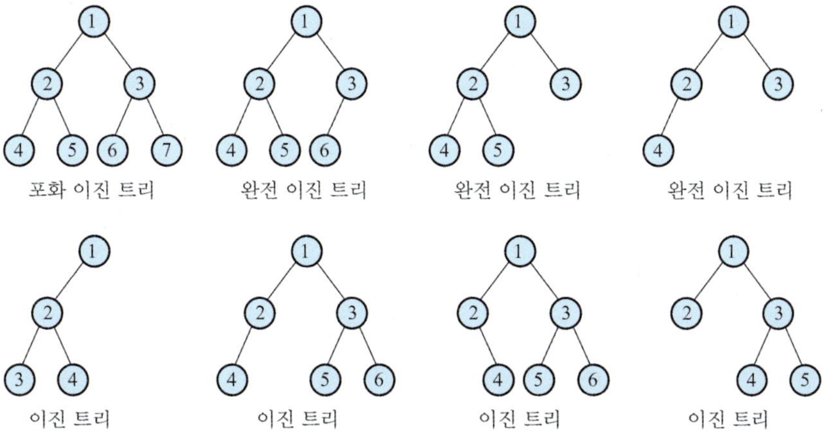

그림 4.2.2 이진 트리, 완전 이진 트리 및 포화 이진 트리

완전 이진 트리는 2진수 체계의 특성으로 인하여 다음과 같은 특이한 성질을 가진다. 예를 들어 [그림 4.2.3]의 완전 이진 트리를 생각하여 보자.

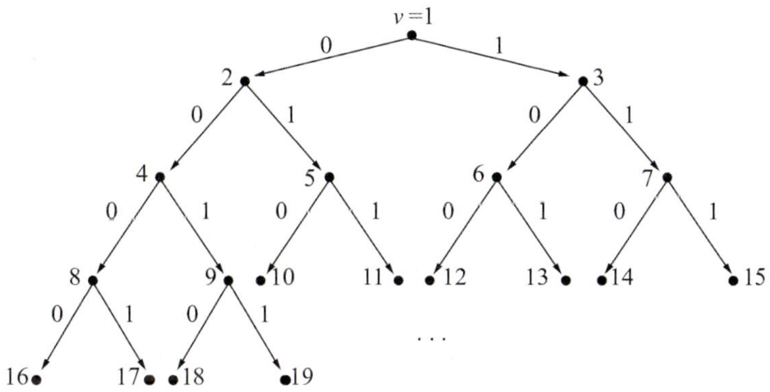

그림 4.2.3 완전 이진 트리의 예

그림에서 루트 노드의 값은 1, 1의 자식들은 2와 3의 값을 할당하고, 2의 자식들은 4와 5, 3의 자식들은 6과 7로 명칭을 붙인다. 이와 같은 방법으로 나머지 결점들에도 이름을 붙인다. 각 결점에서 왼쪽 자식 사이의 아크에는 2진수 0을, 오른쪽 자식 사이의 아크에는 2진수 1을 할당한다. 나머지 아크에 대하여도 이런 방법으로 모두 0과 1을 할당한다. 그러고 나서 각 결점에서 출발하여 루트에 도착하기까지의 0과 1의 배열을 확인해 보면 해당 결점의 10진수 값에 대한 2진 값이 되는 것을 알 수 있다. 다음

에 몇 개의 예가 제시되어 있다.

$$(18)_{10} = 10010$$
$$(11)_{10} = 1011$$
$$(7)_{10} = 111$$

덧셈, 뺄셈, 곱셈, 나눗셈, 이항 연산을 포함하는 어떠한 대수식도 순서 rooted 트리로 표현할 수 있다. 그림 4.2.4는 연산식 $(a-b)/((c\times d)+e)$를 표시한 것이다. 이 식에서 변수 a, b, c, d, e는 잎 노드이고, 연산자는 루트 또는 내부 노드로 된다. 여기서, 연산이 제일 마지막에 수행되는 중심 연산자가 루트가 되며, 다른 연산자들은 내부 노드가 된다(**변수들은 내부 노드가 될 수 없다**). 이때, 연산이 나중에 수행될수록 연산자는 루트 가까이 위치하게 된다. 예를 들어, 연산식의 분모 $((c\times d)+e)$에서 $(c\times d)$가 먼저 수행되고 그 결과가 e와 더해지기 때문에 $+$연산이 나중에 수행된다. 그러므로, $+$연산자가 루트 가까이 위치한다.

그림 4.2.4에서 $a-b$와 $b-a$는 같은 트리를 구성하지만 같은 순서의 트리는 되지 않기 때문에 순서를 정해야 한다. 폴란드의 수학자 우카시에비치(Lukasiewicz)는 연산의 순서를 괄호의 사용 없이 유일하게 나타낼 수 있는 방법을 개발하였다. 즉, $a-b$ 대신 $-ab$, $c\times d$ 대신 $\times cd$와 같이 변수 앞에 이항 연산 부호를 표시하는 방법이다. 이러한 기호법을 **접두식**(prefix) 형태로 된 **폴란드 표시법**(Polish notation)이라고 한다. 또는 **전위(preorder) 표기**라고도 한다. 연산자를 변수 뒤에 표시하는 방법은 접미식

전위 표기
연산자가 피연산자들의 앞쪽에 위치하도록 표기한다.

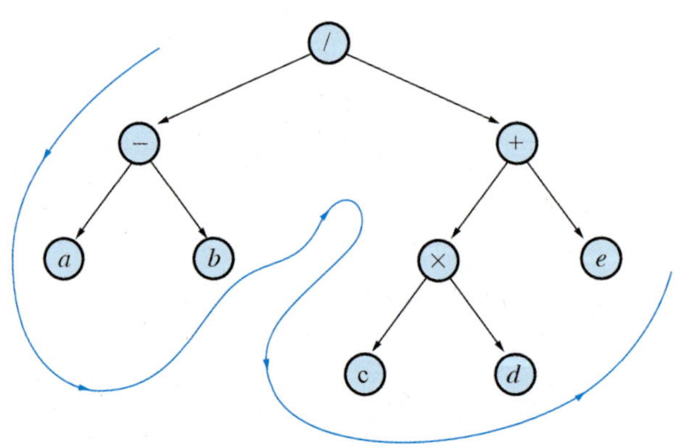

그림 4.2.4 연산식 $(a-b)/((c\times d)+e)$의 트리

(postfix) 형태로 된 폴란드 표시법이라고 하며, 또는 후위(postorder) 표기라고도 한다. 우리가 일반적으로 사용하는 연산 표현을 중위 표기라고 한다. 중위 표기 연산식 $(a-b)/((c\times d)+e)$를 전위 표기 형태로 나타내면 $/-ab+\times cde$가 된다. 이것은 트리 안에 있는 결점들의 사전식 배열과 같음을 알 수 있다. 후위 표기 형태로 나타내면 $ab-cd\times e+/$가 된다. 중위 표기법을 전위 또는 후위 표기법으로 변경하기 위해서는 트리의 탐색을 활용할 수 있으며, 교재의 뒷부분에서 별도로 다루기로 한다.

후위 표기
연산자가 피연산자들의 뒤쪽에 위치하도록 표기한다.

중위 표기
연산자가 피연산자들의 가운데에 위치하도록 표기한다.

이와 같은 폴란드 표시법의 **장점은 연산식의 우선 순위를 괄호를 사용하지 않고도 유일하게 식별할 수 있도록 해준다**는 점이다. 폴란드 표시법은 유한 오토마타(finite automata) 이론과 컴파일러 등에서 응용되고 있다.

이진 트리의 구현

프로그래밍 언어에서 이진 트리를 구현하는 방법으로는 인접 배열을 활용하는 방법과 인접 리스트를 활용하는 방법이 있다. 두 가지 방법 모두 많이 사용되지만 인접 배열을 활용하는 방법의 경우, 트리의 중간에 새로운 노드를 삽입하거나 기존 노드 중 일부 노드를 삭제할 경우 인접 리스트 방식에 비하여 많은 연산을 필요로 한다는 단점이 있다.

일반적으로 프로그래밍 언어를 사용하여 이진 트리를 표현하는 방법은 다음과 같다.

인접 배열 이용

- 1차원 배열에 모든 노드를 저장
- 루트 노드를 A[0]이 아닌 A[1]에 저장하여 시인성을 높이도록 한다. 이진 트리의 최대 자식 노드 수는 2
- 자식 노드가 하나뿐인 경우 해당 번호의 배열은 비워두고 다음 배열을 활용한다.
- [그림 4.2.5]의 (b)에 나타난 바와 같이 레벨 2의 경우 이진 트리에서 최대 노드의 수가 4이나 현재 값이 C인 노드만 존재하므로 최대 존재 가능한 노드의 수보다 3개가 부족하므로 A[5], A[6], A[7]을 비워두고 다음 값인 D를 A[8]에 할당한다.
- A[1]은 루트 노드, A[3]는 루트의 오른쪽 자식 노드와 같이 배열의 인덱

배열
일반적으로 같은 종류의 데이터들이 순차적으로 저장된 공간을 말한다. 배열의 인덱스에 따라 값이 저장된 공간의 상대적인 위치를 해석할 수 있다.

스 값에 따라 저장하고자 하는 노드의 위치가 정해지게 된다.

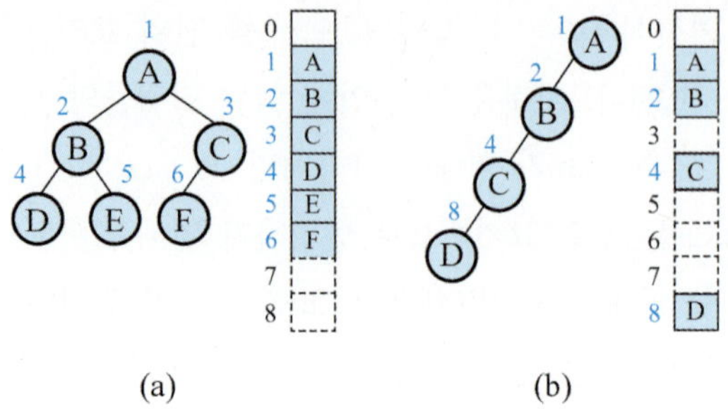

그림 4.2.5 인접 배열을 활용한 이진 트리의 구현

리스트
연결 리스트는 각 노드가 데이터와 포인터를 가지며 연결되어 있는 구조를 말한다. 리스트는 데이터를 담고 있는 노드들이 연결되어 구성되는데, 노드에 존재하는 포인터가 다음 노드 또는 이전 노드와의 연결을 담당한다.

인접 리스트 이용

- 데이터(값)를 저장하는 변수와 왼쪽 자식, 오른쪽 자식을 각각 가리키는 포인터(혹은 레퍼런스) 부분으로 리스트를 구성한다.
- 루트 노드에 해당하는 리스트를 생성한 뒤 자식 노드가 존재할 경우 포인터(레퍼런스)를 활용해 자식노드를 지정한다.
- 자식노드가 존재하지 않을 경우에는 null 값으로 포인터(레퍼런스)를 지정한다.

```
Ex) class Node { int num;   // 노드 값
                 Node leftchild; //왼쪽 자식
                 Node rightchild; //오른쪽 자식}
```

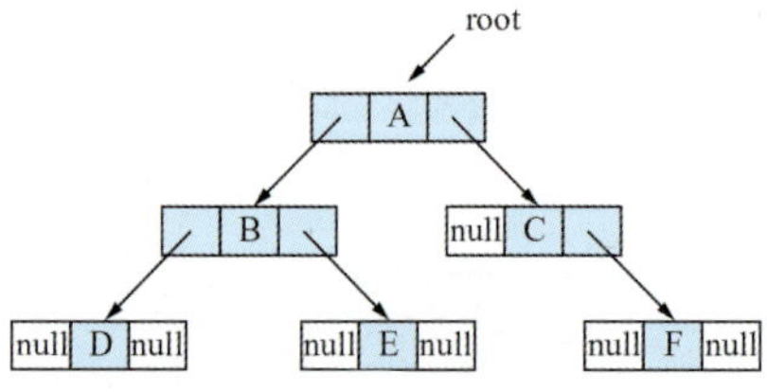

그림 4.2.6 인접 리스트를 활용한 이진 트리의 구현

트리 탐색

사전식 순서 배열에서와 같이 각 결점을 어떤 특정한 순서에 의하여 방문하는 과정을 **트리 탐색**(tree searching)이라 한다. 트리의 한 결점 v를 루트

로 하고 v 로부터 시작하는 경로에 의하여 도달할 수 있는 트리의 결점을 포함하는 트리의 부분집합을 **부분트리**(subtree)라고 한다. 특히, 이진 트리의 경우 왼쪽 자식을 루트로 가지는 부분트리를 **왼쪽 부분트리**(left subtree)라 하고 오른쪽 자식을 루트로 가지는 부분트리를 **오른쪽 부분트리**(right subtree)라 한다.

트리의 탐색으로 앞 절에서 소개한 **접두식 표기**를 위한 접두순서(preorder) 탐색과 **접미식 표기**를 위한 접미순서(postorder) 탐색에 대하여 기술한다.

접두식 표기
트리 탐색 결과를 활용한 접두식 표기는 접두순서 탐색의 결과를 앞에서부터 나열한다.

접미식 표기
트리 탐색 결과를 활용한 접미식 표기는 접미순서 탐색의 결과를 뒤에서부터 나열한다.

접두순서 탐색

트리에서 접두순서 탐색은 다음의 순서로 수행한다.

- 단계 1: 제일 먼저 루트 r을 방문한다.
- 단계 2: 왼쪽 부분트리가 존재하면, 왼쪽 부분트리를 먼저 탐색한다.
- 단계 3: 왼쪽 부분트리의 탐색이 완료된 후 오른쪽 부분트리가 존재하면, 해당 부분트리를 계속하여 탐색한다.
- 단계 4: 이런 방법으로 트리를 구성하고 있는 부분트리가 모두 탐색될 때까지 탐색을 지속한다.

접두순서 탐색은 접두식 형태로 된 폴란드 표시법의 순서와 같게 된다. 다음의 예제에서 그것을 분명히 알 수 있다.

예제 4.2.1 연산식 $((a+b)\times c)\div((d-e)\times f)$를 트리 형태로 그리고 접두순서 탐색 결과를 나타내라.

풀이

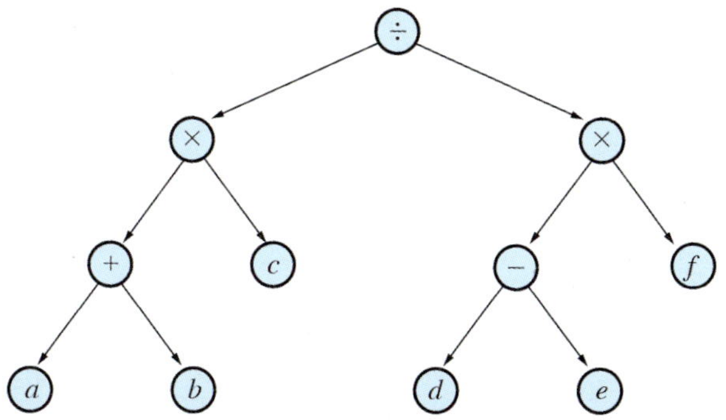

먼저 루트 ÷를 방문한다. 그리고 왼쪽 부분트리의 첫 번째 결점인 ×, 다음에 +, 그 다음에 차례대로 변수 a, b, c를 방문하게 되면 왼쪽 부분트리의 탐색이 끝나게 된다. 다음에 오른쪽 부분트리를 탐색한다. 오른쪽 부분트리의 탐색에선 연산자 ×를 제일 먼저 방문한다. 그 다음에 연산자 −, 다음에 차례대로 변수 d, e, f를 방문하면 탐색이 끝난다.
따라서 접두순서로 탐색한 결과를 차례로 나열하면 다음과 같은 접두식이 얻어진다.

$$\div \times + abc \times - def$$ ■

예제 4.2.2 위의 연산식에서 $a=2$, $b=3$, $c=6$, $d=3$, $e=2$, $f=3$이라고 할 때, 접두식 표기로 어떻게 연산이 순서대로 이루어지는지 살펴보자. 이를 대수식으로 나타내면 다음과 같다.

$$\begin{aligned}\div \times + 236 \times - 323 &= \div \times (2+3)6 \times (3-2)3 \\ &= \div \times 56 \times 13 = \div (5 \times 6)(1 \times 3) \\ &= \div 303 = (30 \div 3) = 10\end{aligned}$$

연산자가 ◎인 연산에서 **접두식을 일반 대수식으로 표현하기 위해서는** ◎ ab를 a◎b로 나타내면 된다.

접미순서 탐색
우측 우선 탐색을 말한다.

접미순서 탐색

트리에서 접미순서 탐색은 다음의 순서로 수행한다.

- 단계 1: 제일 먼저 루트 r을 방문한다.
- 단계 2: 오른쪽 부분트리가 존재하면, 오른쪽 부분트리를 먼저 탐색한다.
- 단계 3: 오른쪽 부분트리의 탐색이 완료된 후 왼쪽 부분트리가 존재하면, 해당 부분트리를 계속하여 탐색한다.
- 단계 4: 이런 방법으로 트리를 구성하고 있는 부분트리가 모두 탐색 될 때까지 탐색을 지속한다.

접미순서 탐색은 접미식 형태로 된 폴란드 표시법의 순서와 같게 된다. **접미순서 탐색에서는 방문 결점을 뒤에서 앞으로 거꾸로 나열함**에 주의해야 한다.

예제 4.2.3 앞의 예제에서 접미순서 탐색은 루트 ÷, 다음에 오른쪽 부분트리의 결점 ×, 다음에 f, 다음에 −, e와 d를 방문함으로써 오른쪽 탐색이 끝나게 된다. 그 다음에 왼쪽 부분트리의 결점인 ×, 다음에 c, 그 다음에 +, 마지막으로 b와 a를 방문하면 왼쪽 부분트리의 탐색이 끝나게 된다. 접미순서 탐색을 접미식으로 나타내면 다음과 같다. 즉 위의 탐색순서에서 방문한 결점들을 뒤에서부터 앞으로 나열하면 된다.

$$ab + c \times de - f \times \div$$

연산자가 ◎인 연산에서 **접미식을 일반 대수식으로 변환하기 위해서는** ab◎를 a◎b로 바꾸어 계산하면 된다.

예제 4.2.4 연산식 $((a+b)\times c)\div((d-e)\times f)$의 접미식 표기는 $ab+c\times de-f\times\div$이며 $a=2,\ b=3,\ c=6,\ d=3,\ e=2,\ f=3$일 때 다음과 같은 순서로 계산된다.

$$\begin{aligned} 2\ 3+6\times 3\ 2-3\times\div &= (2\ 3+)6\times(3\ 2-)3\times\div \\ &= (2+3)6\times(3-2)3\times\div \\ &= 5\ 6\times 1\ 3\times\div \\ &= (5\times 6)(1\times 3)\div \\ &= 30\,3\div \\ &= (30\div 3)=10 \end{aligned}$$

요약

4.3 신장트리(생성트리)

신장트리 또는 생성트리(Spanning Tree)는 그래프 내에 있는 모든 정점을 포함하는 연결트리를 말한다. 신장트리에 포함된 연결선의 개수는 정점의 개수가 n개일 경우 $n-1$개의 연결선을 필요로 한다. 최소신장트리는 신장트리 구성 시 각 간선이 가지고 있는 가중치의 합이 최소가 되는 신장트리를 말한다.

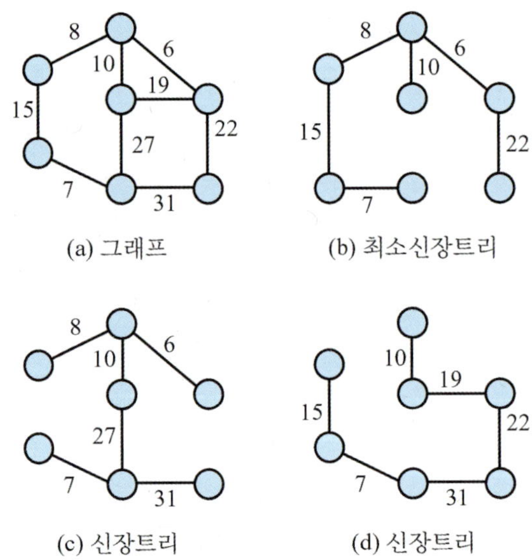

그림 4.3.1 그래프, 신장트리 및 최소신장트리

신장트리에 존재하는 간선들의 가중치의 합을 신장트리의 비용이라고 한다. 최소신장트리는 최소 비용을 가지는 신장트리로서 통신망의 연결 구성 등에 적용할 수 있다.

최소비용신장트리를 만드는 대표적인 알고리즘으로는 프림 알고리즘과 크루스칼 알고리즘이 있다. 프림 알고리즘은 정점을 위주로 하여 최소신장트리를 생성하는 알고리즘이며, 크루스칼 알고리즘은 간선 위주의 알고리

요약

즘이다. 또한, 프림 알고리즘은 시작점에서 가까운 정점을 선택하여 트리를 구성하므로 생성 과정 중 순회를 포함하지 않지만, 크루스칼 알고리즘은 시작점을 따로 정하지 않고 최소 비용의 간선을 차례로 대입하여 트리를 구성하기 때문에 생성 과정 중 순회가 포함되는지 항상 확인해야 한다. 이러한 특성으로 인하여 간선의 개수가 적은 경우에는 크루스칼 알고리즘을, 간선의 개수가 많은 경우에는 프림 알고리즘을 활용하는 것이 바람직하다.

어떤 그래프 G에서 순환이 없는 연결된 그래프를 트리라 하였다. 이 트리 T가 G의 모든 결점을 포함할 때, 이 트리 T를 G의 **신장트리**(spanning tree)라 한다. 특히 신장트리로서 무향 트리일 때 이 그래프를 무향 신장트리(undirected spanning tree)라 한다.

신장트리
그래프 내에 존재하는 모든 정점을 포함하는 연결트리를 말한다.

예제 4.3.1 다음 그래프에서 (a)는 그래프를 나타내고, (b)는 신장트리를, (c)는 무향신장트리를 나타낸다.

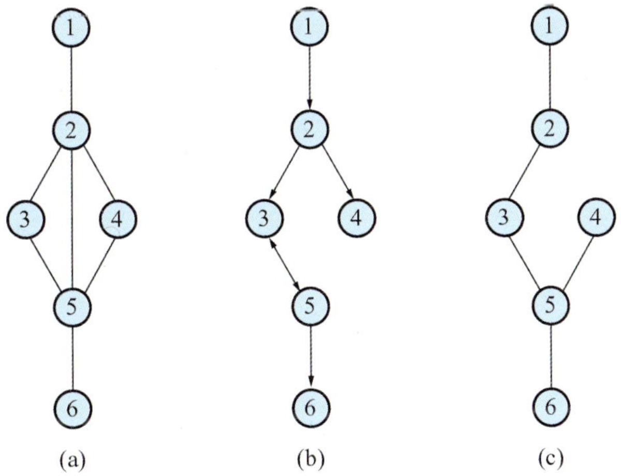

예제 4.3.2 다음 그래프에서 (a)가 원래 그래프 G라면 (b), (c), (d)는 G의 신장트리를 나타낸다.

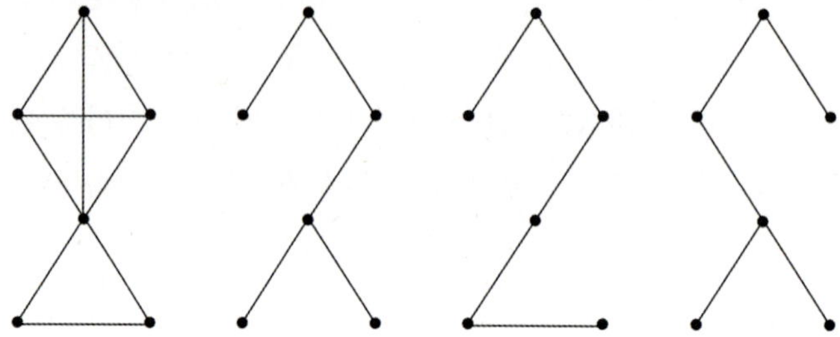
(a) (b) (c) (d)

최소신장트리

그래프 내에 존재하는 연결선들에 가중치가 주어졌다면, 그 그래프를 가중그래프라고 한다. 가중그래프에서 **가중치의 총합**이 가장 작은 신장트리를 그 그래프의 **최소신장트리**(minimal spanning tree)라 한다. 가중그래프에서 연결선 a, b의 가중치를 두 결점 a, b 사이의 거리(distance)라 한다. 최소신장트리를 구하는 방법으로 **크루스칼**(Kruskal)의 방법을 소개한다.

가중치의 총합
신장트리에 존재하는 연결선의 가중치의 총합을 신장트리의 비용이라고 말한다.

이 방법에서는 거리가 최소인 연결선을 먼저 구하고 나중에 구하는 연결선이 순환이 되는 경우를 제외하여 최소신장트리를 만든다.

예제 4.3.3 다음 그래프의 결점 A에서 시작하는 최소신장트리를 구하라.

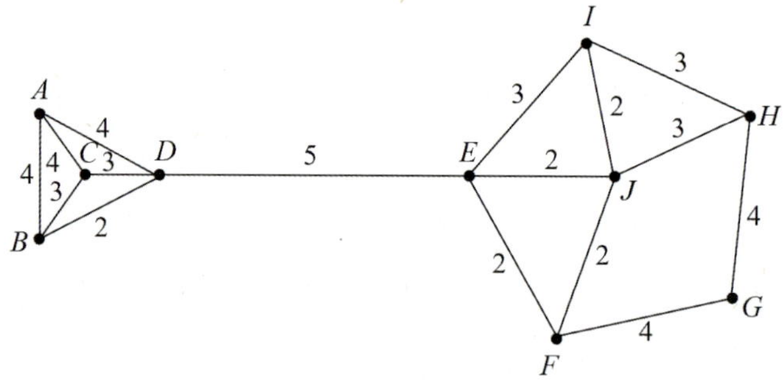

풀이

A에서 결점 B, C, D까지의 거리가 4로 같다. 따라서 그중 하나인 결점 B까지 연결선 $\{A, B\}$를 선택한다. 다음으로 B에서 가장 짧은 거리는 있는 결점은 D이므로, 연결선 $\{B, D\}$를 선택한다. 결점 C까지의 거리

는 결점 B 또는 D에서 가장 짧기 때문에 연결선 $\{B, C\}$를 선택한다. 결점 D에서 다음 E 결점까지는 연결선 $\{D, E\}$가 유일하기 때문에 선택한다. 결점 E에서 짧은 거리에 있는 결점은 F와 J이므로 둘 다 선택한다. 다음으로 결점 J에서 가장 짧은 거리에 있는 결점은 F와 I이다. 결점 F까지의 연결선 $\{F, J\}$를 선택하면 순환을 만들므로 제외한다. 따라서 결점 I까지의 연결선 $\{I, J\}$를 선택한다. 다음으로 짧은 거리에 있는 결점 H까지의 연결선 $\{J, H\}$를 선택한다. 마지막으로 연결되지 않은 결점 G를 위하여 연결선 $\{F, G\}$, $\{G, H\}$가 같은 4의 값을 가지므로 어느 연결선이라도 선택할 수 있다. 그러면 구하는 최소신장트리는 다음 그림과 같고 길이의 총합은

$$4+3+2+5+2+2+2+3+4=27$$

이다.

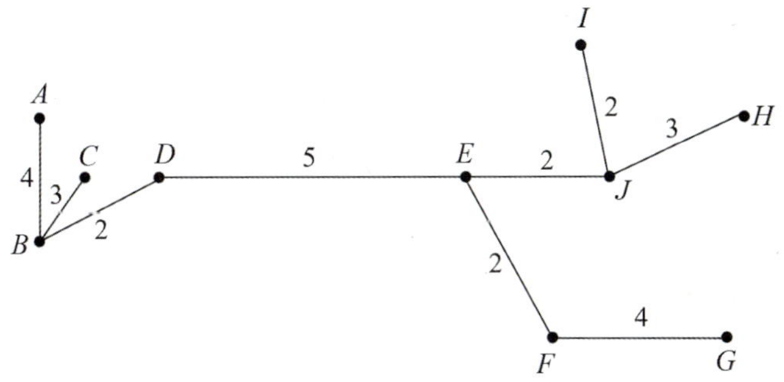

프림 알고리즘과 크루스칼 알고리즘 및 의사코드

프림 알고리즘

가중 그래프 $G=(V, E)$를 n개의 정점을 가지는 그래프라 할 때,

(1) 첫 번째 정점을 최소 신장 트리에 포함하고 $U=(1)$의 값을 할당

(2) U와 $V-U$를 연결하는 최소 비용 간선 (u, v)의 v를 U에 포함
단, 순회를 형성하지 않는 간선이어야 한다.

(3) (2)의 과정 반복($U-V$가 될 때까지)

```
void Prim(graph G: edges E)
        //최소 비용 생성 트리 (프림 알고리즘)
```

```
{
    vertices U;
    vertex u, v;
    E = null;
    U = {1};
    while(U != V){
        (u, v)를 u가 U에 포함되고 v가 V-U에 포함될 때 최소 가중치를 갖는
        간선으로 정의;
        E = E ∪ {(u, v)};
        U = U ∪ {v};
    }
}
```

크루스칼 알고리즘

가중 그래프 $G=(V,E)$를 n개의 정점을 가지는 그래프, T_E를 연결선의 집합이라고 가정.

(1) $T_E=\varnothing$

(2) E에 포함되는 간선을 비용에 대해 오름차순으로 정렬

(3) 최소값을 가진 연결선 (u,v)를 T_E에 포함, 단 (u,v)가 순회를 이루지 않을 경우

(4) (3)의 과정 반복 ($|T_E|=|V|-1$까지)

```
T_E = null;
while(E가 ∅이 아니며 T_E에 n-1보다 적은 연결선이 포함되었을 때){
    E에 포함된 최소 비용 간선 (v, w) 선택;
    선택된 (v, w)를 E에서 삭제;
    if ((v, w)가 순회를 형성하지 않을 때)
        (v, w)를 T_E에 추가;
    else
        (v, w)를 T_E에 추가하지 않음;
}
if(T_E의 간선의 수가 n-1보다 적을 때)
    print("최소 신장 트리 생성 실패");
```

제4장 핵심문제

1 다음의 트리에서 해당하는 노드를 모두 답하라.

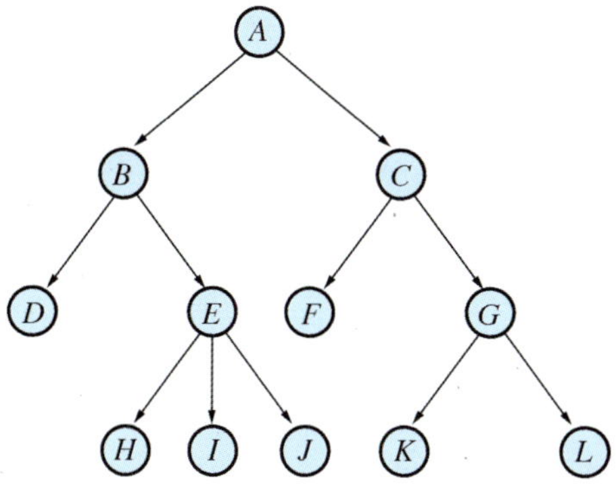

(1) 잎 노드

(2) 루트 노드

(3) C의 부모 노드

(4) E의 자식 노드

(5) D의 형제 노드

(6) 외부 노드

(7) 내부 노드

(8) 트리의 높이

(1) D, F, H, I, J, K, L (2) A (3) A (4) H, I, J
(5) E (6) A, D, F, H, I, J, K, L (7) B, C, E, G (8) 3

2 다음 그래프에서 최소신장트리를 구하라.

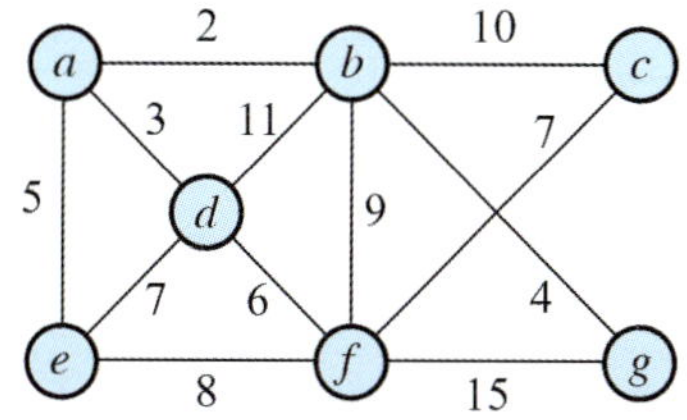

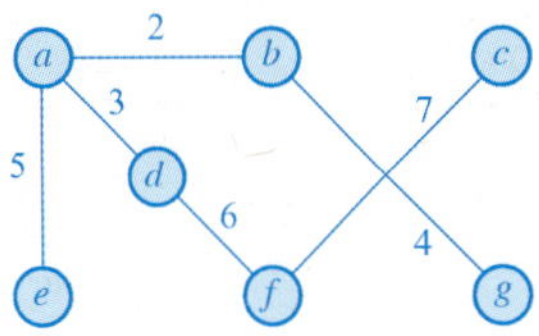

3 다음의 그래프가 트리가 되기 위한 조건을 말하라.

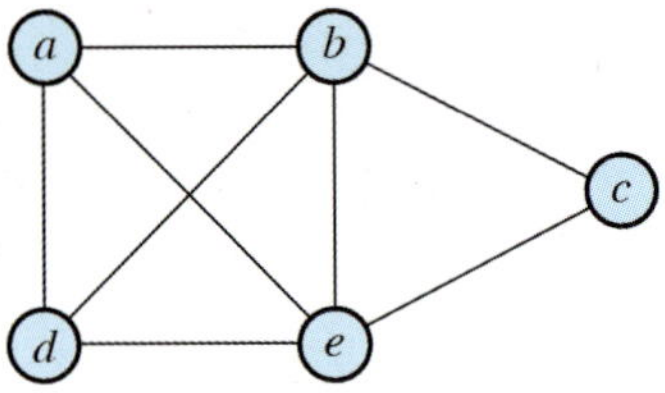

(1) 트리에는 순회가 존재하지 않아야 하므로 결점 b, e, c가 이루는 순회를 제거하기 위하여 연결선 $(b,\ c)$, $(b,\ e)$, $(e,\ c)$ 중 하나를 제하여야 함. 단, $(b,\ e)$를 제거할 경우 결점 a, b, c, e로 구성되는 또 다른 순회가 만들어지므로 새로이 만들어지는 순회 또한 제거하여야 함.

(2) 결점 a, b, d, e로 구성되는 순회 또는 결점 a, b, e 및 결점 a, d, e로 구성되는 순회를 제거하거나 결점 a, d, b 및 결점 b, d, e로 구성되는 순회를 제거하여야 함.

(3) 트리 내에는 순회가 존재하지 않아야 하며, 최종 그래프상에서 순회를 포함하지 않도록 연결선을 제거하여야 함.

4 다음 주어진 식을 트리로 표현하라.

$2^x + (7-3)/2$(단, 지수승의 표기는 ^로 표기한다.)

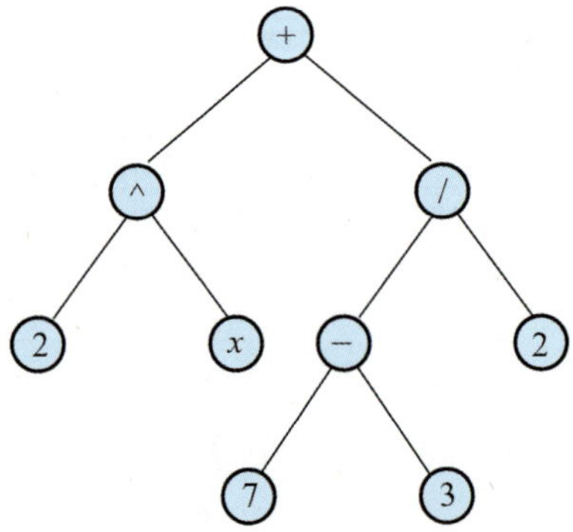

5 4번 문제의 결과로 생성된 트리의 접두순서탐색을 활용하여 수식을 전위식으로 표기하라.

+^2x/-732

6 4번 문제의 결과로 생성된 트리의 접미순서탐색을 활용하여 수식을 후위식으로 표기하라.

2x^73-2/+

7 다음 중 의미가 다른 하나는 어느 것인가?

(1) 간선과 결점의 집합이다.

(2) 트리이다.

(3) 존재하는 모든 결점은 연결되어 있고 간선의 수는 노드의 수보다 하나 적다.

(4) 순회를 가지지 않는다.

(1)은 그래프의 의미를 포함하며 (2), (3), (4)는 그래프 중 트리의 필요충분조건을 나타낸다.

제4장 연습문제

01 다음 트리에 대하여 물음에 답하라.

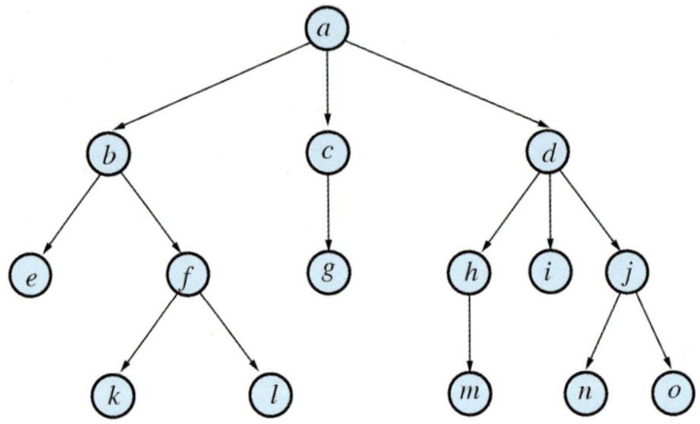

(a) 잎 노드를 구하라.

(b) f의 부모 노드를 구하라.

(c) 레벨 3에 있는 모든 노드를 구하라.

(d) 정점 g의 형제들을 모두 구하라.

(e) 정점 j의 후손 노드를 구하라.

02 다음과 같은 트리에서 물음에 답하여라.

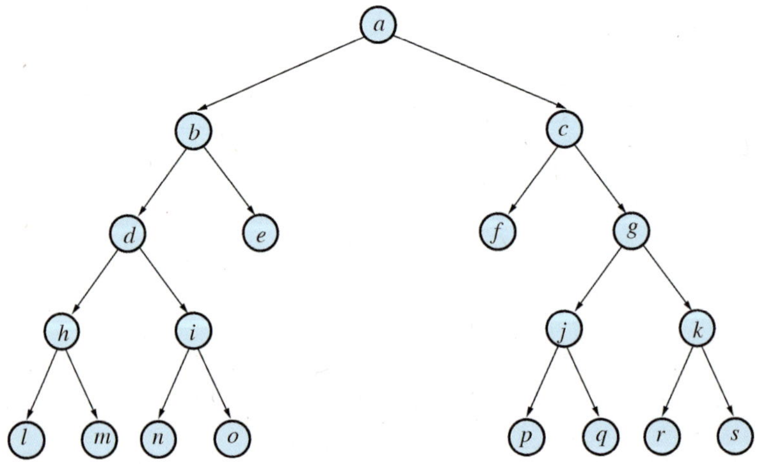

(a) 접두순서 탐색에 의하여 방문한 노드를 차례로 나열하라.

(b) 접미순서 탐색에 의하여 방문한 노드를 차례로 나열하라.

03 아래 그래프에 대한 신장트리를 그리라.

(1)

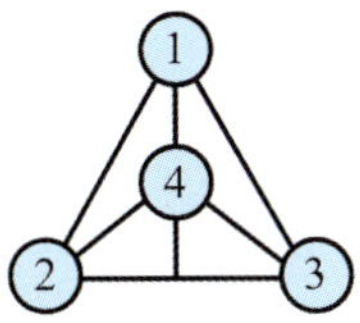

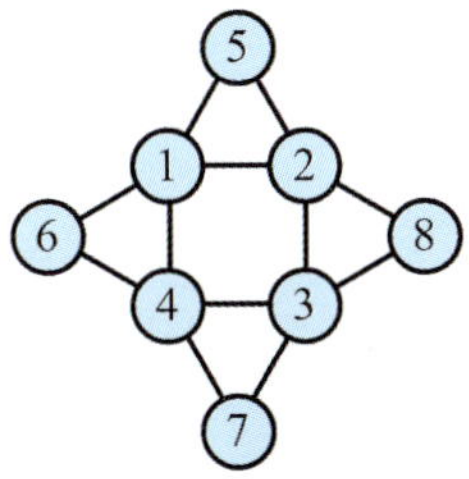

04 7개의 결점을 갖는 동형이 아닌 모든 트리를 그리라(10개).

05 사전식 순서로 배열된 주소 체계가 주소 4.3.5.3을 포함한다고 하자. 이 체계에 틀림없이 존재하는 다른 주소들이 무엇인지 순서 rooted 트리 다이어그램을 이용하여 구하고, 그 주소들을 사전식 순서로 기술하라. root는 0으로 가정한다.

06 문자 a와 b에 대하여, ba로 끝나지 않는 모든 입력 문자열을 인식하는 유한 오토마타를 구축하라.

07 대수식 $((x-2)-(3+x))+(3-(2*x))$에 대하여

(1) 대응되는 순서 rooted 트리를 그리라.

(2) 전위표기 형태의 폴란드 표시법으로 대수식을 다시 표기하라.

08 대수식 $\dfrac{(y^2+3z)^3x}{a(b^2+2c)}$에 대하여

(1) 대응되는 순서 rooted 트리를 그리라. (단, 지수 대신 ↑, 나눗셈 대신 /, 곱셈 대신 * 를 사용하라.)

(2) 이 식의 사전식 순서로 된 폴란드 표시법을 구하라.

(3) 이 식의 후위표기(postfix) 형태의 폴란드 표시법을 구하라.

제 5 장

행렬과 행렬식

행렬은 수나 자료를 직사각형 배열로 나타내는 수학적 표현으로 선형대수학 등에서 선형방정식을 풀이하는 데 주로 활용된다.

행렬은 공학과 수학의 많은 분야 중, 특히 전기 회로 이론, 고전역학, 광학, 전자기학 등 다양한 분야에서 응용되고 있으며, 컴퓨터공학 분야에서는 데이터베이스 분야와 그래픽 분야 중 3차원 이미지를 2차원 평면에 투영하거나 사실적인 움직임을 그려내는 데 응용되고 있다.

이 장에서는 이러한 행렬들의 연산과 특수한 행렬들의 종류를 알아보며 행렬 A를 어떤 실수 값에 대응시키는 함수 중 특히 중요한 행렬식 함수를 알아보도록 한다.

5.1 행렬

행렬

행렬(matrix)은 수 또는 다항식 등을 직사각형 형태로 배열한 것이다. 예를 들어, 실수 2, 7, 15, 25, 3, 1을 행렬로 나타내면 다양한 형태의 행렬을 표시할 수 있다. 일례로 다음과 같이 2×3, 3×2, 1×6 등의 직사각형 위에 표현할 수 있다.

$$\begin{pmatrix} 2 & 7 & 15 \\ 25 & 3 & 1 \end{pmatrix} \begin{pmatrix} 2 & 7 \\ 15 & 25 \\ 3 & 1 \end{pmatrix} \quad \begin{pmatrix} 2 & 7 & 15 & 25 & 3 & 1 \end{pmatrix}$$

행렬의 표현

행렬은 수 또는 문자를 배열의 형태로 나타내는 것을 말하며, m행 n열의 행렬 표시는 다음과 같이 나타낼 수 있다.

이때, a_{ij}는 i행 j열의 원소를 나타낸다. 각 행은 n개의 원소로 된 순서쌍(행벡터)으로 볼 수 있고, 각 열은 m개의 원소로 된 순서쌍(열벡터)으로 볼 수 있다.

행렬의 상등

두 행렬 $A=[a_{ij}]$와 $B=[b_{ij}]$가 항등관계(같은 행렬)라고 한다면 행과 열의 크기가 같고(행렬의 크기가 같다는 것은 행과 열의 순서쌍이 같음을 의미), 대응(행렬 내에서 같은 위치)하는 원소들이 같아야 한다.

$$\begin{pmatrix} x & y & 7 \\ 10 & 21 & 19 \end{pmatrix} = \begin{pmatrix} 5 & 2 & 7 \\ 10 & 21 & 19 \end{pmatrix} \neq \begin{pmatrix} 5 & 2 & 19 \\ 10 & 21 & 7 \end{pmatrix},\ x = 5,\ y = 2$$

행렬의 연산

1) 행렬의 덧셈과 뺄셈

행렬의 덧셈과 뺄셈을 연산하기 위해서는 연산하고자 하는 행렬들의 크기가 같아야 한다. 각 대응하는 원소 간의 합 또는 차로 행렬의 덧셈 또는 뺄셈을 연산할 수 있다.

$$\begin{pmatrix} 3 & 2 & 7 \\ 4 & 1 & 9 \end{pmatrix} + \begin{pmatrix} 2 & 1 & 3 \\ 4 & 5 & 6 \end{pmatrix} = \begin{pmatrix} 5 & 3 & 10 \\ 8 & 6 & 15 \end{pmatrix}, \quad \begin{pmatrix} 3 & 2 & 7 \\ 4 & 1 & 9 \end{pmatrix} - \begin{pmatrix} 2 & 1 & 3 \\ 4 & 5 & 6 \end{pmatrix} = \begin{pmatrix} 1 & 1 & 4 \\ 0 & -4 & 3 \end{pmatrix}$$

m행 n열의 행렬을 이용하여 덧셈과 뺄셈을 연산하면 m행 n열의 행렬이 만들어지며, 덧셈과 뺄셈 연산에서는 교환법칙이 성립한다.

2) 행렬의 스칼라 곱

행렬에 어떤 수(스칼라)를 곱하는 경우에는 주어진 수를 해당 행렬의 모든 원소에 곱하여 스칼라 곱을 연산할 수 있다.

$$3\begin{pmatrix} 5 & 2 & 7 \\ 10 & 21 & 19 \end{pmatrix} = \begin{pmatrix} 15 & 6 & 21 \\ 30 & 63 & 57 \end{pmatrix}$$

m행 n열의 행렬을 이용하여 스칼라 곱을 연산하면 m행 n열의 행렬이 만들어지며, 스칼라 곱 연산에서는 교환법칙이 성립한다.

3) 행렬의 곱

행렬에서 곱셈이 연산되기 위해서는 일정한 적합성조건(conformability condition)을 충족하여야 한다. 이는 곱하는 두 행렬 중 앞 행렬의 열의 크기와 뒤 행렬의 행의 크기가 같아야 행렬의 곱셈이 연산될 수 있다는 것이며, 이때 교환 법칙은 성립하지 않는다.

즉, A행렬의 열의 개수가 n개이며 B행렬의 행의 개수가 n개일 때, $A \times B$는 항상 연산 가능하지만, 그렇다 할지라도 $B \times A$가 연산 가능하다는 보장이 되는 것은 아니다.

요약

$$\begin{pmatrix} 5 & 2 & 3 \\ 2 & 4 & 6 \end{pmatrix} \times \begin{pmatrix} 1 & 2 \\ 2 & 4 \\ 3 & 6 \end{pmatrix} = \begin{pmatrix} 18 & 36 \\ 28 & 56 \end{pmatrix}$$

m행 n열의 행렬과 n행 p열의 행렬을 이용하여 행렬의 곱을 연산하면 m행 p열의 행렬이 만들어지며, 행렬의 곱셈 연산에서는 교환법칙이 성립하지 않는다.

컴퓨터공학에서 행렬의 응용

행렬은 공학과 수학의 많은 분야에서 응용되고 있다. 특히 전기 회로 이론, 고전역학, 광학, 전자기학 등 다양한 분야에서 응용되고 있으며, 컴퓨터공학 분야에서는 데이터베이스 분야와 그래픽 분야 중 3차원 이미지를 2차원 평면에 투영하거나 사실적인 움직임을 그려내는 데 응용되고 있다.
행렬의 원리를 사용하는 컴퓨팅 분야의 응용제품들로는 Intel CPU, 슈퍼컴퓨팅 GPU, 병렬 프로그래밍 멀티코어 등이 존재한다. 또한, 공학 분야를 비롯하여 사회과학, 자연과학, 사회 문제 등을 해결하는 데 행렬이 사용되고 있으며, 이를 위해서는 다음과 같은 단계를 거쳐야 한다.

일상 문제의 이해 → 수학적 모델링 → 행렬적 표현 → 문제 해결

컴퓨터공학 분야에서 행렬을 활용한 문제 해결 시, 프로그래밍 언어를 활용하여 행렬을 먼저 구현하여야 한다. 아래는 C언어에서 제공하는 구조체를 활용하여 행렬을 구현한 사례를 나타낸다.

```
typedef struct Matrix{
    int row, col;
    int data[MAXROW][MAXCOL];
}Matrix;
```

또한, 구현된 행렬을 활용하여 행렬의 덧셈, 뺄셈, 곱셈 연산을 수행하는 프로그램은 아래와 같이 간단하게 구현될 수 있다.

행렬의 덧셈

```
void m_add(Matrix *x, Matrix *y, Matrix *z){
    int i, j;
```

```
    for(i = 0; i< x->row; i++){
        for(j = 0; j < x->col; j++){
            z->data[i][j] = x->data[i][j] + y->data[i][j];
        }
    }
z->row = x->row;
z->col  = x->col;
}
```

행렬의 뺄셈

```
void m_sub(Matrix *x, Matrix *y, Matrix *z){
    int i, j;
    for(i = 0; i< x->row; i++){
        for(j = 0; j < x->col; j++){
            z->data[i][j] = x->data[i][j] - y->data[i][j];
        }
    }
z->row = x->row;
z->col  = x->col;
}
```

행렬의 곱셈

```
void m_mul(Matrix *x, Matrix *y, Matrix *z){
    int i, j, k;
    for(i = 0; i< x->row; i++){
        for(j = 0; j < y->col; j++){
            for(k = 0; k < x->col; k++){
                z->data[i][j] += x->data[i][k] * y->data[k][j];
            }
        }
    }
z->row = x->row;
z->col  = x->col;
}
```

행렬
프로그래밍언어에서 행렬은 2차원 배열로 표현된다.

C언어에서 예)

```
int A[2][2] = {{1, 2},
               {3, 4}};
```

$m \times n$개의 수들을 직사각형의 배열로 표시한 것을 **행렬**(matrix)이라고 하며, 다음과 같이 표기한다.

$$A = \begin{pmatrix} a_{11} & a_{12} & \cdots & a_{1n} \\ a_{21} & a_{22} & \cdots & a_{2n} \\ & \vdots & & \\ a_{m1} & a_{m2} & \cdots & a_{mn} \end{pmatrix}, \ A = (a_{ij})$$

원소
프로그래밍언어에서 원소에 접근하는 방법은 다음과 같다.

C언어에서 예)
A[1][2]
→ A 행렬의 1행 2열 위치의 원소의 값

여기서, 각 $a_{11}, a_{12}, \cdots, a_{mn}$을 행렬 A의 **원소**(entry)라고 하며, $(a_{i1}, a_{i2}, \cdots a_{in})$을 A의 i번째 **행**($m \times 1$ 형태의 행렬)이라 하고, $\begin{pmatrix} a_{1j} \\ a_{2j} \\ \vdots \\ a_{mj} \end{pmatrix}$을 A의 j번째 **열**($1 \times n$ 형태의 행렬)이라 한다. i번째 행과 j번째 열을 각각 행벡터, 열벡터라 한다. 또, a_{ij}는 행렬 A의 i번째 행과 j번째 열에 있는 원소를 의미하는 것으로 A의 (i, j)-원소라 하고 $m \times n$을 행렬 A의 **크기**라고 한다. 두 행렬 A, B가 **같다**(equal)는 것은 두 행렬의 크기와 모든 원소가 같다는 것을 의미하며 $A = B$로 표기한다.

예제 5.1.1 화학공장에 두 개의 화학제품 Ⅰ, Ⅱ를 생산하는 3대의 기계 A, B, C가 있다. 화학제품 Ⅰ, Ⅱ를 기계 A에서 300톤과 271톤, 기계 B에서 217톤, 201톤, 기계 C에서 64톤, 83톤만큼의 양을 생산한다고 하면 이를 행렬로 표시하라.

풀이

$$A = \begin{array}{c} \\ \text{I} \\ \text{II} \end{array} \begin{array}{c} \begin{array}{ccc} A & B & C \end{array} \\ \begin{pmatrix} 300 & 217 & 64 \\ 271 & 201 & 83 \end{pmatrix} \end{array}$$

예제 5.1.2 행렬 $A = \begin{pmatrix} 1 & 2 & 3 & 4 \\ 5 & 6 & 7 & 8 \end{pmatrix}$의 크기가 2×4이고 $(1, 2, 3, 4)$와 $(5, 6, 7, 8)$은 각각 첫 번째, 두 번째 행이며, $\begin{pmatrix} 1 \\ 5 \end{pmatrix}, \begin{pmatrix} 2 \\ 6 \end{pmatrix}, \begin{pmatrix} 3 \\ 7 \end{pmatrix}, \begin{pmatrix} 4 \\ 8 \end{pmatrix}$은 각각 첫 번째, 두 번째, 세 번째, 네 번째 열이 된다. 또한, 원소 7은 A의 $(2, 3)$-원소이다.

예제 5.1.3 행렬 $A=\begin{pmatrix}1&2&3&4\\5&6&7&8\end{pmatrix}$, $B=\begin{pmatrix}-z&y&-x&4\\5&6&7&8\end{pmatrix}$이 $A=B$가 될 x, y, z를 구하라.

풀이

$x=-3$, $y=2$, $z=-1$일 때 A와 B의 대응되는 모든 원소가 같다. 따라서 $A=B$가 된다.

모든 원소가 0인 행렬을 **영행렬**(zero matrix)이라고 하며, O로 표기한다. 즉 $O=\begin{pmatrix}0&0&\cdots&0\\0&0&\cdots&0\\\vdots&\vdots&\vdots&\vdots\\0&0&\cdots&0\end{pmatrix}$이다.

행렬의 종류

(1) 정방행렬

행의 수와 열의 수가 같은 행렬을 **정방행렬**(square matrix)이라고 하고, 특히 n개의 행과 열로 구성된 행렬을 **n차 정방행렬**이라 한다. n차 정방행렬에서 대각선상의 원소 a_{11}, a_{22}, $\cdots$, a_{nn}을 **대각원소**(diagonal element)라 한다. 즉

$$A=\begin{pmatrix}a_{11}&a_{12}&\cdots&a_{1n}\\a_{21}&a_{22}&\cdots&a_{2n}\\&\vdots&&\\a_{n1}&a_{n2}&\cdots&a_{nn}\end{pmatrix}$$

이다. 이때, 대각원소들은 A의 **주대각선**(main diagonal)상에 있다고 한다.

n차 정방행렬 A에 대하여, $\underbrace{A\cdot A\cdot\ \cdots\ \cdot A}_{k}=A^k$로 표기한다.

(2) 대각행렬

n차 정방행렬에서 대각원소를 제외한 모든 원소들이 0인 행렬을 **대각행렬**(diagonal matrix)이라고 한다. 즉

주대각선
행렬의 왼쪽 위 원소에서 오른쪽 아래 원소를 연결하는 대각선을 주대각선이라 하며, 오른쪽 위 원소에서 왼쪽 아래 원소를 연결하는 대각선을 반대각선이라 한다. 단, 주대각선과 반대각선은 정방행렬일 때 존재한다.

대각행렬
모든 대각행렬은 대칭행렬이며, 동시에 반대칭행렬이다. 그래프를 행렬로 표기할 시 반사관계만 존재하는 그래프의 경우 대각행렬로 나타낼 수 있다.

$$A = \begin{pmatrix} a_{11} & 0 & \cdots & 0 \\ 0 & a_{22} & \cdots & 0 \\ & \vdots & & \\ 0 & 0 & \cdots & a_{nn} \end{pmatrix}$$

(3) 상삼각행렬과 하삼각행렬

n차 정방행렬의 특별한 형태로, 대각원소를 중심으로 하여 아래쪽 원소가 모두 0인 행렬을 **상삼각행렬**(upper triangular matrix)이라 하고, 위쪽 원소가 모두 0인 행렬을 **하삼각행렬**(lower triangular matrix)이라고 한다. 즉

$$A = \begin{pmatrix} a_{11} & a_{12} & \cdots & a_{1n} \\ 0 & a_{22} & \cdots & a_{2n} \\ \vdots & \vdots & \ddots & \vdots \\ 0 & 0 & \cdots & a_{nn} \end{pmatrix}, \quad A = \begin{pmatrix} a_{11} & 0 & \cdots & 0 \\ a_{21} & a_{22} & \cdots & 0 \\ \vdots & \vdots & \ddots & \vdots \\ a_{n1} & a_{n2} & \cdots & a_{nn} \end{pmatrix}$$

(a) 상삼각행렬　　　　(b) 하삼각행렬

상삼각행렬과 하삼각행렬은 다음과 같은 성질을 가진다.

- 상삼각행렬이면서 하삼각행렬인 행렬은 대각행렬이다.
- 상삼각행렬은 덧셈, 곱셈, 역행렬에 대해 닫혀 있다. 즉, 상삼각행렬 간의 덧셈, 곱셈, 역행렬 연산을 통해 나오는 행렬은 상삼각행렬이다. 이 성질은 하삼각행렬에 대해서도 성립한다.
- 삼각행렬의 행렬식은 대각항들의 곱과 같다.

단위행렬
항등행렬이라고도 한다.

(4) 단위행렬

n차 정방행렬에서 대각원소가 모두 1이며 나머지 모든 원소는 0인 행렬을 **단위행렬**(unit matrix)이라고 하며, I로 표기한다.

$$I = \begin{pmatrix} 1 & 0 & \cdots & 0 \\ 0 & 1 & \cdots & 0 \\ \vdots & \vdots & \ddots & \vdots \\ 0 & 0 & \cdots & 1 \end{pmatrix}$$

임의의 행렬 A가 존재할 때, A와 I의 곱은 항상 A가 된다. 또한, 단위행렬은 교환법칙이 성립한다. 즉, $AI = IA = A$(단, A는 정방행렬일 때 교환법칙이 성립)이다. 단위행렬 I는 행렬의 곱셈에 대한 항등원이 되므로,

단위행렬 I의 거듭제곱 또한 결과가 항상 자기 자신이 된다.

(5) 전치행렬

$m \times n$행렬 A에서 행과 열을 바꾸어서 얻은 $n \times m$행렬을 A의 **전치행렬**(transpose matrix)이라고 하며 A^T로 표기한다.

전치행렬
전치행렬을 활용하면 행벡터는 열벡터로, 열벡터는 행벡터로 바꾸어 줄 수 있다.

즉 모든 $i = 1, 2, \cdots, m$, $j = 1, 2, \cdots, n$에서 A^T의 (i, j)-원소 a_{ij}^T는 A의 (j, i)-원소 a_{ji}이다.

$$\begin{bmatrix} 2 & 4 & 5 \\ 3 & 1 & 6 \end{bmatrix} = \begin{bmatrix} 2 & 3 \\ 4 & 1 \\ 5 & 6 \end{bmatrix}^T$$

행렬 A, B와 스칼라 k가 존재할 때, 전치행렬은 다음과 같은 성질을 가진다.

- $(A^T)^T = A$
- $(A \pm B)^T = A^T \pm B^T$
- $(AB)^T = B^T A^T$
- $(kA)^T = kA^T$

예제 5.1.4 2×4행렬 $A = \begin{pmatrix} 1 & 2 & 3 & 4 \\ 5 & 6 & 7 & 8 \end{pmatrix}$의 전치행렬은 4×2행렬 $A^T = \begin{pmatrix} 1 & 5 \\ 2 & 6 \\ 3 & 7 \\ 4 & 8 \end{pmatrix}$이다.

(6) 대칭행렬

n차 정방행렬에 $A^T = A$인 행렬을 **대칭행렬**(symmetric matrix)이라고 한다. 즉 모든 $i, j = 1, 2, \cdots, n$에 대하여, $a_{ij} = a_{ji}$이다.

대칭행렬
주대각선을 기준으로 상삼각부와 하삼각부의 원소가 대칭을 이룬다.

$$A = \begin{pmatrix} 5 & 7 & 3 \\ 7 & 4 & 9 \\ 3 & 9 & 1 \end{pmatrix}$$

대칭행렬에서는 주대각선을 기준으로 동일 색상의 원소들이 대칭을 이루며, i행 행벡터와 i열 열벡터가 전치관계임을 알 수 있다.

예제 5.1.5 $A=\begin{pmatrix} 2 & -1 & 0 \\ -1 & 4 & -2 \\ 0 & -2 & 5 \end{pmatrix}$가 대칭행렬인지 판단하라.

풀이

$A^T = A$이므로 대칭행렬이다. 1행 행벡터 $(2\ -1\ 0)$가 전치되면 1열 열벡터 $\begin{pmatrix} 2 \\ -1 \\ 0 \end{pmatrix}$가 되므로 대칭행렬임을 알 수 있다.

(7) 교대행렬

교대행렬
반대칭행렬이라고도 한다.

n차 정방행렬에서 $A^T = -A$인 행렬을 **교대행렬**(alternating matrix)이라고 한다. 즉, $(A)_{i,j} = -(A)_{j,i}$이다. 특히 $A^T = -A$가 되기 위해서는 반드시 주대각선상의 원소가 모두 0이 되어야 하며 나머지 다른 원소는 $a_{ij} = -a_{ji}$이다.

예제 5.1.6 $A=\begin{pmatrix} 0 & 3 & 4 \\ -3 & 0 & 5 \\ -4 & -5 & 0 \end{pmatrix}$가 교대행렬인지 판단하라.

풀이

$A_{1,2} = -A_{2,1},\ A_{1,3} = -A_{3,1},\ \cdots$이므로, $A^T = -A$이고 교대행렬이다.

행렬의 연산

행렬의 합

크기가 같은 두 $m \times n$행렬 $A=(a_{ij})$와 $B=(b_{ij})$에 대하여 같은 위치에 대응되는 원소들의 합, 즉 모든 $i = 1, 2, \cdots, m,\ j = 1, 2, \cdots, n$에서 대하여 $c_{ij} = a_{ij} + b_{ij}$로 정의되는 $m \times n$행렬 $C=(c_{ij})$를 행렬 A와 B의 **합**(sum)이라 하고 $A+B$로 표기한다. 크기가 다른 두 행렬의 합은 정의하지 않는다.

예제 5.1.7 $A=\begin{pmatrix} 1 & 2 & 3 \\ 4 & 5 & 6 \end{pmatrix},\ B=\begin{pmatrix} 7 & 8 & 9 \\ 10 & 11 & 12 \end{pmatrix}$일 때 $A+B$를 구하라.

풀이

$$A+B=\begin{pmatrix}1+7 & 2+8 & 3+9\\ 4+10 & 5+11 & 6+12\end{pmatrix}=\begin{pmatrix}8 & 10 & 12\\ 14 & 16 & 18\end{pmatrix}$$이다.

예제 5.1.8 어느 회사가 세 가지 자재 Ⅰ, Ⅱ, Ⅲ를 일본과 미국으로부터 각각 수입하고 있다. 다음 행렬 A, B는 일본, 미국 각각으로부터 수입할 때 1미터당 자재의 수송비용과 수입세금이다.

$$A=\begin{matrix}\text{Ⅰ}\\ \text{Ⅱ}\\ \text{Ⅲ}\end{matrix}\overset{\begin{matrix}\text{수송비용} & \text{관세}\end{matrix}}{\begin{pmatrix}300 & 120\\ 400 & 80\\ 280 & 70\end{pmatrix}},\quad B=\begin{matrix}\text{Ⅰ}\\ \text{Ⅱ}\\ \text{Ⅲ}\end{matrix}\overset{\begin{matrix}\text{수송비용} & \text{관세}\end{matrix}}{\begin{pmatrix}450 & 150\\ 130 & 200\\ 300 & 170\end{pmatrix}}$$

이 회사가 세 가지 자재를 모두 수입할 때 각각을 수입하는 데 드는 총 수송비용과 수입관세는 얼마인가?

풀이

$$A+B=\begin{matrix}\text{Ⅰ}\\ \text{Ⅱ}\\ \text{Ⅲ}\end{matrix}\overset{\begin{matrix}\text{총 수송비용} & \text{총 관세}\end{matrix}}{\begin{pmatrix}750 & 270\\ 530 & 280\\ 580 & 240\end{pmatrix}}$$

이므로 자재 Ⅰ을 수입하는 데 드는 총 수송비용은 750원, 총 관세는 270원이며 자재 Ⅱ를 수입하는 데 드는 총 수송비용은 530원, 총 관세는 280원이고, 자재 Ⅲ를 수입하는 데 드는 총 수송비용은 580원, 총 관세는 240원임을 알 수 있다.

행렬의 스칼라 곱

실수 α와 $m\times n$행렬 $A=(a_{ij})$에 대하여, A의 모든 원소에 α배하여, 즉 모든 $i=1, 2, \cdots, m$, $j=1, 2, \cdots, n$에 대하여 $c_{ij}=\alpha a_{ij}$로 정의되는 $m\times n$행렬 $C=(\alpha a_{ij})$를 실수 α와 행렬 A의 **스칼라** 곱(scalar product)이라고도 한다. 특히, $\alpha=-1$일 때 $(-1)\cdot A=-A$로 표기한다.

> **스칼라**
> 프로그래밍언어에서 스칼라는 일반 변수로 표현된다.
>
> C언어에서 예)
> int A = 1;

예제 5.1.9 행렬 $A=\begin{pmatrix}-1 & 2 & 0\\ 3 & -4 & 1\end{pmatrix}$이고 스칼라 $\alpha=-1$일 때 $-A$를 구하

고 $A+(-A)=O$임을 보이라.

풀이

$$-A=(-1)\begin{pmatrix}-1 & 2 & 0\\ 3 & -4 & 1\end{pmatrix}=\begin{pmatrix}1 & -2 & 0\\ -3 & 4 & -1\end{pmatrix}$$이므로

$$A+(-A)=\begin{pmatrix}-1 & 2 & 0\\ 3 & -4 & 1\end{pmatrix}+\begin{pmatrix}1 & -2 & 0\\ -3 & 4 & -1\end{pmatrix}=\begin{pmatrix}0 & 0 & 0\\ 0 & 0 & 0\end{pmatrix}=O$$

이다.

예제 5.1.10 위의 예제 5.1.8에서 일본으로부터 5회 수입했을 때 드는 총 수송비용과 세금은 얼마인가?

풀이

$$5A=5\begin{pmatrix}300 & 120\\ 400 & 80\\ 280 & 70\end{pmatrix}=\begin{pmatrix}1500 & 600\\ 2000 & 400\\ 1400 & 350\end{pmatrix}$$

이므로 필름 Ⅰ, Ⅱ, Ⅲ 각각 드는 수송비용은 1500원, 2000원, 1400원이며 세금은 각각 600원, 400원, 350원이다.

행렬의 합과 스칼라 곱은 다음과 같은 성질이 존재한다. 같은 크기의 행렬 A, B, C와 스칼라 α, β에 대하여

① $A+B=B+A$ [합에 대한 교환법칙]
② $(A+B)+C=A+(B+C)$ [합에 대한 결합법칙]
③ $A+O=A$ [O은 행렬의 덧셈에 대한 **항등원**]
④ $A+(-A)=O$ [$-A$은 A의 행렬의 덧셈에 대한 **역원**]
⑤ $\alpha(A+B)=\alpha A+\alpha B$
⑥ $(\alpha+\beta)A=\alpha A+\beta A$
⑦ $(\alpha\beta)A=\alpha(\beta A)$
⑧ $1A=A,\ 1\in\mathbb{R}$
⑨ $0\cdot A=O$

항등원
어떤 연산을 수행했을 때 연산의 결과가 연산 이전의 값과 차이가 없도록 만들어주는 값을 말한다.

역원
어떤 연산을 수행했을 때 연산의 결과가 항등원이 나오도록 만들어주는 값을 말한다.

행렬의 곱

행렬 간의 곱이 성립하기 위해서는 선행하는 행렬의 열의 크기와 후행하는 행렬의 행의 크기가 같아야 한다. $m\times n$행렬 A와 $n\times k$행렬 B를 곱하면, $m\times k$크기의 행렬 C가 만들어지게 된다.

다음은 행렬의 곱에 대한 정의이다.

$A=(a_{ij})$가 $m\times l$행렬이고 $B=(b_{ij})$가 $l\times n$행렬일 때, 모든 $i=1, 2, \cdots, m$, $j=1, 2, \cdots, n$에 대하여, $c_{ij}=a_{i1}b_{1j}+a_{i2}b_{2j}+\cdots+a_{il}b_{lj}$로 정의되는 $m\times n$행렬 $C=(c_{ij})$를 A와 B의 곱(product)이라 하고 $C=AB$로 표기한다. 즉

$$\overset{\longleftarrow p \longrightarrow}{\begin{pmatrix} a_{11} & \cdots & a_{1l} \\ \vdots & \vdots & \vdots \\ a_{i1} & \cdots & a_{il} \\ \vdots & \vdots & \vdots \\ a_{m1} & \cdots & a_{ml} \end{pmatrix}} \begin{pmatrix} b_{11} & \cdots & b_{1j} & \cdots & b_{1n} \\ \vdots & \vdots & \vdots & \vdots & \vdots \\ b_{l1} & \cdots & b_{lj} & \cdots & b_{ln} \end{pmatrix} \updownarrow q = \begin{pmatrix} c_{11} & \cdots & c_{1j} & \cdots & c_{1n} \\ \vdots & \vdots & \vdots & \vdots & \vdots \\ c_{i1} & \cdots & c_{ij} & \cdots & c_{in} \\ \vdots & \vdots & \vdots & \vdots & \vdots \\ c_{m1} & \cdots & c_{mj} & \cdots & c_{mn} \end{pmatrix}$$

p의 크기와 q의 크기가 같을 때, 행렬의 곱이 성립

예제 5.1.11 행렬 $A=\begin{pmatrix} 2 & 3 & -1 \\ -2 & 4 & 0 \end{pmatrix}$, $B=\begin{pmatrix} -1 & 2 \\ 0 & 4 \\ 5 & -3 \end{pmatrix}$일 때 행렬의 곱 $A\times B$와 $B\times A$를 구하라.

풀이

$$AB=\begin{pmatrix} 2\cdot(-1)+3\cdot 0+(-1)\cdot 5 & 2\cdot 2+3\cdot 4+(-1)(-3) \\ (-2)\cdot(-1)+4\cdot 0+0\cdot 5 & (-2)\cdot 2+4\cdot 4+0\cdot(-3) \end{pmatrix}$$

$$=\begin{pmatrix} -7 & 19 \\ 2 & 12 \end{pmatrix}$$

BA

$$=\begin{pmatrix} (-1)\cdot 2+2\cdot(-2) & (-1)\cdot 2+2\cdot -2 & (-1)\cdot(-1)+2\cdot 0 \\ 0\cdot 2+4\cdot(-2) & 0\cdot 3+4\cdot 4 & 0\cdot(-1)+4\cdot 0 \\ 5\cdot 2+(-3)\cdot(-2) & 5\cdot 3+(-3)\cdot 4 & 5\cdot(-1)+(-3)\cdot 0 \end{pmatrix}$$

$$=\begin{pmatrix} -6 & 5 & 1 \\ -8 & 16 & 0 \\ 16 & 3 & -5 \end{pmatrix}$$

예제 5.1.12 가전제품을 생산하는 공장 X, Y에서 두 가지 종류의 가전제품 Ⅰ, Ⅱ를 생산한다. 각 공장에서 하루 동안 제품 Ⅰ을 생산할 때 100kg의 유해 물질 A, 10kg의 유해 물질 B, 20kg의 유해 물질 C와 제품 Ⅱ를 생산할 때 20kg의 유해 물질 A, 10kg의 유해 물질 B, 10kg의 유해 물질 C가 생긴다. 이때, 유해 물질 A, B, C를 제거하는 데 드는 비용이 공장 X에서는 kg당 50원, 30원, 10원이 각각 들며 공장 Y에서는 kg당 60원, 50원, 10원이 각각 든다. 이때, 각 공장에서 가전제품 Ⅰ, Ⅱ에 대해 이 오염물질들을 제거하기 위하여 하루에 지출되는 총비용은 얼마인가?

풀이

유해물질의 총 제거 비용은 (유해물질 총량)×(kg당 제거 비용)
이므로

$$\text{행렬 } A(\text{유해물질 총량}) = \begin{array}{c} \\ \text{제품 I} \\ \text{제품 II} \end{array} \begin{array}{c} \begin{array}{ccc} A & B & C \end{array} \\ \begin{pmatrix} 100 & 10 & 20 \\ 20 & 16 & 0 \end{pmatrix} \end{array},$$

$$\text{행렬 } B(\text{kg당 제거 비용}) = \begin{array}{c} \\ A \\ B \\ C \end{array} \begin{array}{c} \begin{array}{cc} \text{공장 } X & \text{공장 } Y \end{array} \\ \begin{pmatrix} 50 & 60 \\ 30 & 50 \\ 10 & 10 \end{pmatrix} \end{array}$$

이라 하면, 유해물질 총 제거 비용은 $A \times B$로 나타낼 수 있다.

$$AB = \begin{pmatrix} 100 & 10 & 20 \\ 20 & 10 & 10 \end{pmatrix} \begin{pmatrix} 50 & 60 \\ 30 & 50 \\ 10 & 10 \end{pmatrix} = \begin{pmatrix} 5500 & 6700 \\ 1400 & 1800 \end{pmatrix}$$

이므로 공장 X에서 제품 Ⅰ, 제품 Ⅱ를 생산할 때 유해물질들을 제거하는 데 드는 비용은 각각 5,500원, 1400원이고, 공장 Y에서 제품 Ⅰ, 제품 Ⅱ를 생산할 때 유해물질들을 제거하는 데 드는 비용은 각각 6,700원, 1,800원이다.

행렬의 곱에는 다음과 같은 성질이 존재한다.

① $A(BC) = (AB)C$ [곱에 대한 결합법칙]
② $AI = A = IA$ [I는 곱에 대한 항등원]
③ $A(B+C) = AB+AC$, $(A+B)C = AC+BC$ [분배법칙]

④ $AB \neq BA$ [교환법칙은 성립하지 않음]

예제 5.1.13 $A=\begin{pmatrix} 1 & 2 \\ -2 & 0 \end{pmatrix}$, $B=\begin{pmatrix} 3 & 4 \\ 1 & -3 \end{pmatrix}$일 때 AB와 BA를 각각 구하고 $AB \neq BA$임을 보이라.

풀이

$$AB=\begin{pmatrix} 1 & 2 \\ -2 & 0 \end{pmatrix}\begin{pmatrix} 3 & 4 \\ 1 & -3 \end{pmatrix}=\begin{pmatrix} 1\cdot 3+2\cdot 1 & 1\cdot 4+2\cdot(-3) \\ (-2)\cdot 3+0\cdot 1 & (-2)\cdot 4+0\cdot(-3) \end{pmatrix}$$
$$=\begin{pmatrix} 5 & -2 \\ -6 & -8 \end{pmatrix}$$
$$BA=\begin{pmatrix} 3 & 4 \\ 1 & -3 \end{pmatrix}\begin{pmatrix} 1 & 2 \\ -2 & 0 \end{pmatrix}=\begin{pmatrix} 3\cdot 1+4\cdot(-2) & 3\cdot 2+4\cdot 0 \\ 1\cdot 1+(-3)\cdot(-2) & 1\cdot 2+(-3)\cdot 0 \end{pmatrix}$$
$$=\begin{pmatrix} -5 & 6 \\ 7 & 2 \end{pmatrix}$$

이므로, $AB \neq BA$이다.

역행렬

n차 정방행렬 A에 대해서 $AB=BA=I$를 만족하는 n차 정방행렬 B가 존재하면 A는 **가역**(invertible)이라 하고 B를 A의 **역행렬**(inverse matrix)이라 한다. 특히, A의 역행렬이 존재한다면 이는 유일하므로 A의 역행렬 B를 A^{-1}로 표기한다.

일반적으로 역행렬은 역행렬의 정의와 단위행렬의 정의를 이용하여 연립방정식으로 구할 수 있다.

AB = BA = I
행렬의 곱에서 역행렬을 이용한 곱의 경우, 교환법칙이 성립한다.

가역
가역함수는 역함수가 존재하는 함수를 말하며, 가역행렬은 역행렬이 존재하는 행렬을 말한다.

역행렬
스칼라 값의 곱셈 연산에서 역원과 유사한 개념을 의미하는 행렬을 말한다.

예제 5.1.14 n차 정방행렬 A의 역행렬이 존재한다면 유일함을 보이라.

풀이

두 개의 n차 정방행렬 B, C를 A의 역행렬이라 두자. 즉

$$AB=BA=I\text{이고, } AC=CA=I$$

이다. 그러면 $B=BI=B(AC)=(BA)C=IC=C$가 된다.

예제 5.1.15 2차 정방행렬 $A=\begin{pmatrix}1 & 2\\ 3 & 4\end{pmatrix}$의 역행렬을 구하라.

풀이

A의 역행렬 A^{-1}를 $\begin{pmatrix}x & y\\ z & u\end{pmatrix}$라 두자. 또한 $AA^{-1}=I$ 이면 $A^{-1}A=I$이므로

$$AA^{-1}=\begin{pmatrix}1 & 2\\ 3 & 4\end{pmatrix}\begin{pmatrix}x & y\\ z & u\end{pmatrix}=\begin{pmatrix}x+2z & y+2u\\ 3x+4z & 3y+4u\end{pmatrix}=\begin{pmatrix}1 & 0\\ 0 & 1\end{pmatrix}$$

이다. 따라서 $x+2z=1,\ y+2u=0,\ 3x+4z=0,\ 3y+4u=1$를 풀면 $x=-2,\ y=1,\ z=\dfrac{3}{2},\ y=-\dfrac{1}{2}$이므로 $A^{-1}=\begin{pmatrix}-2 & 1\\ \dfrac{3}{2} & -\dfrac{1}{2}\end{pmatrix}$이다.

그러나 모든 n차 정방행렬 A에 대하여 역행렬이 존재하는 것은 아니다. 예를 들면, $A=\begin{pmatrix}1 & 0\\ 1 & 0\end{pmatrix}$일 때는 역행렬이 존재하지 않는다. 연립방정식을 이용하여 역행렬의 존재 유무를 판단하는 것은 번거로운 일이며, 일반적으로 역행렬의 존재유무를 확인하기 위해서는 5.2절에서 학습하는 행렬식을 활용한다.

5.2

행렬식

행렬식

행렬식(Determinant)이란 정방행렬 A에 하나의 스칼라 값을 대응시키는 함수로서 보통 $Det(A)$ 또는 $|A|$로 표시하며, n차 정방행렬의 행렬식을 n차 행렬식이라고 부른다. 다시 말하면, 행렬 A를 $n \times n$행렬이라고 가정할 때 행렬 A에 대해 A의 행렬식이라는 스칼라 값이 만들어진다. 기호로는 행렬 A에 막대선을 그어서 나타낸다.

$$\det(A) = |A| = \det\begin{pmatrix} A_{11} & A_{12} & \cdots & A_{1n} \\ A_{21} & A_{22} & \cdots & A_{2n} \\ \vdots & \vdots & & \vdots \\ A_{m1} & A_{m2} & \cdots & A_{mn} \end{pmatrix} = \begin{vmatrix} A_{11} & A_{12} & \cdots & A_{1n} \\ A_{21} & A_{22} & \cdots & A_{2n} \\ \vdots & \vdots & & \vdots \\ A_{m1} & A_{m2} & \cdots & A_{mn} \end{vmatrix}$$

행렬식은 일반적으로 역행렬을 계산할 때 사용된다.

2차원 행렬에서 행렬식은 행렬에 속하는 원소 a, b, c, d의 값을 활용하면 간단하게 구할 수 있으며, 3차원 행렬에서는 사루스의 공식, 여인수를 이용하는 방법 등으로 구할 수 있다. 일반적으로, 4차원 이상의 행렬에 대해서는 컴퓨터 알고리즘을 활용하여 해를 찾아낸다.

$$A = \begin{pmatrix} a & b \\ c & d \end{pmatrix}, \ \det(A) = ad - bc$$

[2차원 행렬의 행렬식 연산 과정]

요약

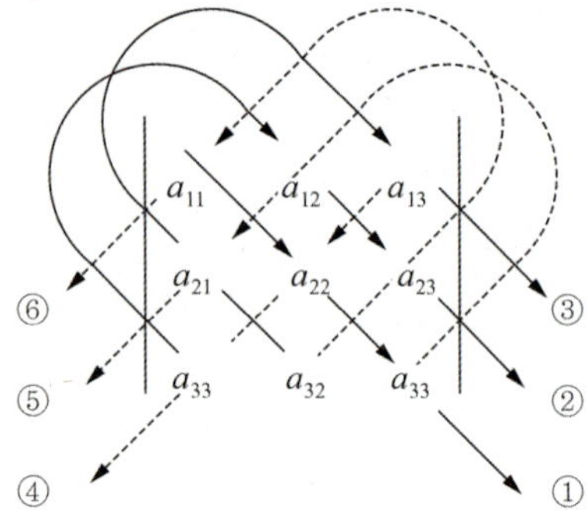

= ① + ② + ③ − ④ − ⑤ − ⑥

[3차원 행렬의 행렬식 연산 과정(사루스 공식)]

행렬식의 기하하적 의미

행렬 $A=\begin{pmatrix}1 & 0\\ 0 & 1\end{pmatrix}$이라고 할 때, A행렬은 $(1, 0)$, $(0, 1)$ 두 개의 벡터로 구성된 행렬임을 알 수 있다. 이 두 벡터를 좌표평면상에 표시하면 아래의 그림 좌측에 나타난 벡터로 표시할 수 있으며, 이 두 벡터를 이용하여 도형을 만들면 아래의 그림 우측과 같이 나타낼 수 있다. 이때, 아래의 그림 우측에 만들어진 도형의 면적이 해당 행렬의 행렬식의 값임을 알 수 있다.

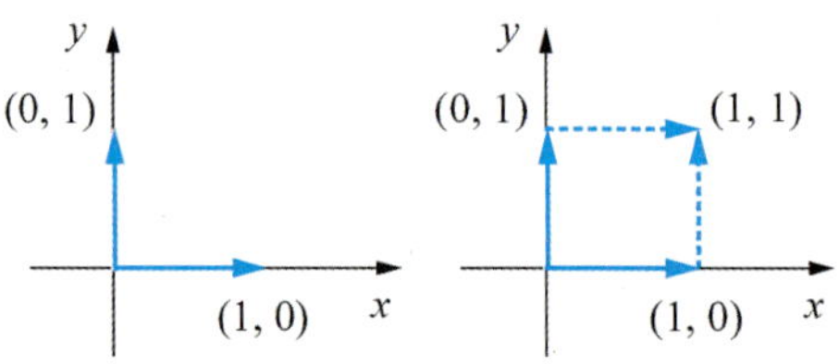

위의 행렬식과 관련한 개념을 3차 행렬로 확장을 하면, 세 개의 벡터로 만들어진 도형의 부피가 됨을 알 수 있다. 또한, n차 행렬로 확장을 할 시 n차원 공간에 존재하는 도형의 부피가 행렬식임을 알 수 있다.

행렬식의 또 다른 의미로는, 정사각행렬이 나타내는 선형변환이 부피를 확대시키는 정도를 의미한다.

기하학적 관점으로, 역행렬은 기존 행렬을 이용한 선형변환의 역 선형변환이라고 볼 수 있다. 즉, 행렬식이 부피를 확대시키는 정도를 나타내는 선형변환을 의미하므로 역 선형변환을 연산하기 위해서는 확대된 부피를 원 상태로 복구시켜주어야 한다. 이러한 이유로 역행렬을 구할 때에는 행렬식의 값($det(A)$)를 나누어 역행렬을 구하게 된다.

컴퓨터공학에서 역행렬의 응용

C언어를 활용한 역행렬 알고리즘

```
#include <stdio.h>
#include <stdlib.h>
#include <math.h>

typedef struct _MATRIX {
        double **m_data;
        int m_size;
}MATRIX;

void initMatrix(MATRIX *A, int n);                    //행렬 초기화 함수
void deleteMatrix(MATRIX *A);                         //행렬 삭제 함수
void inputMatrix(MATRIX *A);                          //행렬 값 입력 함수
void printMatrix(MATRIX matrix);                      //행렬 출력 함수
double determinant(MATRIX matrix);                    //행렬식 계산 함수
MATRIX transpose(MATRIX matrix);                      //전치행렬 변환 함수
MATRIX minorMatrix(MATRIX matrix, int col, int row);  //소행렬식 계산 함수
MATRIX cofactorMatrix(MATRIX matrix);                 //여인수 계산 함수
MATRIX adjoint(MATRIX matrix);                        //인접행렬 계산함수
MATRIX inverseMatrix(MATRIX matrix);                  //역행렬 계산 함수

int main(void) {
        MATRIX matrix;
        MATRIX inverse;

        int n;
        double det = 0;

        printf(" 행렬의 크기입력: ");
        scanf("%d", &n);

        initMatrix(&matrix, n);
        initMatrix(&inverse, n);
```

요약

```
        inputMatrix(&matrix);

        det = determinant(matrix);

        inverse = inverseMatrix(matrix);

        printf("\n 입력한 행렬의 행렬식 값\n");
        printf(" Det(A) = %.3lf\n\n", det);

        printf(" 역행렬 = \n");
        printMatrix(inverse);
        printf("\n");

        deleteMatrix(&matrix);
        deleteMatrix(&inverse);

        return 0;
}

void initMatrix(MATRIX *A, int n) {
        int i = 0;

        A->m_data = (double **)malloc(sizeof(double*)*n);
        for (i = 0; i < n; i++) {
                A->m_data[i] = (double*)malloc(sizeof(double)*n);
        }

        A->m_size = n;
}

void deleteMatrix(MATRIX *A) {
        int i = 0;

        for (i = 0; i < A->m_size; i++) {
                //free(A->m_data[i]);
        }
```

```
        //free(A->m_data);
}

void inputMatrix(MATRIX *A) {
        int i = 0, j = 0;
        double input = 0;

        printf("₩n");
        printf(" 행렬의 값을 입력하세요. ₩n");

        for (i = 0; i < A->m_size; i++) {
                for (j = 0; j < A->m_size; j++) {
                    fflush(stdin);
                    printf(" %d X %d 행렬의 값을 입력하세요: ", i + 1, j + 1);
                        scanf("%lf", &input);
                        A->m_data[i][j] = input;
                }
        }
}
void printMatrix(MATRIX matrix) {
        int i = 0, j = 0;

        for (i = 0; i < matrix.m_size; i++) {
                printf("₩t|₩t");
                for (j = 0; j < matrix.m_size; j++) {
                    printf("%.3lf ₩t", matrix.m_data[i][j]);

                }
                printf("₩t|₩n");
        }
}

double determinant(MATRIX matrix) {
        int i = 0;
        int det = 0;
        int sign = 1;
```

```
        if (matrix.m_size == 2) {
          det = matrix.m_data[0][0] * matrix.m_data[1][1] -
          matrix.m_data[1][0] *                     matrix.m_data[0][1];
                return det;
        }

        for (i = 0; i < matrix.m_size; i++) {
                MATRIX minor;
                initMatrix(&minor, matrix.m_size);

                minor = minorMatrix(matrix, 0, i);
                det = det + sign * matrix.m_data[i][0] * determinant(minor);
                sign = sign * -1;
        }
        return det;
}

MATRIX transpose(MATRIX matrix) {
        MATRIX Result;
        int i, j;

        initMatrix(&Result, matrix.m_size);

        for (i = 0; i < matrix.m_size; i++) {
                for (j = 0; j < matrix.m_size; j++) {
                    Result.m_data[i][j] = matrix.m_data[j][i];
                }
        }
        return Result;
}

MATRIX minorMatrix(MATRIX matrix, int col, int row) {
        MATRIX Result;
        int i, j;
        int rowIndex = 0;
        int colIndex = 0;
```

```
        initMatrix(&Result, matrix.m_size - 1);
        for (i = 0; i < matrix.m_size; i++) {
                for (j = 0; j < matrix.m_size; j++) {
                    if (i != row && j != col) {
                    Result.m_data[rowIndex][colIndex] = matrix.m_data[i][j];
                                colIndex++;
                        }
                }
                if (i != row && j != col)
                {
                        colIndex = 0;
                        rowIndex++;
                }
        }
        return Result;
}

MATRIX cofactorMatrix(MATRIX matrix) {
        MATRIX Result;
        int i, j;

        initMatrix(&Result, matrix.m_size);

        for (i = 0; i < matrix.m_size; i++) {
                for (j = 0; j < matrix.m_size; j++) {
                    Result.m_data[j][i] = determinant(minorMatrix(matrix, i, j));
                }
        }

        return Result;
}

MATRIX adjoint(MATRIX matrix) {
        MATRIX Result;
        MATRIX confactor;
        MATRIX transposed;
        int i, j;
```

```
        double ipow = 1;

        initMatrix(&Result, matrix.m_size);
        initMatrix(&confactor, matrix.m_size);
        initMatrix(&transposed, matrix.m_size);
        confactor = cofactorMatrix(matrix);
        transposed = transpose(confactor);
        for (i = 0; i < matrix.m_size; i++) {
                for (j = 0; j < matrix.m_size; j++) {
                    pow = pow(-1, (i + j));
                    Result.m_data[i][j] = ipow * transposed.m_data[i][j];
                }
        }
        deleteMatrix(&confactor);
        deleteMatrix(&transpose);

        return Result;
}

MATRIX inverseMatrix(MATRIX matrix) {
        MATRIX Result;
        MATRIX temp;
        double det;
        int i, j;
        det = determinant(matrix);
        initMatrix(&temp, matrix.m_size);
        initMatrix(&Result, matrix.m_size);

        if (matrix.m_size == 2) {
                temp.m_data[0][0] = matrix.m_data[1][1];
                temp.m_data[1][1] = matrix.m_data[0][0];
                temp.m_data[0][1] = -(matrix.m_data[0][1]);
                temp.m_data[1][0] = -(matrix.m_data[1][0]);

                    for (i = 0; i < matrix.m_size; i++) {
                    for (j = 0; j < matrix.m_size; j++) {
                    Result.m_data[i][j] = (double)((double)1 /
```

```
                    det)*temp.m_data[i][j];
                }
            }
            deleteMatrix(&temp);

            return Result;
        }
        temp = adjoint(matrix);

        for (i = 0; i < matrix.m_size; i++) {
            for (j = 0; j < matrix.m_size; j++) {
                Result.m_data[i][j] = (double)((double)1 / det)*temp.m_data[i][j];
            }
        }
        deleteMatrix(&temp);

        return Result;
}
```

앞 절의 예제 5.1.15에서 알 수 있듯이 n이 크면 그 **역행렬**이 존재하는지 안 하는지 구별하기 어렵고 또한 존재하는 경우 역행렬을 구하기가 쉽지 않다. 따라서 역행렬을 구하기 위해 n차 정방행렬 A에 대하여 주어진 특정한 스칼라값, 즉 실숫값을 다음과 같이 정의하는데 이 수식의 값을 행렬 A의 **행렬식**(determinant)이라 하고 $|A|$ 또는 $\det(A)$로 표기한다. 아래에 1차 정방 행렬부터 3차 정방 행렬에 이르기까지, 행렬식을 구하는 방법을 나타낸다.

역행렬
행렬 A가 행렬 B의 역행렬이라 하면, AB = BA = I 이다.

행렬식
행렬식의 값이 0이면 역행렬은 존재하지 않는다.

$$|a_{11}| = a_{11}$$

$$\begin{vmatrix} a_{11} & a_{12} \\ a_{21} & a_{22} \end{vmatrix} = a_{11}a_{22} - a_{12}a_{21}$$

$$\begin{vmatrix} a_{11} & a_{12} & a_{13} \\ a_{21} & a_{22} & a_{23} \\ a_{31} & a_{32} & a_{33} \end{vmatrix} = a_{11}a_{22}a_{33} + a_{12}a_{23}a_{31} + a_{13}a_{21}a_{32} \\ - a_{11}a_{23}a_{32} - a_{12}a_{21}a_{33} - a_{13}a_{22}a_{31}$$

이러한 2차와 3차 행렬식을 보통 Sarrus의 **전개법**이라 하면, 4차 이상 정방행렬에는 적용되지 않는다.

일반적으로 4차 이상의 n차 정방행렬은 **소행렬식**(minor determiant)과 **여인수**(cofactor)를 이용하여 행렬식을 연산한다. 여인수는 행렬 A에서 어떤 i번째 행과 j번째 열을 제거하여 만들어진 소행렬 A_{ij}의 행렬식 $|A_{ij}|$에 소행렬의 위치에 따라 적절한 부호를 붙여 얻어진 값을 의미한다. A의 행렬식은 이러한 여인수들의 선형 결합으로 구할 수 있다.

$$A_{ij} = (-1)^{i+j}M_{ij}$$

예제 5.2.1 $A = \begin{pmatrix} a_{11} & a_{12} & a_{13} \\ a_{21} & a_{22} & a_{23} \\ a_{31} & a_{32} & a_{33} \end{pmatrix}$ 3행에 대하여 여인수를 구하라.

풀이

$$A_{31} = (-1)^{3+1}\begin{vmatrix} a_{12} & a_{13} \\ a_{22} & a_{23} \end{vmatrix} = a_{12}a_{23} - a_{13}a_{22}$$

$$A_{32} = (-1)^{3+2}\begin{vmatrix} a_{11} & a_{13} \\ a_{21} & a_{23} \end{vmatrix} = (-1)(a_{11}a_{23} - a_{13}a_{21})$$

$$A_{33} = (-1)^{3+3}\begin{vmatrix} a_{11} & a_{12} \\ a_{21} & a_{22} \end{vmatrix} = a_{11}a_{22} - a_{12}a_{21}$$

예제 5.2.2 예제 5.2.1에서 3차 정방행렬 A의 행렬식을 여인수를 이용하여 구하라.

풀이

$$\begin{vmatrix} a_{11} & a_{12} & a_{13} \\ a_{21} & a_{22} & a_{23} \\ a_{31} & a_{32} & a_{33} \end{vmatrix} \\ = a_{31}(a_{12}a_{23} - a_{13}a_{22}) + a_{32}(a_{13}a_{21} - a_{11}a_{23}) + a_{33}(a_{11}a_{22} - a_{12}a_{21}) \\ = a_{31}A_{31} + a_{32}A_{32} + a_{33}A_{33}$$

와 같이 정리할 수 있다.

예제 5.2.2의 결과를 이용하면 n차 정방행렬의 행렬식에 대하여 다음의 정리가 성립한다.

정리 5.2.1

n차 정방행렬 A의 i번째 행 $(a_{i1}, a_{i2}, \cdots, a_{in})$ 혹은 j번째 열 $(a_{1j}, a_{2j}, \cdots, a_{nj})$의 각 원소에 대한 여인수를 각각 $A_{i1}, A_{i2}, \cdots, A_{in}$ 혹은 $A_{1j}, A_{2j}, \cdots, A_{nj}$이라 하면

$$|A| = a_{i1}A_{i1} + a_{i2}A_{i2} + \cdots + a_{in}A_{in}, \quad i = 1, 2, \cdots, n$$

혹은

$$|A| = a_{1j}A_{1j} + a_{2j}A_{2j} + \cdots + a_{nj}A_{nj}, \quad j = 1, 2, \cdots, n$$

이다.

예제 5.2.3 3차 행렬 $A = \begin{pmatrix} -1 & 3 & 0 \\ 2 & 5 & 3 \\ 4 & -2 & 6 \end{pmatrix}$에서 행렬식 $|A|$를 여인수를 이용하여 구하라.

풀이

A의 첫 번째 행에 대한 여인수들을 구하면

$$A_{11} = (-1)^{1+1}\begin{vmatrix} 5 & 3 \\ -2 & 6 \end{vmatrix} = 30 + 6 = 36$$

$$A_{12} = (-1)^{1+2}\begin{vmatrix} 2 & 3 \\ 4 & 6 \end{vmatrix} = -(12 - 12) = 0$$

$$A_{13} = (-1)^{1+3}\begin{vmatrix} 2 & 5 \\ 4 & -2 \end{vmatrix} = -4 - 20 = -24$$

이므로 정리 5.2.1에 의해

$$|A| = (-1)\cdot 36 + 3\cdot 0 + 0\cdot(-24) = -36$$

이다.

행렬식에 대하여 다음과 같은 성질이 성립한다.

① $|A| = |A^T|$

② $|AB| = |A||B|$

③ $|A^{-1}| = |A|^{-1}$

④ $|cA| = c^n|A|$ 단, n은 정방행렬의 크기

이제 2차 정방행렬 $A = \begin{pmatrix} a & b \\ c & d \end{pmatrix}$의 역행렬을 구하는 문제를 생각하여 보자. 우선,

$$\begin{pmatrix} a & b \\ c & d \end{pmatrix}\begin{pmatrix} x & y \\ z & u \end{pmatrix} = \begin{pmatrix} 1 & 0 \\ 0 & 1 \end{pmatrix}$$

을 행렬의 곱을 풀어 아래와 같은 2원 1차 연립방정식

$$\begin{cases} ax + bz = 1 \\ cx + dz = 0 \end{cases} \qquad \begin{cases} ay + bu = 0 \\ cy + dw = 1 \end{cases}$$

으로 풀 수 있다. 여기서, $|A| = ad - bc$가 0이 아니면 미지수 x, y, z, u에 대한 오직 한 근을 아래와 같이 구할 수 있다.

$$x = \frac{d}{ad - bc} = \frac{d}{|A|}, \quad y = \frac{-b}{ad - bc} = \frac{-b}{|A|}$$

$$z = \frac{-c}{ad - bc} = \frac{-c}{|A|}, \quad w = \frac{a}{ad - bc} = \frac{a}{|A|}$$

따라서

$$A^{-1} = \begin{pmatrix} x & y \\ z & u \end{pmatrix} = \frac{1}{|A|}\begin{pmatrix} d & -b \\ -c & a \end{pmatrix}$$

이다.

예를 들면, $A = \begin{pmatrix} 1 & 2 \\ 3 & 4 \end{pmatrix}$일 때 $|A| = 4 - 6 = -2$이고

$$A^{-1} = \frac{1}{-2}\begin{pmatrix} 4 & -2 \\ -3 & 1 \end{pmatrix} = \begin{pmatrix} -2 & 1 \\ \frac{3}{2} & -\frac{1}{2} \end{pmatrix}$$

이 된다.

정리 5.2.2

n차 정방행렬 A가 역행렬을 가질 필요충분조건은 $|A| \neq 0$이다.

증명

행렬 A가 역행렬을 가진다고 가정하자. 그러면 $AA^{-1} = I = A^{-1}A$이므로 행렬식의 성질을 이용하면

$$|A \cdot A^{-1}| = |A| \cdot |A^{-1}| = 1$$

이다. 이때 행렬식 값은 실수이므로 $|A|$와 $|A^{-1}|$ 모두 0이 아니어야 곱해도 0이 아니다. 따라서 $|A| \neq 0$이다. 그 역의 증명은 생략하기로 하자.

2차 정방행렬과 관련한 역행렬의 결과를 유추하면 n차 정방행렬의 역행렬 존재 유무는 정리 5.2.2로 판단할 수 있다. 본 교재에서는 이 정리의 증명 역시 생략하기로 한다.

정리 5.2.3

n차 정방행렬 A에 대하여 $|A| \neq 0$이고 A의 각 원소 a_{ij}에 대한 여인수 A_{ij}를 (i, j) 원소로 하는 새로운 행렬 (A_{ij})라 할 때, A의 역행렬 A^{-1}은 다음과 같다.

$$A^{-1} = \frac{(A_{ij})^T}{|A|}, \text{ 여기서 } (A_{ij})^T = \begin{pmatrix} A_{11} & A_{21} & A_{31} \\ A_{12} & A_{22} & A_{32} \\ A_{13} & A_{23} & A_{33} \end{pmatrix}$$

예제 5.2.4 행렬 $A = \begin{pmatrix} 1 & 0 & 2 \\ 4 & 2 & 1 \\ -3 & 1 & 5 \end{pmatrix}$의 역행렬을 구하라.

풀이

3차 정방행렬이므로 Sarrus 법칙에 의하여 행렬식 $|A| = 10 + 8 + 12 - 1 = 29$이므로 정리 5.2.3에 의하여 역행렬 A^{-1}가 존재한다. 따라서 각 원소의 여인수를 구하면

$$A_{11}=(-1)^2\begin{vmatrix}2&1\\1&5\end{vmatrix}=9,\qquad A_{12}=(-1)^3\begin{vmatrix}4&1\\-3&5\end{vmatrix}=-23$$

$$A_{13}=(-1)^4\begin{vmatrix}4&2\\-3&1\end{vmatrix}=10,\qquad A_{21}=(-1)^3\begin{vmatrix}0&2\\1&5\end{vmatrix}=2$$

$$A_{22}=(-1)^4\begin{vmatrix}1&2\\-3&5\end{vmatrix}=11,\qquad A_{23}=(-1)^5\begin{vmatrix}1&0\\-3&1\end{vmatrix}=-1$$

$$A_{31}=(-1)^4\begin{vmatrix}0&2\\2&1\end{vmatrix}=-4,\qquad A_{32}=(-1)^5\begin{vmatrix}1&2\\4&1\end{vmatrix}=7$$

$$A_{33}=(-1)^6\begin{vmatrix}1&0\\4&2\end{vmatrix}=2$$

이므로

$$(A_{ij})^T=\begin{pmatrix}9&-23&10\\2&11&-1\\-4&7&2\end{pmatrix}^T=\begin{pmatrix}9&2&-4\\-23&11&7\\10&-1&2\end{pmatrix}$$

이다. 따라서 A의 역행렬

$$A^{-1}=\frac{(A_{ij})^T}{|A|}=\frac{1}{29}\begin{pmatrix}9&2&-4\\-23&11&7\\10&-1&2\end{pmatrix}$$

가 된다.

역행렬에는 다음과 같은 성질이 성립한다.

① $(A^{-1})^{-1}=A$

② $(AB)^{-1}=B^{-1}A^{-1}$

③ $AA^{-1}=A^{-1}A=I$

④ $A=A^{-1}$이면, $A^2=I$

⑤ $(kA)^{-1}=k^{-1}A^{-1}$

5.3 행렬을 이용한 그래프 문제 해결

3.4절 그래프의 표현에서 학습한 바와 같이 인접행렬을 활용하면, 그래프를 표기할 수 있다. 다시 한 번 기억을 되새기면, 인접행렬로 그래프를 나타내는 방법은 다음과 같다.

그래프 $G=(V, E)$가 n개의 정점을 갖는다고 가정하면 G의 인접행렬은 $n \times n$행렬이 된다. 이 인접행렬을 $A=[a_{ij}]$라고 할 때 각 원소의 값은 다음과 같이 나타낼 수 있다.

$$c_{ij} = \begin{cases} 1 & (v_i, v_j) \in E \\ 0 & \text{그 외} \end{cases}$$

즉 정점 v_i와 v_j에 에지가 있으면 행렬의 해당 값을 1로, 에지가 없으면 0으로 나타낸다. 중복 에지가 있을 경우 행렬 원소의 값이 1씩 증가된다. 예를 들어

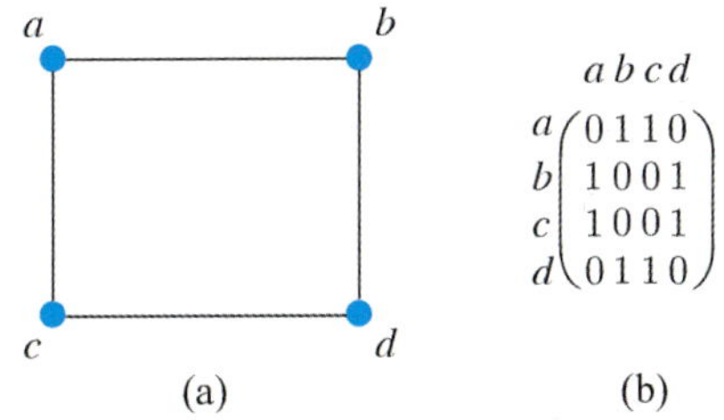

그림 5.3.1 사각형 형태의 그래프를 인접행렬로 표현

그림 5.3.1의 사각형 형태를 가지는 그래프 (a)를 인접행렬로 표현하면 그림 5.3.1의(b)와 같이 나타낼 수 있다. 이때, 인접행렬의 특성을 활용하면 그래프에 있어서 결점 사이의 경로의 수를 구할 수 있다. 조금 더 복잡한 그래프를 활용하여 인접행렬을 구성하여 보자.

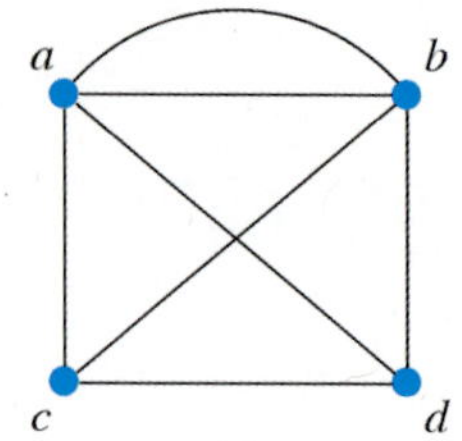

(a)

$$\begin{array}{c} \\ a \\ b \\ c \\ d \end{array}\begin{array}{c} a\ b\ c\ d \\ \begin{pmatrix} 0 & 2 & 1 & 1 \\ 2 & 0 & 1 & 1 \\ 1 & 1 & 0 & 1 \\ 1 & 1 & 1 & 0 \end{pmatrix} \end{array}$$

(b)

그림 5.3.2 인접행렬을 이용한 중복 연결선을 가지는 그래프의 표현

인접행렬
그래프의 결점들 사이에 연결선이 존재하면 1, 그렇지 않으면 0을 나타낸다. 다만, 중복되는 연결선이 존재할 시에는 연결선의 수를 해당 행렬의 원소로 나타낸다.

그림 5.3.2에서는 중복 연결선을 가지는 그래프를 **인접행렬**을 이용하여 나타내었으며, 각 결점에서 다른 결점으로 연결된 연결선의 수가 행렬에 표기되어 있다. 예를 들어, 결점 a에서 결점 b(또는 결점 b에서 결점 a)로 가는 연결선의 수는 2이므로 행렬의 해당 원소가 2로 표시되어 있으며 나머지 결점들 간의 연결선의 수는 1개의 연결선을 가지므로 해당 원소는 모두 1로 표시되어 있다.

인접행렬로 나타난 행렬을 거듭제곱하게 되면 그래프의 경로의 수를 구할 수 있다. 예를 들어, 그림 5.3.2에 나타낸 인접행렬을 제곱하게 되면, 특정 결점에서 다른 결점으로 연결된 경로의 길이가 2인 경우의 수를 구할 수 있다. 만약, 인접행렬을 n제곱하게 되면, 경로의 길이가 n인 경우의 수를 구할 수 있다. 그림 5.3.2의 인접행렬을 제곱하면 다음과 같다.

$$\begin{array}{c} \\ a \\ b \\ c \\ d \end{array}\begin{array}{c} a\ b\ c\ d \\ \begin{pmatrix} 6 & 2 & 3 & 3 \\ 2 & 6 & 3 & 3 \\ 3 & 3 & 3 & 2 \\ 3 & 3 & 2 & 3 \end{pmatrix} \end{array}$$

그림 5.3.3 그림 5.3.2 인접행렬의 제곱

그림 5.3.3의 결과를 보면 c행 d열의 원소가 2이며, 이는 c결점을 출발하여 d결점으로 돌아오는 경로의 길이가 2인 경우의 수가 c → a → d, c → b → d와 같이 2가지임을 나타낸다. 또한, 인접행렬을 세제곱하게 되면

$$\begin{array}{c} \\ a \\ b \\ c \\ d \end{array}\begin{array}{c} \begin{array}{cccc} a & b & c & d \end{array} \\ \begin{pmatrix} 10 & 18 & 11 & 11 \\ 18 & 10 & 11 & 11 \\ 11 & 11 & 8 & 9 \\ 11 & 11 & 9 & 8 \end{pmatrix} \end{array}$$

그림 5.3.4 그림 5.3.2 인접행렬의 세제곱

임을 알 수 있고, c행 d열의 원소는 9임을 알 수 있다. 이는 c에서 출발하여 d에 도착하는 경로의 길이가 3인 경우의 수가 9가지 존재함을 알 수 있다. (단, 이때 경로를 구성하는 연결선은 중복하여 사용할 수 있다.)

이러한 원리를 응용하면, 결점 a를 출발하여 b를 거쳐 d에 도착하는 경로의 길이가 3인 경우의 수도 확인할 수 있다.

이 문제를 해결하기 위해서는 전체 길이가 3인 경우의 수를 결점 a와 결점 b의 길이가 2, 결점 b와 결점 d의 길이가 1인 경우 및 결점 a와 결점 b의 길이가 1, 결점 b와 결점 d의 길이가 2인 경우로 나누어 연산한다. 먼저 결점 a와 결점 b 사이의 길이가 2인 경우의 수가 2이고, 결점 b와 결점 d 사이의 길이가 1인 경우의 수가 1이므로 경우의 수들을 곱하여 $2 \times 1 = 2$임을 알 수 있다. 다음으로 결점 a와 결점 b 사이의 길이가 1인 경우의 수가 2이고, 결점 b와 결점 d 사이의 길이가 2인 경우의 수가 3이므로 경우의 수들을 곱하여 $2 \times 3 = 6$임을 알 수 있다. 따라서 전체 경우의 수는 8임을 알 수 있다.

제5장 핵심문제

1 $A=\begin{bmatrix}5 & -2\\6 & 7\end{bmatrix}, B=\begin{bmatrix}2 & 3\\-3 & 9\end{bmatrix}$일 때 $A+B$를 구하라.

$\begin{bmatrix}7 & 1\\3 & 16\end{bmatrix}$

2 $A=\begin{bmatrix}1 & -5 & 3\\0 & 7 & 11\end{bmatrix},\ B=\begin{bmatrix}5 & 9 & 4\\0 & 3 & -7\end{bmatrix}$일 때, $2A-3B$를 구하라.

$\begin{bmatrix}-13 & -37 & -6\\0 & 5 & 43\end{bmatrix}$

3 다음 행렬의 곱을 구하라.

A. $\begin{bmatrix}4 & 2 & -1\\0 & -5 & 3\end{bmatrix}\begin{bmatrix}4\\3\\7\end{bmatrix}$ B. $\begin{bmatrix}2 & -3\\8 & 0\\0 & 2\end{bmatrix}\begin{bmatrix}4\\7\end{bmatrix}$

A. $\begin{bmatrix}15\\6\end{bmatrix}$ B. $\begin{bmatrix}-13\\32\\14\end{bmatrix}$

4 행렬 A가 다음과 같을 때 $|A|$를 구하라.

$$A=\begin{bmatrix}1 & 2 & 5\\2 & 1 & 3\\3 & 1 & 2\end{bmatrix}$$

1*1*2 + 2*3*3 + 5*2*1 - 1*3*1 - 2*2*2 - 5*1*3

$=2+18+10-3-8-15$

$=4$

5 다음 행렬의 역행렬을 구하라.

$$A=\begin{bmatrix}7 & -3\\2 & 3\end{bmatrix}$$

$$\frac{1}{21-(-6)}\begin{bmatrix}3 & 3\\-2 & 7\end{bmatrix}=\begin{bmatrix}\frac{3}{27} & \frac{3}{27}\\ \frac{-2}{27} & \frac{7}{27}\end{bmatrix}$$

6 다음 3×3행렬의 역행렬을 구하라.

$$A = \begin{bmatrix} 1 & 2 & 3 \\ 1 & 3 & 5 \\ 2 & 6 & 8 \end{bmatrix}$$

3차 정방행렬이므로 Sarrus 법칙에 의하여 행렬식은 $|A| = 24+20+18-30-16-18 = -2$이다.

$$A_{11} = (-1)^2 \begin{vmatrix} 3 & 5 \\ 6 & 8 \end{vmatrix} = -6 \qquad A_{12} = (-1)^3 \begin{vmatrix} 1 & 5 \\ 2 & 8 \end{vmatrix} = 2$$

$$A_{13} = (-1)^4 \begin{vmatrix} 1 & 3 \\ 2 & 6 \end{vmatrix} = 0, \qquad A_{21} = (-1)^3 \begin{vmatrix} 2 & 3 \\ 6 & 8 \end{vmatrix} = 2$$

$$A_{22} = (-1)^4 \begin{vmatrix} 1 & 3 \\ 2 & 8 \end{vmatrix} = 2, \qquad A_{23} = (-1)^5 \begin{vmatrix} 1 & 2 \\ 2 & 6 \end{vmatrix} = -2$$

$$A_{31} = (-1)^4 \begin{vmatrix} 2 & 3 \\ 3 & 5 \end{vmatrix} = 1, \qquad A_{32} = (-1)^5 \begin{vmatrix} 1 & 3 \\ 1 & 5 \end{vmatrix} = -2$$

$$A_{33} = (-1)^6 \begin{vmatrix} 1 & 2 \\ 1 & 3 \end{vmatrix} = 1$$

이므로

$$(A_{ij})^T = \begin{pmatrix} -6 & 2 & 0 \\ 2 & 2 & -2 \\ 1 & -2 & 1 \end{pmatrix}^T = \begin{pmatrix} -6 & 2 & 1 \\ 2 & 2 & -2 \\ 0 & -2 & 1 \end{pmatrix}$$

이다. 따라서 A의 역행렬은

$$A^{-1} = \frac{(A_{ij})^T}{|A|} = -\frac{1}{2} \begin{pmatrix} -6 & 2 & 1 \\ 2 & 2 & -2 \\ 0 & -2 & 1 \end{pmatrix}$$

가 된다.

7 다음 각 행렬들의 대각합을 구하라.

A. $\begin{bmatrix} 7 & 2 \\ 8 & 2 \end{bmatrix}$ B. $\begin{bmatrix} 0 & 9 \\ 0 & 0 \end{bmatrix}$

A. $7+2=9$ B. $0+0=0$

8 다음과 같이 행렬 A, B가 주어졌을 때 다음 식들의 값을 구하라.

$$A = \begin{bmatrix} 1 & 2 & 3 \\ 4 & 4 & -1 \\ 5 & 6 & 7 \end{bmatrix}, \quad B = \begin{bmatrix} 2 & 5 & 1 \\ 0 & 3 & 0 \\ 1 & 2 & -4 \end{bmatrix}$$

A. AB B. BA

A. $\begin{bmatrix} 5 & 17 & -11 \\ 7 & 30 & 8 \\ 17 & 57 & -23 \end{bmatrix}$ B. $\begin{bmatrix} 27 & 30 & 8 \\ 12 & 12 & -3 \\ -11 & -14 & -27 \end{bmatrix}$

9 그림 5.3.2에서 나타난 그래프에서 결점 b에서 출발하여 c를 거쳐 d로 가는 경로의 길이가 3인 경로의 수를 구하라.

길이가 3인 경우 결점 b와 결점 c의 길이가 2, 결점 c와 결점 d의 길이가 1인 경우 및 결점 b와 결점 c의 길이가 1, 결점 c와 결점 d의 길이가 2인 경우로 나누어 연산한다.

먼저 결점 b와 결점 c 사이의 길이가 2인 경우의 수가 3이고, 결점 c와 결점 d 사이의 길이가 1인 경우의 수가 1이므로 경우의 수들을 곱하여 $3\times1=3$임을 알 수 있다. 다음으로 결점 b와 결점 c 사이의 길이가 1인 경우의 수가 1이고, 결점 c와 결점 d 사이의 길이가 2인 경우의 수가 2이므로 경우의 수들을 곱하여 $1\times2=2$임을 알 수 있다. 따라서 전체 경우의 수는 5임을 알 수 있다.

제5장 연습문제

01 행렬 $A=\begin{pmatrix}2 & -3 & 5\\ 6 & -5 & 4\end{pmatrix}$, $B=\begin{pmatrix}4\\ -3\\ 5\end{pmatrix}$일 때, a_{12}, a_{22}, a_{23}, b_{11}, b_{31}은 얼마인가?

02 $\begin{pmatrix}a+2b & 2a-b\\ 2c+d & c-2d\end{pmatrix}=\begin{pmatrix}4 & -2\\ 4 & -3\end{pmatrix}$일 때, a, b, c, d를 구하라.

(03~06) 행렬

> $A=\begin{pmatrix}1 & 2 & 3\\ 2 & 1 & 4\end{pmatrix}$, $B=\begin{pmatrix}1 & 0\\ 2 & 1\\ 3 & 2\end{pmatrix}$, $C=\begin{pmatrix}3 & -2\\ 2 & 4\end{pmatrix}$, $D=\begin{pmatrix}-4 & 5\\ 2 & 3\end{pmatrix}$,
>
> $E=\begin{pmatrix}1 & 1 & 2\\ 2 & -1 & 3\\ -3 & 2 & -1\end{pmatrix}$, $F=\begin{pmatrix}4 & -3\\ 0 & 1\end{pmatrix}$일 때

03 AB를 구하라.

04 $C+D$와 $C-D$를 구하라.

05 A^T와 E^T을 구하라.

06 $(DF)^T$와 F^TD^T을 구하라.

07 행렬 $A=\begin{pmatrix}1 & 2\\ 3 & 4\end{pmatrix}$의 역행렬을 구하라.

08 행렬 $B=\begin{pmatrix}2 & 1\\ -4 & 2\end{pmatrix}$가 역행렬을 가지지 않음을 보이라.

09 7번의 행렬 A와 8번의 행렬 B의 행렬식을 각각 구하라.

10 집합 $S=\{1, 2, 3, 4, 5, 6\}$에서 치환 436215와 523416이 우치환인지 기치환인지 결정하라.

11 행렬 $\begin{pmatrix} 3 & -1 & 2 \\ 4 & 5 & 6 \\ 7 & 1 & 2 \end{pmatrix}$의 모든 여인수를 구하라.

12 11번에서 행렬의 행렬식을 구하고, 역행렬이 있다면 그 역행렬을 구하라.

제 6 장

헤아림 문제와 행렬의 응용

순열이란 서로 다른 n개 중 r개를 골라 순서를 고려해 나열한 경우의 수를 말하며, 조합이란 서로 다른 n개 중 r개를 선택하는 경우의 수를 의미한다. 이러한 개념은, 유한 개의 대상에 대한 배열과 구조문제를 다룰 때 일어날 수 있는 모든 경우의 수를 일일이 열거해가면서 세지 않고 계산할 수 있도록 한다.

컴퓨터를 이용하여 다양한 실생활의 문제를 해결하기 위해서는 문제에 대해 정확하게 인식하고 해결하고자 하는 문제에 존재하는 규칙을 파악하여 알고리즘으로 구현해야 하며, 이때 순열과 조합은 실생활에 존재하는 다양한 문제 해결을 위하여 응용될 수 있다.

순열과 조합의 경우 순서를 고려하여야 하므로, 순서가 부여된 행렬을 도입하여 표시할 수 있으며 행렬연산을 통하여 문제를 해결해 나갈 수 있다. 대표적으로 연립방정식의 해를 구하는 문제와 치환 행렬을 활용한 문제 해결 등을 예로 들 수 있다.

요약

6.1 합의 법칙과 곱의 법칙

합의 법칙

합의 법칙(rule of sum)은 두 사건 A, B가 동시에 발생하지 않을 때, 사건 A가 발생할 경우의 수가 m가지, 사건 B가 발생할 경우가 n가지이면, 사건 A 또는 사건 B가 발생할 경우의 수는 $m+n$가지임을 의미한다.

곱의 법칙

곱의 법칙(rule of product)은 두 사건 A, B가 동시에 발생할 경우, 사건 A가 발생할 경우의 수가 m가지, 사건 B가 발생할 경우의 수가 n가지일 때, 사건 A, 사건 B가 동시에 발생할 경우의 수는 $m \times n$가지임을 의미한다.

합의 법칙과 곱의 법칙 응용

- 집합에서의 합의 법칙 응용

  여러 개의 집합 사이에 존재하는 원소들이 서로소일 경우 또는 상호배타적일 경우, 집합 및 부분집합의 원소의 개수를 더하면 전체 집합의 원소 개수가 된다. 이때, 합의 법칙이 적용됨을 알 수 있다.
  즉, $n_z = n_x + n_y$이다.

- 비트 크기에 따른 표현 가능한 데이터의 수 계산을 위한 곱의 법칙

  컴퓨터에서 활용되는 데이터의 경우 여러 개의 비트가 동시에 0과 1로 변환되며, 다양한 종류의 데이터를 표기하게 되므로 사용되는 비트가 표현할 수 있는 가지 수를 연속하여 곱하게 되면 표현 가능한 총 데이터의 수가 연산된다.
  즉, max개의 비트를 활용한 데이터 표현의 경우
  "표현 가능한 데이터 수"$= 2_1 \times 2_2 \times \ldots \times 2_{\max} = 2^n$이다.

요약

합의 법칙과 곱의 법칙을 활용한 문제 해결

다음의 그래프에서 결점 A에서 결점 D까지 가는 경로의 수는? (단, 한 번 지나간 결점은 다시 지나지 않는다.)

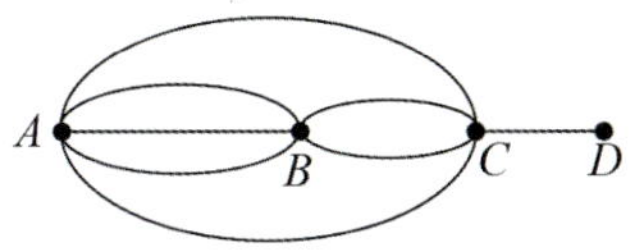

1. 경로의 경우의 수를 나누어준다.

$$A \to C \to D, \quad A \to B \to C \to D$$

   각각의 경우는 동시에 일어나는 사건이 아니기 때문에 경우의 수를 구한 뒤 더한다(합의 법칙).

2. 각 경로에 따른 경우의 수를 구한다.
   $A \to C \to D$: A에서 시작하여 C로 가는 방법이 두 가지이고, C에서 D로 가는 방법이 한 가지이며 두 가지 경로는 동시에 적용되어야 하므로 곱의 법칙을 적용할 수 있다.
   즉, $A \to C \to D$: $2 \times 1 = 2$
   $A \to B \to C \to D$: A에서 시작하여 B로 가는 방법이 세 가지이고, B에서 C로 가는 방법이 두 가지이며 C에서 D로 가는 방법이 한 가지이다. 이 경로들은 동시에 적용되어야 하므로 곱의 법칙을 적용할 수 있다.
   즉, $A \to B \to C \to D$: $3 \times 2 \times 1 = 6$

3. 따라서 1에서 서술한 바와 같이 합의 법칙을 적용하여 $2 + 6 = 8$, 총 8가지의 경로가 존재함을 알 수 있다.

사건이 발생할 수 있는 경우의 수를 어떻게 셀 것인가에 대한 방법으로 **합의 법칙**(rule of sum)과 **곱의 법칙**(rule of product)이 있다. 예를 들면, 컴퓨터 장치(installation)에 네 개의 **입출력장치** A, B, C, D와 세 개의 **연산처리장치** X, Y, Z가 있다. "이때 한 개의 연산처리장치에 하나의 입출력장치가 할당된다고 하면, 연산처리장치와 입출력장치 간 할당될 수 있는 경우의 수는 몇 종류인가?"라는 문제가 주어졌을 때, 다음과 같은 단계를 생각해볼 수 있다. 먼저, 한 개의 연산처리장치를 선택한 다음 입출력장치를 선택한다. 즉, 그림 6.1.1과 같이 가능한 경우를 생각해볼 수 있다.

입출력장치
대표적인 입력장치로는 마우스, 조이스틱, 터치패드 등이 있고, 대표적인 출력장치에는 모니터, 프로젝터, 프린터, 스피커 등이 있다.

연산처리장치
대표적인 연산처리장치로는 CPU 내에 존재하는 ALU가 있다.

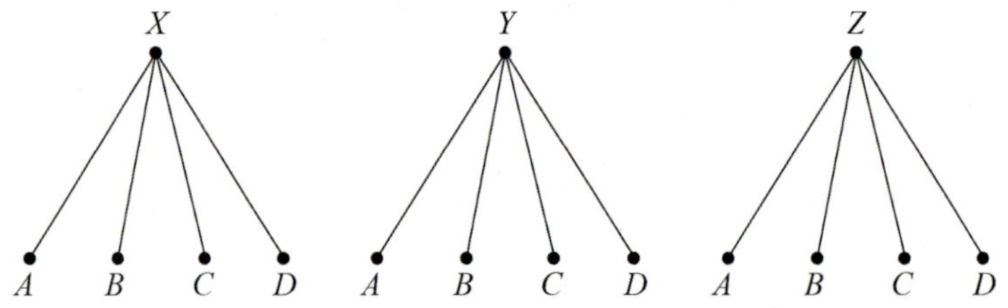

그림 6.1.1 경우의 수 – 곱의 법칙

하나의 연산처리장치에 선택할 수 있는 입출력장치가 네 개씩이므로 구하는 해는 $4+4+4=4\cdot 3=12$이다.

이러한 사실들을 일반화하면, 사건 A가 일어날 수 있는 경우의 수가 m가지이고, 또 사건 B가 일어날 수 있는 경우의 수가 n가지일 때, **두 사건 중 하나가 일어날 경우의 수는 $m+n$**이다. 또한, 이 **두 사건 A, B가 동시에 혹은 연속해서 일어나는 경우의 수는 $m\cdot n$**이다.

합의 법칙
두 사건 중 하나가 일어날 경우의 수는 $m+n$을 합의 법칙이라 한다(단, 두 사건의 교집합은 공집합인 경우).

곱의 법칙
두 사건 A, B가 동시에 혹은 연속해서 일어나는 경우의 수는 $m\cdot n$을 곱의 법칙이라 한다.

예제 6.1.1 수학책 6권, 통계학책 5권, 전산학책 10권이 있다. 이 책들 중에서 두 개의 서로 다른 책을 선택할 수 있는 방법의 수를 구하라.

풀이

두 개의 서로 다른 책이 동시에 선택되어야 하므로 곱의 법칙이 적용되어야 하고, 두 개의 서로 다른 책을 선택하는 방법(본 예제에서는 세 가지 방법이 존재)은 동시에 발생하지 않으므로 합의 법칙이 적용되어야 한다. 즉, 수학책과 통계학책을 선택할 수 있는 방법의 수는 $6\cdot 5$, 수학책과 전산학책을 선택할 수 있는 방법의 수는 $6\cdot 10$, 통계학책과 전산학책을 선택할 수 있는 방법의 수는 $5 \cdot 10$이며, 이 세 가지 경우 중에 하나만 일어나면 되므로 합의 법칙에 의해

$$6 \cdot 5 + 6 \cdot 10 + 5 \cdot 10 = 140$$

가지이다.

예제 6.1.2 0과 1 두 숫자를 사용하여 8비트(1바이트)를 채운다면 가능한 경우의 수는 총 몇 가지인가?

풀이

첫 번째 비트를 맨 먼저 채우는데 0과 1의 두 가지 방법이 있을 수 있다. 마찬가지로 두 번째 비트도 0과 1을 채우는 두 가지 방법이 있을 수 있다. 이러한 두 가지 방법은 8비트를 모두 채워야 하므로 8개의 비트에 존재하는 0 또는 1이 동시에 발생하여야 한다. 따라서 곱의 법칙을 적용하면

$$2 \times 2 \times 2 \times 2 \times 2 \times 2 \times 2 \times 2 = 2^8 = 256$$

가지가 만들어질 수 있다.

예제 6.1.3 세 도시 A, B, C가 있다. 그림 6.1.2와 같이 A와 B 사이에 3개의 버스노선이, B와 C 사이에 3개의 버스노선이 있다. 또한 A에서 B를 경유하지 않고 C까지 바로 가는 버스노선이 2가지 있다면, 도시 A에서 C까지 갈 수 있는 버스노선의 총 수를 구하라.

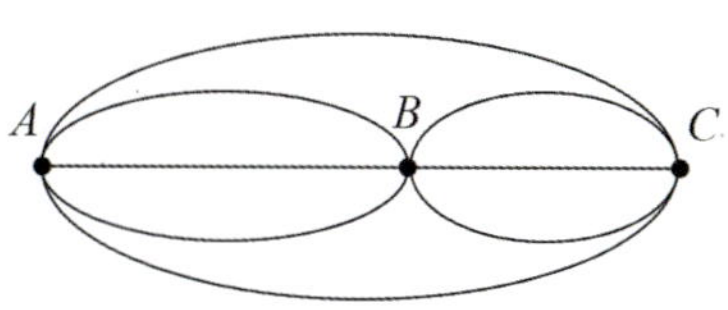

그림 6.1.2 경우의 수 – 합의 법칙과 곱의 법칙

풀이

도시 A에서 도시 C로 가는 방법은 도시 B를 경유하는 방법과 경유하지 않는 방법으로 나눌 수 있으며, 이는 동시에 발생하지 않는다(합의 법칙 적용). 먼저 도시 B를 경유하여 도시 A에서 C까지 갈 수 있는 버스노선 수는 $3 \times 3 = 9$가지(곱의 법칙 적용)이며 도시 B를 경유하지 않고 도시 A에

서 C까지 갈 수 있는 버스노선 수는 2가지이므로 합의 법칙을 이용하여 $9+2=11$가지이다.

예제 6.1.4 세 자리 수(100에서 999 사이 정수)의 자연수 중 5로 나누어 나머지가 0인 수는 몇 가지 있는가?

풀이

5로 나누어지는 정수는 끝 자릿수가 0이거나 5이어야 한다. 따라서 A를 끝 자릿수가 5인 수의 집합이고 B를 끝 자릿수가 0인 수의 집합이라 두자.

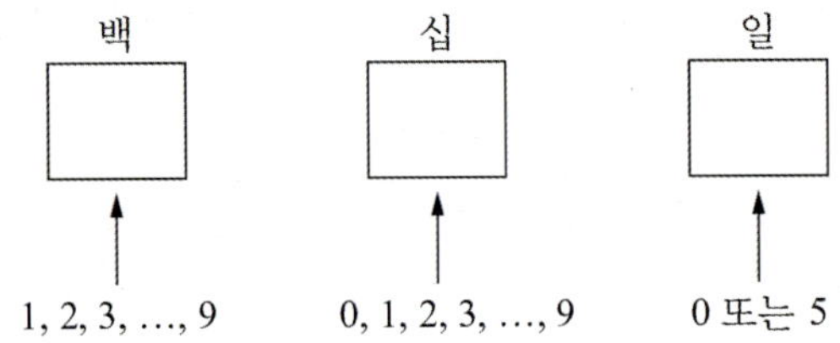

그림 6.1.3 경우의 수 – 합의 법칙과 곱의 법칙

그림 6.1.3에서 집합 A의 경우는 백의 자리에 올 수 있는 숫자가 0을 제외한 9까지고 십의 자리에 올 수 있는 가능한 숫자는 10가지이므로 $9\times10=90$가지 방법이 있다. 같은 방법으로 집합 B의 경우도 $9\times10=90$가지 방법이 있으며, 집합 A와 집합 B는 동시에 발생하지 않으므로, 합의 법칙에 의하여 $|A|+|B|=90+90=180$가지의 방법이 있다.

6.2 순열과 조합

순열

수학에서 경우의 수를 세는 방법 가운데 기본 바탕이 되는 것은 순열과 조합을 들 수 있다. 예를 들어 1부터 5까지 적힌 카드가 존재할 때, 순서대로 카드를 한 장씩 뽑아내어 만들 수 있는 다섯 자리 자연수는 $5\times4\times3\times2\times1=120(5!)$임을 알 수 있다. 동일하게 다섯 장의 카드에서 세 장만을 뽑아내어 세 자리 숫자를 만드는 경우의 수는 $5\times4\times3=60$이 됨을 알 수 있으며, 이를 ${}_5P_3$으로 표현할 수 있다. 이와 같이, 순열이란 연달아 발생하는 사건에 대하여 곱의 법칙을 적용하여 경우의 수를 헤아리는 방법을 의미한다. 이를 일반화하면

$$n! = n(n-1)(n-2)\cdots 2\cdot 1$$

$${}_nP_r = \frac{n!}{(n-r)!}$$

과 같다.

조합

조합(combination)은 순열과 달리 순서가 중요하지 않은 영역에서, 가능한 경우의 수를 헤아리는 방법이다. 즉, 순열에서의 예제와 동일하게 1부터 5까지 적힌 카드가 바구니 안에 존재할 때, 이 중 세 장의 카드를 선택하여 다른 바구니로 이동시킬 수 있는 방법의 총 수를 의미한다. 예를 들어, 1, 3, 5 세 장의 카드가 순서대로 선택되었을 시 순열에서는 135라는 자연수를 의미한다. 이와 달리 카드의 순서가 바뀌어 동일한 1, 3, 5 세 장의 카드가 선택될 시 해당하는 숫자는 153, 351, 531 등으로 변화되며 이는 135와 다른 의미를 가지게 된다. 그러나 조합은 순서와는 상관없이 카드를 다른 바구니로 옮겨 담는 것과 같은 응용에 활용될 수 있다. 즉, 선택되는 카

요약

드의 순서가 "1, 3, 5"의 순서로 선택이 되건 "1, 5, 3"의 순서로 선택이 되건 새로운 바구니에 옮겨 담겨진 카드는 1, 3, 5 세 장의 카드로서 동일한 결과를 나타낸 것으로 판단한다. 따라서 5장의 카드에서 3장의 카드를 순서와 상관없이 선택하는 경우의 수는 ${}_5C_3 = \frac{5!}{3!2!}$=10이다. 이를 일반화하면

$$
\begin{aligned}
{}_nC_k &= \frac{n!}{k!(n-k)!} \\
&= \frac{{}_nP_k}{k!}
\end{aligned}
$$

와 같다.

이항계수

이항계수란 이항식을 이항정리로 전개했을 때 각 항의 계수이며, 주어진 크기의 조합의 가짓수를 의미한다. 즉, $(a+b)^n$ 형태의 다항식을 전개했을 때, a^rb^{n-r}의 계수를 의미하며, 이항계수를 구하는 수식은 조합과 동일하다.

$$\binom{n}{r} = \frac{n!}{r!(n-r)!}$$

증명

$$(a+b)^n = (a+b)(a+b)\cdots(a+b)$$

a^rb^{n-r}의 계수는 곧 r개의 a와 $(n-r)$개의 b로 구성된 총 n개의 문자를 배열하는 경우의 수와 동일하다. 즉, 이는 n개의 카드에서 r개의 카드를 뽑아 다른 바구니에 담는 조합과 같은 의미가 되며

$$\frac{n!}{r!(n-r)!}$$

로 나타낼 수 있다. 이는 조합의 정의와 동일하며, a^rb^{n-r}의 계수는 다음과 같이 나타낼 수 있다.

$$\binom{n}{r} = {}_nC_r$$

요약

이항계수는 다음의 등식을 만족한다.

$$\binom{n}{r} = \binom{n}{n-k} \quad \text{(항등식)}$$

$$\binom{n+1}{r+1} = \binom{n}{r} + \binom{n}{r+1} \quad \text{(파스칼의 법칙)}$$

순열 및 조합을 활용한 컴퓨터공학에서의 문제 해결

컴퓨터공학에서 순열 및 조합을 응용하는 대표적인 분야로 암호학 분야를 들 수 있다. 암호를 만드는 기본적인 방법은 원문의 글자를 다른 문자로 바꾸어주는 환자식과 원문의 글자 순서를 바꾸어주는 전치식으로 분류할 수 있다. 암호화 기술을 분류하면 DES 알고리즘 계열의 비밀키 암호화와 RSA 등의 공개키 암호화로 구분할 수 있으며, 이러한 방식은 전자상거래 등에서 널리 활용되고 있다.

암호학 분야에서는 특히, 정수론, 순열 및 조합 등의 기본적인 수학적 바탕을 필요로 하며, 이를 위한 순열 및 조합의 기본적인 알고리즘을 아래에 나타낸다.

```
//순열 알고리즘//
#include <stdio.h>
int array[] = {1, 2, 3, 4};              //순열에 활용할 집합
void swap(int *a, int *b ){              //값 교환을 위한 함수
        int tmp;
        tmp = *a;
        *a = *b;
        *b = tmp;
}
void print_permutation(int size){        //순열의 결과 출력 함수
        for(int i=0; i < size; i++)
                printf("%d ", array[i]);
        printf("₩n");
}
void permutation(int n, int r, int depth){ //순열 함수
        if( r == depth){
                print_permutation(depth); return;
```

```
        }
        for(int i=depth; i<n; i++){
                swap(&array[i], &array[depth]);
                permutation(n, r, depth+1);
                swap(&array[i], &array[depth]); //배열 원상태로 복귀
        }
}
int main() {
        permutation(sizeof(array)/sizeof(int), 4, 0);
        return 0;
}

//조합 알고리즘//
#include<stdio.h>
int array[] = {1,2,3,4,5};                 //조합에 활용할 집합
int Copy[5];                               //기존 배열 복사를 위한 배열
void print_Combination(int count);         //조합의 결과 출력 함수
void Combination(int n, int r, int c);     //조합 함수
void print_Combination(int count){
        for(int i=0; i<count; i++){
                printf("%d",Copy[i]);
        }
        printf("₩n");
}
void Combination(int n, int r, int c){
        if(r==0){ print_Comb(c); return; }
        if(n<r){ return; }
        else {
                Copy[r-1] = array[n-1]; Combination(n-1, r-1, c);
                Combination(n-1, r, c);
        }
}
int main(){
        Combination(5,3,3);
        return 0;
}
```

순열과 치환

1에서 6까지 자연수를 사용하여 자릿수가 모두 다른 세 자리 정수를 만드는 방법의 수를 생각해보자. 백의 자리에 들어갈 수 있는 방법의 수는 6가지이고, 다음 십의 자리에 들어갈 수 있는 방법의 수는 중복을 허락하지 않으므로 백의 자릿수를 제외한 5가지이며, 일의 자리에 들어갈 수 있는 방법의 수는 백과 십의 자릿수를 제외한 4가지이다. 이들 사이에는 곱의 법칙이 성립하므로 전체 방법의 수는 $6\times5\times4$이다.

이러한 사실을 일반화하면 다음과 같다. n개의 서로 다른 원소로 구성된 집합으로부터 중복을 허용하지 않고 한 번에 서로 다른 r개의 원소를 선택하여 **일렬로 늘어놓는 방법**을 **순열**(permutation)이라고 한다. 이때 선택된 r개의 원소들 간에 배치 순서가 다르면 다른 순열로 취급한다. 따라서 첫 번째 장소에 놓을 수 있는 방법의 수는 n가지이고 두 번째 장소에 놓을 수 있는 경우의 수는 처음 장소에 배치한 원소를 제외한 $n-1$가지이다. 이와 같이 계속하면 r번째 장소에 놓을 수 있는 경우의 수는 $n-(r-1)=n-r+1$가지가 된다. 따라서 서로 다른 n개의 원소에서 서로 다른 r개의 원소를 선택하여 일렬로 나열할 수 있는 방법의 수는 곱의 법칙에 의하여

일렬로 늘어놓는 방법
일렬로 늘어놓는다는 것은 놓인 순서가 달라지면 다른 의미를 나타내는 것으로, 순서를 고려한 연산을 의미한다.

순열
순열(permutation) 또는 치환은 순서가 부여된 임의의 집합을 다른 순서로 뒤섞는 연산이다.

$$n\cdot(n-1)\cdot(n-2)\cdot\,\cdots\,\cdot(n-r+1)$$

이 되며, 이는 순열의 개념을 나타낸다. 순열은 $P(n, r)$ 또는 ${}_nP_r$로 표기한다. 즉

$${}_nP_r=n\cdot(n-1)\cdot(n-2)\cdot\,\cdots\,\cdot(n-r+1)\ \ (\text{단, } n\geq r)$$

이 된다. 만일 서로 다른 n개의 원소에서 n개를 모두 뽑아 일렬로 나열하는 순열을 수식으로 표기하면

$${}_nP_n=n\cdot(n-1)\cdot(n-2)\cdot\,\cdots\,\cdot3\cdot2\cdot1$$

로 나타낼 수 있으며, 이를 $n!$로 표기하고 n**계승**(factorial)이라 한다. 특히 $0!=1$로 약속한다. 따라서

계승
n팩토리얼 또는 n계승(factorial)은 n 이하의 모든 자연수 값을 곱한 값을 의미한다.
예) $5! = 5\times4\times3\times2\times1 = 120$

$${}_nP_r=n\cdot(n-1)\cdot(n-2)\cdot\,\cdots\,\cdot(n-r+1)\frac{(n-r)\cdot(n-r-1)\cdot\,\cdots\,\cdot2\cdot1}{(n-r)\cdot(n-r-1)\cdot\,\cdots\,\cdot2\cdot1}$$

$$= \frac{n!}{(n-r)!}$$

예제 6.2.1 Computer라는 단어에 있는 문자들을 모두 사용하여 만들 수 있는 단어(의미와는 상관없는 단순 나열)의 가지 수와 그중 4개의 문자만 이용하여 만들 수 있는 단어(의미와는 상관없는 단순 나열)의 가지 수를 구하라.

풀이

8개의 알파벳 모두를 사용하여 만들 수 있는 단어의 수는 순열의 수이므로 ${}_8P_8 = 8! = 40,320$개이고, 문자 4개만 사용한 순열의 수는 ${}_8P_4 = \frac{8!}{(8-4)!} = 1680$개가 된다.

예제 6.2.2 어떤 과자 회사의 소비자 선호도 조사에서 그 회사가 생산하는 10개의 과자 중 소비자가 선호하는 과자를 순서대로 3개만 적어내라는 문항을 제시했다. 이때 나올 수 있는 가능한 경우의 수는 몇 가지인가? (단, 세 개의 동일한 과자가 선정이 되어도 순위가 서로 다를 경우 다른 경우의 수로 인정함)

풀이

10개 과자 중 3개를 뽑아서 나열하는 방법과 같으므로

$${}_{10}P_3 = 10 \times 9 \times 8 = 720$$

이다.

순열에 의한 다양한 결과들은 함수로 표시할 수 있다. 특히 ${}_nP_n$의 경우 전단사 함수로 나타낼 수 있으며, 이는 결론적으로 각 집합에 속하는 원소들이 치환된 결과를 나타낸다. 예를 들어, 집합 A에 속하는 $1, 2, 3, 4$의 ${}_nP_n$ 순열 중 4,2,1,3은 다음 그림 6.2.1과 같이 전단사함수

$$\sigma : \{1, 2, 3, 4\} \rightarrow \{1, 2, 3, 4\};\ \sigma(1) = 4,\ \sigma(2) = 2,\ \sigma(3) = 1,\ \sigma(4) = 3$$

로 볼 수 있다. 이 함수는 그림 6.2.1에서 나타난 바와 같이 1은 4로, 2는

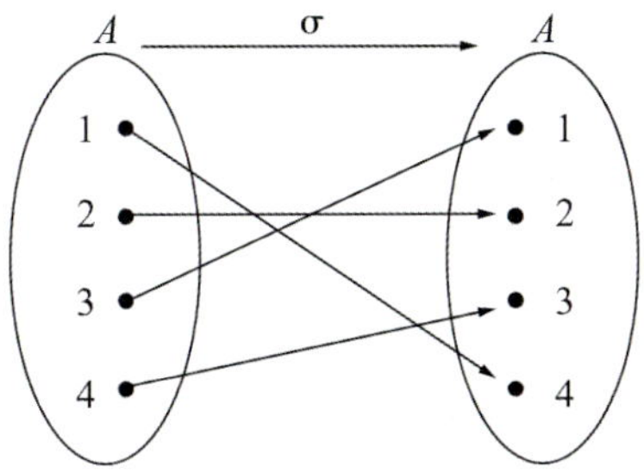

그림 6.2.1 전단사함수에 의한 치환

2로, 3은 1로, 4는 3으로 바꾸어 놓는 것을 의미한다. 즉, 집합 $A = \{1, 2, \cdots, n\}$에서 자신으로 가는 전단사함수를 A의 **치환**(permutation of A)이라고 하며, A의 각 원소와 그에 대응하는 함수 σ의 값 $\sigma(1), \sigma(2), \cdots, \sigma(n)$을

$$\begin{pmatrix} 1 & 2 & \cdots & n \\ \sigma(1) & \sigma(2) & \cdots & \sigma(n) \end{pmatrix}$$

과 같이 표기한다. 예를 들면 집합 A로부터 치환된 순열 4 2 1 3을 A의 원소와 대응하는 함수 σ의 값으로 표기하면

$$\begin{pmatrix} 1 & 2 & 3 & 4 \\ 4 & 2 & 1 & 3 \end{pmatrix}$$

으로 나타낼 수 있다.

순열을 함수로 표기하는 치환은 전단사함수일 경우 가능하므로 역함수, 합성함수가 항상 존재하며 이에 해당하는 **역치환**과 **합성치환**도 가능함을 알 수 있다.

역치환
역함수를 사용하여 치환된 형태로 표기하는 것을 의미한다.

합성치환
합성함수를 사용하여 치환된 형태로 표기하는 것을 의미한다.

예제 6.2.3 집합 $A = \{1, 2, 3, 4\}$의 치환 $\sigma = \begin{pmatrix} 1 & 2 & 3 & 4 \\ 4 & 2 & 1 & 3 \end{pmatrix}$와 $\tau = \begin{pmatrix} 1 & 2 & 3 & 4 \\ 2 & 1 & 4 & 3 \end{pmatrix}$에 대하여 각각의 역치환, 합성치환 $\sigma \circ \tau$ 및 합성치환 $\tau \circ \sigma$을 구하라.

풀이

치환 σ, τ는 함수이므로

$$\sigma = \{(1, 4),\ (2, 2),\ (3, 1),\ (4, 3)\}$$

$$\tau = \{(1, 2),\ (2, 1),\ (3, 4),\ (4, 3)\}$$

로 나타낼 수 있다. 따라서 역함수

$$\sigma^{-1} = \{(4, 1),\ (2, 2),\ (1, 3),\ (3, 4)\}$$
$$\tau^{-1} = \{(2, 1),\ (1, 2),\ (4, 3),\ (3, 4)\}$$

이고 이를 치환으로 나타내면

$$\sigma^{-1} = \begin{pmatrix} 1 & 2 & 3 & 4 \\ 3 & 2 & 4 & 1 \end{pmatrix},\ \tau^{-1} = \begin{pmatrix} 1 & 2 & 3 & 4 \\ 2 & 1 & 4 & 3 \end{pmatrix}$$

이다.

다음으로 합성치환 $\sigma \circ \tau$은 τ에서 1은 2에, σ에서 2는 2에 대응하므로 $\sigma \circ \tau$에서 1은 2에 대응한다. 또 τ에서 2는 1에, σ에서 1은 4에 대응하므로 $\sigma \circ \tau$에서 2는 4에 대응하며, τ에서 3은 4에, σ에서 4는 3에 대응하므로 $\sigma \circ \tau$에서 3은 3에 대응한다. 마지막으로 τ에서 4는 3에 σ에서 3은 1에 대응하므로 $\sigma \circ \tau$에서 4는 1에 대응하므로

$$\sigma \circ \tau = \begin{pmatrix} 1 & 2 & 3 & 4 \\ 2 & 4 & 3 & 1 \end{pmatrix}$$

이다. 똑같은 방법으로

$$\tau \circ \sigma = \begin{pmatrix} 1 & 2 & 3 & 4 \\ 3 & 1 & 2 & 4 \end{pmatrix}$$

이며 $\sigma \circ \tau \neq \tau \circ \sigma$임을 알 수 있다.

위의 예제에서 알 수 있듯이 집합 A의 치환들의 합성은 또 다른 치환이 된다. 두 치환의 합성을 치환의 **곱**(product)이라고 한다.

순회
그래프에 있어서 순회라 함은 시작점과 끝점이 같은 경로를 가지는 그래프를 의미한다.

함수로 표현된 치환의 결과를 그래프로 나타내면 그 결과는 순회하는 형상으로 나타나게 된다. 즉, 집합 $A = \{1, 2, 3, 4, 5, 6\}$의 치환을

$$\sigma = \begin{pmatrix} 1 & 2 & 3 & 4 & 5 & 6 \\ 1 & 5 & 4 & 3 & 6 & 2 \end{pmatrix}$$

라 하면, 다음과 같이 그래프로 표현할 수 있다.

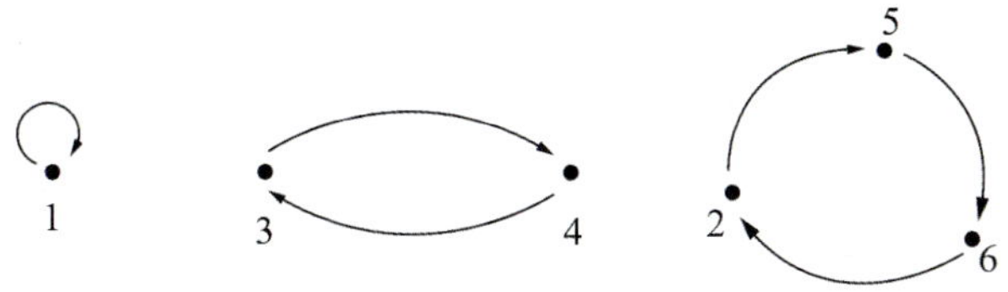

그림 6.2.2 그래프를 활용한 치환의 표현

위의 그림 6.2.2는 다음과 같이 세 개의 부분으로 나누어 생각할 수 있는데,

$$(1),\ (3\ 4),\ (2\ 5\ 6)$$

이들 각각은, 순회의 형상으로 나타남을 알 수 있다.

한 순회 안에 들어 있는 원소의 개수를 그 순회의 **길이**라 한다. 예를 들어 순회 (1), (3 4), (2 5 6)의 길이는 각각 1, 2, 3이다.

또 순회 내에 있는 원소는 상대적인 순서만 같으면 어느 원소를 처음에 쓰건 같은 순회를 의미한다. 예를 들면 순회

$$(2\ 5\ 6) = (5\ 6\ 2) = (6\ 2\ 5)$$

등은 모두 같은 순회임을 알 수 있다.

집합 A의 임의의 두 순회에서 A의 원소가 동시에 포함되지 않을 때 이 두 순회는 **서로소**(disjoint)라고 한다. 모든 치환은 서로소인 순회를 포함하는 치환들의 곱으로 표현할 수 있다. 서로소인 두 순회 σ_1, σ_2에 대하여서는 $\sigma_1 \circ \sigma_2 = \sigma_2 \circ \sigma_1$이 성립한다. 따라서 항등치환 I_A이거나 순회가 아닌 A의 치환 σ 내에 서로소인 길이가 2 이상인 k개의 순회 σ_1, σ_2, $\cdots$, σ_k가 포함되면, 치환 σ는 이들 순회들의 합성(곱)인

$$\sigma = \sigma_1 \circ \sigma_2 \circ \cdots \circ \sigma_k$$

로 나타나며 그 역도 성립함을 알 수 있다.

예를 들면

$$\begin{aligned}\sigma = \begin{pmatrix} 1 & 2 & 3 & 4 & 5 & 6 \\ 1 & 5 & 4 & 3 & 6 & 5 \end{pmatrix} &= (1)(2\ 5\ 6)(3\ 4) \\ &= (2\ 5\ 6)(3\ 4)(1) \\ &= (3\ 4)(1)(2\ 5\ 6) = \cdots \end{aligned}$$

이고 그의 역도 성립된다.

특히 길이가 2인 순회 $\sigma = (a_i,\ a_j)$를 **전치**(transposition)라 하고 집합 A 상에서의 전치 σ를 반복하여 전치하게 되면

$$\sigma \circ \sigma = I_A$$

가 성립한다.

일반적으로 모든 순회는 다음과 같은 전치들의 곱으로 나타낼 수 있다.

$$(a_1 a_2 \cdots a_r) = (a_1 a_r) \circ (a_1 a_{r-1}) \circ \cdots \circ (a_1 a_2)$$

예제 6.2.4 집합 $A = \{1, 2, 3, 4, 5, 6, 7\}$의 치환 $\sigma = \begin{pmatrix} 1 & 2 & 3 & 4 & 5 & 6 & 7 \\ 2 & 5 & 4 & 7 & 1 & 6 & 3 \end{pmatrix}$을 전치들의 곱으로 나타내어라.

풀이

$$\begin{aligned} \sigma &= (1\ \ 2\ \ 5) \circ (3\ \ 4\ \ 7) \circ (6) \\ &= (1\ \ 2\ \ 5) \circ (3\ \ 4\ \ 7) \\ &= (1\ \ 5) \circ (1\ \ 2) \circ (3\ \ 7) \circ (3\ \ 4) \end{aligned}$$

치환 σ가 짝수 개의 전치의 곱으로 표시되면 우치환이라 하며 홀수 개의 전치의 곱으로 표시되면 기치환이라 한다.

예제 6.2.5 $\sigma = \begin{pmatrix} 1 & 2 & 3 & 4 & 5 \\ 5 & 2 & 1 & 3 & 4 \end{pmatrix} = (1\ \ 5\ \ 4\ \ 3)(2) = (1\ \ 3)(1\ \ 4)(1\ \ 5)$이므로 σ는 기치환이다. 또한

$$\tau = \begin{pmatrix} 1 & 2 & 3 & 4 & 5 \\ 2 & 1 & 4 & 3 & 5 \end{pmatrix} = (1\ \ 2)(3\ \ 4)(5) = (1\ \ 2)(3\ \ 4)$$

이므로 τ는 우치환이다.

이때, 치환은 다음과 같은 성질을 나타낸다.

(1) 우치환 ∘ 우치환 = 우치환
  우치환 ∘ 기치환 = 기치환
  기치환 ∘ 우치환 = 기치환

기치환 ∘ 기치환 = 우치환

(2) 항등치환 = 우치환

(3) 우치환의 역원 = 우치환, 기치환의 역원 = 기치환

조합과 이항계수

n개의 서로 다른 원소를 가진 집합 A에서 $r(\le n)$개의 원소를 가진 부분집합을 만드는 것(즉, r개의 것의 순서를 생각하지 않음)을 n개에서 r개를 뽑은 A의 **조합**(combination)이라 하고 그 조합의 수를 ${}_nC_r$ 또는 $\binom{n}{r}$로 표기한다.

조합
순열과 달리 순서를 고려하지 않는 응용에서 경우의 수를 구할 때 사용한다.

예를 들면, 집합 $A=\{1, 2, 3, 4\}$에서 3개를 뽑은 조합은 $\{1, 2, 3\}$, $\{1, 2, 4\}$, $\{1, 3, 4\}$, $\{2, 3, 4\}$이다. 이들 모두 집합 A의 부분집합이며 원소의 순서는 중요하지 않다. 여기서 각 부분집합에 대하여 각각 **3!개의 순열**이 있음을 알 수 있다. 따라서 4개에서 3개 뽑은 조합의 수에 3!를 곱한 것이 4개에서 3개 뽑은 순열의 수와 같다. 즉, ${}_4C_3 \cdot 3! = {}_4P_3$과 같다.

3!개의 순열
각 부분집합의 원소의 개수가 3개이므로 순열은 당연히 3!개가 존재한다.

일반적으로 순열과 조합 사이에는 다음 관계가 성립한다.

$${}_nC_r \times r! = {}_nP_r = \frac{n!}{(n-r)!}$$

이므로

$${}_nC_r = \frac{{}_nP_r}{r!} = \frac{n!}{(n-r)!\,r!}$$

이다.

예제 6.2.6 10문제 중 7문제를 풀이하는 시험에서 학생들이 선택 가능한 문제의 종류는 몇 가지 유형이 있을 수 있는가?

풀이

문제의 번호순서에 관계없으므로 나열할 필요가 없다. 따라서

$${}_{10}C_7 = \frac{10!}{7!\ 3!} = 120$$

예제 6.2.7 서로 다른 6개의 숫자와 서로 다른 3개의 알파벳을 사용하여 만들 수 있는 패스워드의 종류는 몇 가지가 되겠는가?

풀이

10개의 숫자에서 6개를 선택하는 경우의 수는 ${}_{10}C_6 = \dfrac{10!}{4!6!}$이고, 26개의 알파벳에서 3개를 뽑은 경우의 수는 ${}_{26}C_3 = \dfrac{26!}{23!3!}$이다. 다시 뽑아 놓은 9개를 패스워드를 만들 수 있는 수는 순열이므로 9!이다.
따라서 곱의 법칙에 의하여 구하는 경우의 수는

$$ {}_{10}C_6 \times {}_{26}C_3 \times 9! = \frac{10!}{4!\ 6!} \cdot \frac{26!}{23!\ 3!} \cdot 9! $$

이다.

이항계수
이항식을 이항정리로 전개했을 때 나타나는 각 항의 계수이며, 주어진 크기의 조합의 가짓수를 의미한다.

조합을 활용한 **이항계수** 연산은 다음과 같다, 예를 들어,

$$ (x+y)^3 = (x+y)(x+y)(x+y) $$

를 전개하기 위하여 y를 y_1, y_2, y_3로 구별하여

$$ (x+y_1)(x+y_2)(x+y_3) = x^3 + (y_1+y_2+y_3)x^2 + (y_1y_2+y_1y_3+y_2y_3)x + y_1y_2y_3 $$

로 나타낼 수 있으며, 이는 또다시 다음과 같이 나타낼 수 있다.

$$ (x+y)^3 = x^3 + 3yx^2 + 3y^2x + y^3 $$

여기서 x^2의 계수 $3y$는 집합 $\{y_1, y_2, y_3\}$에서 1개를 뽑는 조합의 수 ${}_3C_1$와 같고 x의 계수 $3y^2$은 집합 $\{y_1, y_2, y_3\}$에서 2개를 뽑는 조합의 수 ${}_3C_2$와 같다. 같은 방법으로 x^3의 계수 1은 ${}_3C_0$와 같고 x^0의 계수 1도 ${}_3C_3$과 같다.

이러한 원리를 정리하면 $(x+y)^n$의 계수들은 다음과 같은 그림으로 나타낼 수 있다.

$$
\begin{array}{ll}
(x+y)^0 \quad \cdots\cdots & \binom{0}{0}=1 \\
(x+y)^1 \quad \cdots\cdots & \binom{1}{0} \quad \binom{1}{1} \\
(x+y)^2 \quad \cdots\cdots & \binom{2}{0} \quad \binom{2}{1} \quad \binom{2}{2} \\
(x+y)^3 \quad \cdots\cdots & \binom{3}{0} \quad \binom{3}{1} \quad \binom{3}{2} \quad \binom{3}{3}
\end{array}
$$

그림 6.2.3 파스칼의 삼각형

그림 6.2.3의 계수를 이용하면

$$(x+y)^3 = \binom{3}{0}x^3 + \binom{3}{1}x^2y + \binom{3}{2}xy^2 + \binom{3}{3}y^3$$

과 같이 전개할 수 있으며, 이 식을 **이항정리**(binomial theorem)라고 한다. 이때, 각 항의 계수 $\binom{n}{r}$을 이항계수(binomial coefficient)라고 한다.

이항정리
두 항의 합으로 이루어진 수식의 거듭 제곱과 관련한 정리를 의미한다.

예제 6.2.8 $(2x-3y)^7$에서 x^2y^5의 계수를 구하라.

풀이

$a=2x$, $b=-3y$라 두면 이항정리에 의해

$$\binom{7}{2}(2x)^2(-3y)^5 = \binom{7}{2}2^2(-3)^5x^2y^5$$

이므로 $\binom{7}{2}2^2(-3)^5$이 된다.

예제 6.2.9 n과 r이 $n \geq r$인 양의 정수일 때

$$\binom{n+1}{r} = \binom{n}{r-1} + \binom{n}{r}$$

임을 보이라.

풀이

$$\binom{n}{r-1}+\binom{n}{r}=\frac{n!}{(r-1)!\,(n-(r-1))!}+\frac{n!}{r!\,(n-r)!}$$

$$=\frac{n!}{(r-1)!(n-(r-1))!}\cdot\frac{r}{r}+\frac{n!}{r!(n-r)!}\cdot\frac{(n-r+1)}{(n-r+1)}$$

$$=\frac{n!r}{r(r-1)!(n-r+1)!}+\frac{n!(n-r+1)}{r!(n-r+1)(n-r)!}$$

$$=\frac{n!r}{r!(n-r+1)!}+\frac{n!(n-r+1)}{r!(n-r+1)!}$$

$$=\frac{n!(r+n-r+1)}{r!(n-r+1)!}=\frac{n!(n+1)}{r!(n-r+1)!}=\frac{(n+1)!}{r!(n-r+1)!}$$

$$=\binom{n+1}{r}$$

이 식을 파스칼의 공식(Pascal's formula)이라 한다. ■

6.3 행렬을 이용한 연립일차방정식의 해법

연립 일차 방정식

연립 일차 방정식(system of linear equations)은 여러 개의 일차 방정식으로 이루어진 연립 방정식을 의미한다. 이러한 연립 일차 방정식은 방정식에 포함된 모든 일차 방정식을 동시에 만족시키는 변수 값들의 순서쌍을 해로 한다.

$$\begin{aligned} a_{11}x_1 + a_{12}x_2 + a_{13}x_3 + \cdots + a_{1n}x_n &= b_1 \\ a_{21}x_1 + a_{22}x_2 + a_{23}x_3 + \cdots + a_{2n}x_n &= b_2 \\ a_{31}x_1 + a_{32}x_2 + a_{33}x_3 + \cdots + a_{3n}x_n &= b_3 \\ &\vdots \\ a_{m1}x_1 + a_{m2}x_2 + a_{m3}x_3 + \cdots + a_{mn}x_n &= b_m \end{aligned}$$

연립 일차 방정식은 행렬의 곱셈법칙을 적용하면 다음과 같이 나타낼 수 있다.

$$Ax = b \Leftrightarrow \begin{pmatrix} a_{11} & a_{12} & a_{13} & \cdots & a_{1n} \\ a_{21} & a_{22} & a_{13} & \cdots & a_{2n} \\ a_{31} & a_{32} & a_{33} & \cdots & a_{3n} \\ \vdots & \vdots & \vdots & & \vdots \\ a_{m1} & a_{m2} & a_{m3} & \cdots & a_{mn} \end{pmatrix} \begin{pmatrix} x_1 \\ x_2 \\ x_3 \\ \vdots \\ x_n \end{pmatrix} = \begin{pmatrix} b_1 \\ b_2 \\ b_3 \\ \vdots \\ b_m \end{pmatrix}$$

여기에 쓰인 세 행렬을 왼쪽부터 차례대로 $A_{m\times n}$, $x_{n\times 1}$, $b_{m\times 1}$이라고 하면, 연립 일차 방정식은 다음과 같이 단순하게 쓸 수 있다.

$$Ax = b$$

이 경우, A를 이 연립 일차 방정식의 계수 행렬, x를 해 벡터(solution vector), b를 소스 벡터(source vector)라고 한다. 또한, 계수 행렬 옆에 소스 벡터를 덧붙인 행렬 $(A|b)$를 첨가 행렬이라고 한다. 즉, 첨가 행렬은 계수

행렬과 상수항들의 행렬을 붙여 얻을 수 있는 행렬이다.

컴퓨터공학에서 연립일차방정식의 응용

인공지능 분야의 기계학습 원리는 기본적으로 연립일차방정식의 해를 구하는 것으로 귀결될 수 있다.

예를 들어 동물을 구분하는 기계학습 알고리즘을 만든다고 가정할 때, 동물을 구분하기 위하여 다양한 인자를 활용할 수 있다. 이러한 인자를 x로 표현하고, x_1은 눈의 모양, x_2는 귀의 모양, x_3는 코의 모양, x_4는 입의 모양, x_5는 털의 색상 등으로 정의를 내릴 수 있다. 또한, 'w'는 각 요소들이 가지는 중요도를 나타내는 가중치로 정의하고, y는 동물의 종류를 나타낸다고 가정할 때, 어떤 동물인지 판별되는 결과는 각 요소와 가중치의 곱들의 합에 의해 결정된다고 볼 수 있다. 이때 'b'는 편향(bias)을 의미한다.

판별되는 동물의 종류는 '$H(x) = wx + b$' 형태의 일차 연립방정식으로 나타낼 수 있으며, 동물을 판별할 시 영향을 끼치는 요소에 대하여 분석할 때 다음과 같은 가설을 세울 수 있다.

가중치(중요도)

$$H(x) = wx + b$$

동물의 종류 인자 편향

눈의 모양(x_1)을 이용하여 동물을 판별할 때

$$y = w_1x_1 + b$$

눈의 모양(x_1), 귀의 모양(x_2), 코의 모양(x_3)을 이용하여 동물을 판별할 때

$$y = w_1x_1 + w_2x_2 + w_3x_3 + b$$

다양한 요소를 기준으로 동물을 판별할 때

$$y = w_1x_1 + w_2x_2 + w_3x_3 + \dots + w_nx_n + b$$

이때 기계학습은 빅데이터를 활용하여 반복적인 훈련을 진행하며, 이를 통하여 최적화된 인자별 가중치와 편향 값을 찾아내는 과정을 의미한다. 이는 궁극적으로 일차연립방정식의 해를 구하는 과정과 같음을 알 수 있다.

사회과학, 자연과학뿐만 아니라 공학 분야에서 여러 개의 미지수가 포함되어 있는 **선형방정식**의 해를 구하는 일은 매우 중요하다.

선형방정식(linear equation) 방정식을 구성하는 각 항이 상수 또는 상수와 단일 항 변수(1차식을 의미)의 곱으로 이루어진 식을 말한다.

$x_1 + x_2 + 2x_3 = 1$은 3개의 미지수가 포함되어 있는 일차방정식이며, $x_1 = 1,\ x_2 = -3,\ x_3 = 1$은 이 방정식의 해가 된다. 이러한 일차방정식과 여러 개의 일차방정식으로 이루어진 연립방정식을 정의하고, 연립일차방정식의 해를 가우스 소거법(Gaussian elimination), 가우스 조르단 소거법(Gauss Jordan elimination), 역행렬, 크래머(Cramer)의 공식을 이용하여 구해본다.

정의 6.3.1

계수 $a_1, a_2, \cdots, a_n$과 상수 b에 대한 미지수 $x_1, x_2, \cdots, x_n$에 관한 식을 일차방정식(linear equation)이라고 한다. 단, 계수 $a_1, a_2, \cdots, a_n$ 중에서 적어도 하나는 0이 아니다.

$$a_1x_1 + a_2x_2 + \cdots + a_nx_n = b$$

여기서 미지수 대신에 차례로 $x_1 = s_1,\ x_2 = s_2,\ \cdots,\ x_n = s_n$을 대입하였을 때 이 일차방정식을 만족하면 $s_1, s_2, \cdots, s_n$을 해(solution)라고 한다.

정의 6.3.2

m개의 일차방정식으로 이루어진 다음과 같은 연립방정식을 연립일차방정식(system of linear equation)이라고 한다.

$$\begin{cases} a_{11}x_1 + a_{12}x_2 + \cdots + a_{1n}x_n = b_1 \\ a_{21}x_1 + a_{22}x_2 + \cdots + a_{2n}x_n = b_2 \\ \qquad\qquad \vdots \\ a_{m1}x_1 + a_{m2}x_2 + \cdots + a_{mn}x_n = b_m \end{cases}$$

이 연립일차방정식에서

$$A = \begin{pmatrix} a_{11} & a_{12} & \cdots & a_{1n} \\ a_{21} & a_{22} & \cdots & a_{2n} \\ \vdots & \vdots & \vdots & \vdots \\ a_{m1} & a_{m2} & \cdots & a_{mn} \end{pmatrix},\ X = \begin{pmatrix} x_1 \\ x_2 \\ \vdots \\ x_n \end{pmatrix},\ B = \begin{pmatrix} b_1 \\ b_2 \\ \vdots \\ b_m \end{pmatrix}$$

이라고 하면 이 연립일차방정식은 $AX=B$가 되며, 다음과 같은 행렬로 나타낼 수 있다.

$$[A|B]=\left(\begin{array}{cccc|c} a_{11} & a_{12} & \cdots & a_{1n} & b_1 \\ a_{21} & a_{22} & \cdots & a_{2n} & b_2 \\ \vdots & \vdots & \vdots & \vdots & \vdots \\ a_{m1} & a_{m2} & \cdots & a_{mn} & b_m \end{array}\right)$$

여기서 행렬 $A=[a_{ij}]$는 계수행렬(coefficient matrix)이라고 하며, $[A|B]$는 첨가행렬(augmented matrix)이라고 한다. 그리고 $x_1=s_1$, $x_2=s_2$, $\cdots$, $x_n=s_n$이 주어진 연립일차방정식을 이루는 모든 일차방정식을 동시에 만족시킬 때 s_1, s_2, $\cdots$, s_n을 해(solution)라고 하며 다음과 같은 세 가지 방법으로 나타낼 수 있다. 이러한 해 전체의 집합을 이 연립일차방정식의 해집합(solution set)이라고 한다.

$$(x_1, \cdots, x_n)=(s_1, \cdots, s_n), \quad \begin{cases} x_1=s_1 \\ \quad\vdots \\ x_n=s_n \end{cases}, \quad \begin{pmatrix} x_1 \\ \vdots \\ x_n \end{pmatrix}=\begin{pmatrix} s_1 \\ \vdots \\ s_n \end{pmatrix}$$

동치
연립일차방정식에 있어서 동치란 두 연립일차방정식의 해집합이 동일하다는 것을 의미한다.

정의 6.3.3

두 연립일차방정식의 해집합이 일치할 때, 이들 두 연립일차방정식은 서로 **동치**(equivalent)라고 한다.

가우스 소거법

연립일차방정식의 해를 구할 때는 연립일차방정식에 다음과 같은 연산들을 유한 번 시행하여 동치인 연립일차방정식으로 변형할 수 있다.

(1) 서로 다른 두 방정식의 순서를 바꾼다.
(2) 한 방정식에 0이 아닌 상수를 곱한다.
(3) 한 방정식에 다른 방정식의 상수 배를 더한다.

이와 같이 연립일차방정식을 변형한다는 것은 연립일차방정식의 첨가행렬에 다음과 같은 연산들을 시행한다는 것과 같다.

(1) 두 행을 교환한다.

(2) 한 행에 0이 아닌 상수를 곱한다.

(3) 한 행에 다른 행의 상수 배를 더한다.

만일 $n \times n$행렬이 존재할 때, 이 행렬에 대해 위와 같은 연산들을 유한 번 시행하면 다음과 같은 형태의 첨가행렬로 변형된다.

$$\left(\begin{array}{cccccc|c} 1 & c_{12} & c_{13} & c_{13} & \cdots & c_{1n} & d_1 \\ 0 & & c_{23} & c_{24} & \cdots & c_{2n} & d_2 \\ 0 & 0 & 1 & c_{34} & \cdots & c_{3n} & d_3 \\ \vdots & \vdots & \vdots & \vdots & \vdots & \vdots & \vdots \\ 0 & 0 & 0 & 0 & 1 & c_{(n-1)n} & d_{n-1} \\ 0 & 0 & 0 & 0 & 0 & 1 & d_n \end{array}\right)$$

또한, 위의 행렬을 연산하면 다음과 같은 결과를 얻을 수 있다.

$$\begin{aligned} x_1 + c_{12}x_2 + c_{13}x_3 + c_{14}x_4 + \cdots + c_{1n}x_n &= d_1 \\ x_2 + c_{23}x_3 + c_{24}x_4 + \cdots + c_{2n}x_n &= d_2 \\ x_3 + c_{34}x_4 + \cdots + c_{3n}x_n &= d_3 \\ &\vdots \\ x_{n-1} + c_{(n-1)n}x_n &= d_{n-1} \\ x_n &= d_n \end{aligned}$$

이 결과에 **후진대입법**(back substitution)을 사용하여 방정식을 풀이하면 연립일차방정식의 해를 구할 수 있다. 이와 같은 방법으로 연립일차방정식의 해를 구하는 방법을 가우스 소거법(Gaussian elimination)이라고 한다.

후진대입법
최종적으로 미지수의 개수가 하나인 방정식으로부터 미지수의 개수가 n개인 방정식으로 순차적인 해를 구하여 적용하는 방법을 말한다.

예제 6.3.1 가우스 소거법을 이용하여 다음 연립일차방정식의 해를 구하라.

$$\begin{cases} x_1 + 2x_2 + 3x_3 = 9 \\ 2x_1 - x_2 + x_3 = 8 \\ 3x_1 - x_3 = 3 \end{cases}$$

풀이

연립일차방정식을 첨가행렬로 나타내면 다음과 같다.

$$\left(\begin{array}{ccc|c} 1 & 2 & 3 & 9 \\ 2 & -1 & 1 & 8 \\ 3 & 0 & -1 & 3 \end{array}\right)$$

두 번째 행렬 x_1의 계수 2를 소거하기 위해 첫 번째 행에 -2를 곱하고, 두 번째 행에 더한다.

$$\left(\begin{array}{ccc|c} 1 & 2 & 3 & 9 \\ 0 & -5 & -5 & -10 \\ 3 & 0 & -1 & 3 \end{array}\right)$$

세 번째 행의 x_1의 계수 3을 소거하기 위해 첫 번째 행에 -3을 곱하고, 세 번째 행에 더한다.

$$\left(\begin{array}{ccc|c} 1 & 2 & 3 & 9 \\ 0 & -5 & -5 & -10 \\ 0 & -6 & -10 & -24 \end{array}\right)$$

두 번째 행에 $-\dfrac{1}{5}$을 곱한다.

$$\left(\begin{array}{ccc|c} 1 & 2 & 3 & 9 \\ 0 & 1 & 1 & 2 \\ 0 & -6 & -10 & -24 \end{array}\right)$$

두 번째 행에 6을 곱하고, 세 번째 행에 더한다.

$$\left(\begin{array}{ccc|c} 1 & 2 & 3 & 9 \\ 0 & 1 & 1 & 2 \\ 0 & 0 & -4 & -12 \end{array}\right)$$

세 번째 행에 $-\dfrac{1}{4}$을 곱한다.

$$\left(\begin{array}{ccc|c} 1 & 2 & 3 & 9 \\ 0 & 1 & 1 & 2 \\ 0 & 0 & 1 & 3 \end{array}\right)$$

즉 $x_3 = 3$이며, 후진대입법을 사용하여 x_2, x_1의 값을 구할 수 있다.

$$x_2 = 2 - x_3 = 2 - 3 = -1$$
$$x_1 = 9 - 2x_2 - 3x_3 = 9 + 2 - 9 = 2$$

그러므로 $x_1 = 2$, $x_2 = -1$, $x_3 = 3$이다.

정리 6.3.1 크래머(Cramer)의 공식

$n \times n$행렬 $A = [a_{ij}]$에 대하여 A의 i행의 원소 $a_{i1}, a_{i2}, \cdots, a_{in}$을 $b_1, b_2, \cdots, b_n$으로 바꾸어 놓은 행렬을 B라고 하고, A의 j열의 원소 $a_{1j}, a_{2j}, \cdots, a_{nj}$를 $b_1, b_2, \cdots, b_n$으로 바꾸어 놓은 행렬을 C라고 하면 다음 등식이 성립한다.

$$\det(B) = \begin{vmatrix} a_{11} & a_{12} & \cdots & a_{1n} \\ \vdots & \vdots & \vdots & \vdots \\ b_1 & b_2 & \cdots & b_n \\ \vdots & \vdots & \vdots & \vdots \\ a_{n1} & a_{n2} & \cdots & a_{nn} \end{vmatrix} = b_1 A_{i1} + b_2 A_{i2} + \cdots + b_n A_{in}$$

$$\det(C) = \begin{vmatrix} a_{11} & \cdots & b_1 & \cdots & a_{1n} \\ a_{21} & \cdots & b_2 & \cdots & a_{2n} \\ \vdots & \vdots & \vdots & \vdots & \vdots \\ a_{n1} & \cdots & b_n & \cdots & a_{nn} \end{vmatrix} = b_1 A_{1j} + b_2 A_{2j} + \cdots + b_n A_{nj}$$

증명

행렬식 $\det(A)$의 i행에 관한 전개식은 다음과 같다.

$$\det(A) = a_{i1}A_{i1} + a_{i2}A_{i2} + \cdots + a_{in}A_{in}$$

여기서 A_{ij}는 $a_{i1}, a_{i2}, \cdots, a_{in}$과 관계없는 항이므로 이 등식의 양변에는 $a_{i1}, a_{i2}, \cdots, a_{in}$ 대신 $b_1, b_2, \cdots, b_n$을 대입하면 첫 번째 등식을 얻을 수 있다. 두 번째 등식도 마찬가지 방법으로 얻을 수 있다.

정리 6.3.2 크래머(Cramer)의 공식

n개의 미지수 $x_1, x_2, \cdots, x_n$에 관한 n개의 일차방정식으로 이루어진 연립일차방정식은 다음과 같다.

$$\begin{cases} a_{11}x_1 + a_{12}x_2 + \cdots + a_{1n}x_n = b_1 \\ a_{21}x_1 + a_{22}x_2 + \cdots + a_{2n}x_n = b_2 \\ \qquad\qquad \vdots \\ a_{m1}x_1 + a_{m2}x_2 + \cdots + a_{nn}x_n = b_m \end{cases}$$

크래머의 공식
주어진 계수행렬이 $n \times n$행렬이며, 가역일 경우에만 사용할 수 있다.

여기서 계수행렬 $A=[a_{ij}]$가 정방행렬일 때, 즉 $\det(A)\neq 0$일 때 이 연립일차방정식은 하나의 해를 가지며, 그 해는 다음과 같다.

$$x_j = \frac{\begin{vmatrix} a_{11} & a_{12} & \cdots & b_1 & \cdots & a_{1n} \\ a_{21} & a_{22} & \cdots & b_2 & \cdots & a_{2n} \\ \vdots & \vdots & \vdots & \vdots & \vdots & \vdots \\ a_{n1} & a_{n2} & \cdots & b_n & \cdots & a_{nn} \end{vmatrix}}{\begin{vmatrix} a_{11} & a_{12} & \cdots & a_{1j} & \cdots & a_{1n} \\ a_{21} & a_{22} & \cdots & a_{2j} & \cdots & a_{2n} \\ \vdots & \vdots & \vdots & \vdots & \vdots & \vdots \\ a_{n1} & a_{n2} & \cdots & a_{nj} & \cdots & a_{nn} \end{vmatrix}} \qquad (1\leq j\leq n)$$

증명

연립일차방정식은 다음과 같이 나타낼 수 있다.

$$A\begin{pmatrix} x_1 \\ \vdots \\ x_n \end{pmatrix} = \begin{pmatrix} b_1 \\ \vdots \\ b_n \end{pmatrix}$$

그리고 A가 정방행렬일 때 해는 다음과 같다.

$$\begin{pmatrix} x_1 \\ \vdots \\ x_n \end{pmatrix} = A^{-1}\begin{pmatrix} b_1 \\ \vdots \\ b_n \end{pmatrix} = \frac{1}{\det(A)}[A_{ij}]^T\begin{pmatrix} b_1 \\ \vdots \\ b_n \end{pmatrix}$$

따라서 정리 6.3.2에 의해 각 $j\ (1\leq j\leq n)$에 대하여 x_j는 다음과 같다.

$$x_j = \frac{b_1A_{1j}+b_2A_{2j}+\cdots+b_nA_{nj}}{\det(A)} = \frac{\begin{vmatrix} a_{11} & a_{12} & \cdots & b_1 & \cdots & a_{1n} \\ a_{21} & a_{22} & \cdots & b_2 & \cdots & a_{2n} \\ \vdots & \vdots & \vdots & \vdots & \vdots & \vdots \\ a_{n1} & a_{n2} & \cdots & b_n & \cdots & a_{nn} \end{vmatrix}}{\det(A)}$$

예제 6.3.2 크래머(Cramer)의 공식을 이용하여 다음 연립일차방정식의 해를 구하라.

$$\begin{cases} -2x_1+3x_2-x_3=1 \\ x_1+2x_2-x_3=4 \\ -2x_1-x_2+x_3=-3 \end{cases}$$

풀이

$A=\begin{pmatrix} -2 & 3 & -1 \\ 1 & 2 & -1 \\ -2 & -1 & 1 \end{pmatrix}$라고 하면 $\det(A)=\begin{pmatrix} -2 & 3 & -1 \\ 1 & 2 & -1 \\ -2 & -1 & 1 \end{pmatrix}=-2$이므로

x_1, x_2, x_3는 다음과 같이 구할 수 있다.

$$x_1=\frac{\begin{vmatrix} 1 & 3 & -1 \\ 4 & 2 & -1 \\ -3 & -1 & 1 \end{vmatrix}}{\det(A)}=\frac{-4}{-2}=2$$

$$x_2=\frac{\begin{vmatrix} -2 & 1 & -1 \\ 1 & 4 & -1 \\ -2 & -3 & 1 \end{vmatrix}}{\det(A)}=\frac{-6}{-2}=3$$

$$x_3=\frac{\begin{vmatrix} -2 & 3 & 1 \\ 1 & 2 & 4 \\ -2 & -1 & -3 \end{vmatrix}}{\det(A)}=\frac{-8}{-2}=4$$

요약

6.4

부울 행렬

부울 행렬

부울 행렬은 원소 간의 관계를 표현하거나 관계를 합성하는 데에 유용하게 사용되는 행렬로서, 원소의 값이 0과 1로만 표현된다. 부울 행렬에 포함된 원소 중 0의 값을 나타내는 원소는 거짓을 의미하며 1의 값을 나타내는 원소는 참을 의미한다(부울 값의 0과 1, 명제의 참과 거짓, 집합에서의 전체집합과 공집합 등과 관련한 전반적인 개념을 0장에서 다시 한 번 확인하도록 한다).

두 행렬 $A=[a_{ij}]$와 $B=[b_{ij}]$에 대해 다음과 같은 부울 행렬 연산을 정의할 수 있다.

- 합: $A\vee B=[a_{ij}\vee b_{ij}]$
- 교차: $A\wedge B=[a_{ij}\wedge b_{ij}]$
- 부울 곱: $A\odot B=n\times m$ 부울 행렬 $A=[a_{ij}]$와 $m\times s$ 부울 행렬 $B=[b_{ij}]$가 있을 때, $n\times s$ 부울 행렬 $A\odot B=[c_{ij}]$

부울 행렬 연산에서 합과 교차는 두 행렬의 덧셈과 뺄셈처럼 같은 자리에 있는 원소 간에 이루어진다. 즉, 두 행렬의 합의 경우 동일한 위치에 존재하는 원소들 간의 논리합을, 교차의 경우 동일한 위치에 존재하는 원소들 간의 논리곱을 연산하여 그 결과를 해당 원소의 자리에 나타낸다(부울 연산의 개념이 정립되지 않은 경우 본 단원의 학습은 "8장 부울 대수"를 선행학습한 후 진행하도록 한다).

$$A\odot B=[c_{ij}]=\begin{bmatrix}a_{11} & a_{12} & \cdots & a_{1m}\\ a_{21} & a_{22} & \cdots & a_{2m}\\ \vdots & \vdots & \vdots & \vdots\\ a_{n1} & a_{n2} & \cdots & a_{nm}\end{bmatrix}\odot\begin{bmatrix}b_{11} & b_{12} & \cdots & b_{1s}\\ b_{21} & b_{22} & \cdots & b_{2s}\\ \vdots & \vdots & \vdots & \vdots\\ b_{m1} & b_{m2} & \cdots & b_{ms}\end{bmatrix}=\begin{bmatrix}c_{11} & \cdots & c_{1j} & \cdots & c_{1s}\\ \vdots & \vdots & \vdots & \vdots & \vdots\\ c_{i1} & \cdots & c_{ij} & \cdots & c_{is}\\ \vdots & \vdots & \vdots & \vdots & \vdots\\ c_{n1} & \cdots & c_{n2} & \cdots & c_{ns}\end{bmatrix}$$

$$c_{ij}=(a_{i1}\wedge b_{1j})\vee(a_{i2}\wedge b_{2j})\vee\cdots\vee(a_{im}\wedge b_{mj})$$

$A\vee B=[a_{ij}\vee b_{ij}]$

$a_{ij}\vee b_{ij}$를 쉽게 연산하기 위해서는 해당 원소가 0일 경우 공집합으로, 1일 경우 전체집합으로 가정하여 합집합을 연산하면 $a_{ij}\vee b_{ij}$의 결과를 도출할 수 있다. 즉 $0\vee 1$의 경우 결과에 해당하는 원소는 1의 값을 나타내는데 이를 집합의 연산으로 대응 시 전체집합과 공집합의 합집합으로 대응 가능하며, 이 연산의 결과는 결론적으로 전체집합을 나타내게 됨으로써 1의 결과가 도출됨을 알 수 있다.

$A\wedge B=[a_{ij}\wedge b_{ij}]$

$a_{ij}\wedge b_{ij}$를 쉽게 연산하기 위해서는 해당 원소가 0일 경우 공집합으로, 1일 경우 전체집합으로 가정하여 교집합을 연산하면 $a_{ij}\wedge b_{ij}$의 결과를 도출할 수 있다. 즉 $0\wedge 1$의 경우 결과에 해당하는 원소는 0의 값을 나타내는데 이를 집합의 연산으로 대응 시 전체집합과 공집합의 교집합으로 대응 가능하며, 이 연산의 결과는 결론적으로 공집합을 나타내게 됨으로써 0의 결과가 도출됨을 알 수 있다.

컴퓨터공학에서 부울 행렬의 응용

부울 행렬은 원소가 1과 0만 존재하는 행렬을 의미한다. 이때, 1과 0이 의미하는 것은 다양하게 해석 가능하며 일반적으로 참과 거짓의 상태를 나타낸다. 참과 거짓이라는 개념을 확장하게 되면, 디지털 시스템의 동작 제어를 위한 전류의 흐름과 차단으로 확장 가능하며 이는 논리회로 소자의 제어를 가능하게 한다.

예를 들어, 디지털 논리회로 소자 중 OR게이트 소자에 전류의 흐름과 차단을 적용하면 다음과 같은 4가지 경우의 제어가 가능해짐을 알 수 있다.

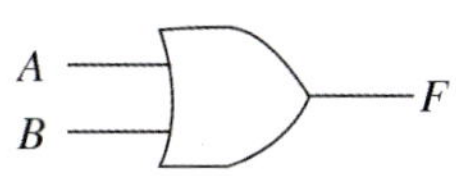

입력		출력
A	B	F
0	0	0
0	1	1
1	0	1
1	1	1

입력단자 A, B에 동시에 전류를 흘러주게 되면 출력단자 F에는 전류가 흐르게 되고, A, B에 전류를 동시에 차단하게 되면 출력단자 F에는 전류가 흐르지 않게 된다. 또한, A 또는 B 입력단자 중 어느 한 곳에만 전류가 흐를 경우에도 출력단자 F에는 전류가 흐르게 된다. 이때 다양한 경우에 대하여 전류가 흐르는 상태를 1로, 흐르지 않는 상태를 0으로 표시하여 나타낸 것이 진리표이다. 이러한 상태를 논리합이라고 하며 $A \vee B$로 표시한다. 부울 행렬에 있어서 합의 경우 각 원소의 위치가 동일한 경우 위와 같은 연산을 취하게 된다.

디지털 논리회로 소자 중 AND게이트 소자에 전류의 흐름과 차단을 적용하면 다음과 같은 4가지 경우의 제어가 가능해짐을 알 수 있다.

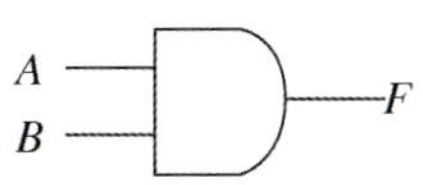

입력		출력
A	B	F
0	0	0
0	1	0
1	0	0
1	1	1

입력단자 A, B에 동시에 전류를 흘러주게 되면 출력단자 F에는 전류가 흐르게 되고, A, B에 전류를 동시에 차단하게 되면 출력단자 F에는 전류가

요약

흐르지 않게 된다. 또한, A 또는 B 입력단자 중 어느 한 곳만 전류가 흐르는 경우에 출력단자 F에는 전류가 흐르지 않게 된다. 이러한 상태를 논리곱이라고 하며 $A \wedge B$로 표시한다. 부울 행렬에 있어서 교차의 경우 각 원소의 위치가 동일한 경우 위와 같은 연산을 취하게 된다.

부울 행렬
관계에 있어서 행렬로 표현할 시 두 원소 간의 관계가 존재하면 1로, 존재하지 않으면 0으로 표시하며 해당 행렬은 부울 행렬로 간주할 수 있다. 그래프에서도 두 결점 사이에 연결선이 존재하면 1로, 그렇지 않을 경우 0으로 표시할 수 있으며 이 또한 부울 행렬로 간주된다.

부울 행렬은 이산구조를 표현하기 위해 자주 사용되는 행렬이며, 관계(제2장) 및 그래프(제3장)에서도 유용하게 사용된다.

정의 6.4.1

행렬의 모든 원소의 값이 0 또는 1인 행렬을 부울 행렬(boolean matrix, zero one matrix)이라고 한다. 행렬 $A=[a_{ij}]$와 $B=[b_{ij}]$가 부울 행렬일 때 A와 B의 합(join)은 (i, j)번째 원소가 $a_{ij} \vee b_{ij}$인 부울 행렬이며, A와 B의 교차(meet)는 (i, j)번째 원소가 $a_{ij} \wedge b_{ij}$인 부울 행렬이며, $A \wedge B$로 나타낸다.

예제 6.4.1 부울 행렬 A와 B가 다음과 같을 때, $A \vee B$와 $A \wedge B$를 구하라.

$$A=\begin{pmatrix}1 & 1 & 0\\ 0 & 0 & 1\end{pmatrix}, \quad B=\begin{pmatrix}1 & 0 & 0\\ 0 & 1 & 1\end{pmatrix}$$

풀이

$$A \vee B=\begin{pmatrix}1\vee 1 & 1\vee 0 & 0\vee 0\\ 0\vee 0 & 0\vee 1 & 1\vee 1\end{pmatrix}=\begin{pmatrix}1 & 1 & 0\\ 0 & 1 & 1\end{pmatrix}$$

$$A \wedge B=\begin{pmatrix}1\wedge 1 & 1\wedge 0 & 0\wedge 0\\ 0\wedge 0 & 0\wedge 1 & 1\wedge 1\end{pmatrix}=\begin{pmatrix}1 & 0 & 0\\ 0 & 0 & 1\end{pmatrix}$$

정의 6.4.2

$m \times n$부울 행렬 $A=[a_{ij}]$와 $n \times s$부울 행렬 $B=[b_{ij}]$의 부울곱(boolean product)은 $A \odot B$로 나타내며, 이 부울곱을 $m \times s$ 부울 행렬 $C=[c_{ij}]$라고 할 때 c_{ij}는 다음과 같다.

$$c_{ij} = (a_{i1} \wedge b_{1j}) \vee (a_{i2} \wedge b_{2j}) \vee \cdots \vee (a_{in} \wedge b_{nj})$$

예제 6.4.2 부울 행렬 A와 B가 다음과 같을 때 $A \odot B$와 $B \odot A$를 구하라.

$$A = \begin{pmatrix} 1 & 0 & 0 \\ 1 & 0 & 1 \end{pmatrix}, \quad B = \begin{pmatrix} 0 & 0 \\ 1 & 1 \\ 0 & 1 \end{pmatrix}$$

풀이

$$A \odot B = \begin{pmatrix} (1 \wedge 0) \vee (0 \wedge 1) \vee (0 \wedge 0) & (1 \wedge 0) \vee (0 \wedge 1) \vee (0 \wedge 1) \\ (1 \wedge 0) \vee (0 \wedge 1) \vee (1 \wedge 0) & (1 \wedge 0) \vee (0 \wedge 1) \vee (1 \wedge 1) \end{pmatrix}$$

$$= \begin{pmatrix} 0 & 0 \\ 0 & 1 \end{pmatrix}$$

$$B \odot A = \begin{pmatrix} (0 \wedge 1) \vee (0 \wedge 1) & (0 \wedge 0) \vee (0 \wedge 0) & (0 \wedge 0) \vee (0 \wedge 1) \\ (1 \wedge 1) \vee (1 \wedge 1) & (1 \wedge 0) \vee (1 \wedge 0) & (1 \wedge 0) \vee (1 \wedge 1) \\ (0 \wedge 1) \vee (1 \wedge 1) & (0 \wedge 0) \vee (1 \wedge 0) & (0 \wedge 0) \vee (1 \wedge 1) \end{pmatrix}$$

$$= \begin{pmatrix} 0 & 0 & 0 \\ 1 & 0 & 1 \\ 1 & 0 & 1 \end{pmatrix}$$

부울 행렬 A, B, C는 다음과 같은 성질을 가진다.

(1) $A \vee A = A$

(2) $A \vee B = B \vee A$

(3) $A \vee (B \vee C) = (A \vee B) \vee C$

(4) $A \vee (B \wedge C) = (A \vee B) \wedge (A \vee C)$

(5) $A \wedge A = A$

(6) $A \wedge B = B \wedge A$

(7) $A \wedge (B \wedge C) = (A \wedge B) \wedge C$

(8) $A \wedge (B \vee C) = (A \wedge B) \vee (A \wedge C)$

(9) $A \odot (B \odot C) = (A \odot B) \odot C$

정의 6.4.3

$n\times n$ 부울 행렬 A와 양의 정수 r에 대하여 A의 r번째 부울멱(boolean power)은 $A^{[r]}$으로 나타내며, 다음과 같이 정의한다.

$$A^{[0]} = I$$
$$A^{[r]} = A^{[r-1]} \odot A \quad (r \geq 1\text{일 때})$$

예제 6.4.3 다음 행렬 A에 대하여 $A^{[2]}$, $A^{[3]}$을 구하라.

$$A = \begin{pmatrix} 1 & 1 & 0 \\ 1 & 0 & 0 \\ 0 & 0 & 1 \end{pmatrix}$$

풀이

$$A^{[2]} = A \odot A = \begin{pmatrix} 1 & 1 & 0 \\ 1 & 0 & 0 \\ 0 & 0 & 1 \end{pmatrix} \odot \begin{pmatrix} 1 & 1 & 0 \\ 1 & 0 & 0 \\ 0 & 0 & 1 \end{pmatrix} = \begin{pmatrix} 1 & 1 & 0 \\ 1 & 1 & 0 \\ 0 & 0 & 1 \end{pmatrix}$$

$$A^{[3]} = A^{[2]} \odot A = \begin{pmatrix} 1 & 1 & 0 \\ 1 & 1 & 0 \\ 0 & 0 & 1 \end{pmatrix} \odot \begin{pmatrix} 1 & 1 & 0 \\ 1 & 0 & 0 \\ 0 & 0 & 1 \end{pmatrix} = \begin{pmatrix} 1 & 1 & 0 \\ 1 & 1 & 0 \\ 0 & 0 & 1 \end{pmatrix}$$

제6장 핵심문제

1 A와 B 사이에 4개의 길이 있고 B와 C 사이에 3개의 길이 있다고 할 때, 다음과 같이 길을 갈 수 있는 방법의 경우의 수는 몇 가지인지 구하라.

(1) A에서 B를 거쳐 C로 가는 경우

(2) A에서 B를 거쳐 C로 갔다가 다시 B를 거쳐 A로 돌아오는 경우

(1) A에서 B로 가는 데 4가지, B에서 C로 가는 데 3가지 방법이 존재하므로 경우의 수는 $4 \times 3 = 12$가지 방법이 존재한다.

(2) A에서 C로 갔다가 다시 C에서 A로 돌아오는 경우의 수는 돌아오는 방법 또한 $4 \times 3 = 12$가지 방법이 존재하므로, 왕복 가능한 경우의 수는 두 사건에 곱의 법칙을 적용하여 $12 \times 12 = 144$가지 방법이 존재한다.

2 다음 조합을 계산하라.

(1) ${}_8C_5$　　　　(2) ${}_{10}C_8$

(1) ${}_8C_5 = \frac{8!}{5!3!} = 56$

(2) ${}_{10}C_8 = \frac{10!}{8!2!} = 45$

3 다음 단어들의 모든 문자로 만들 수 있는 서로 다른 순열의 수를 구하라.

(1) SCHOOL　　　　(2) BANANA

(1) $\frac{6!}{2!} = 360$

(2) $\frac{6!}{3!2!} = 60$

4 대통령 예비 후보 5명 중에서 2명 이상을 선출하는 모든 경우의 수를 구하라.

$${}_5C_2 = \frac{5!}{2!3!} = 10$$
$${}_5C_3 = \frac{5!}{3!2!} = 10$$
$${}_5C_4 = \frac{5!}{4!1!} = 5$$
$${}_5C_5 = \frac{5!}{5!0!} = 1$$

이므로 10+10+5+1=26가지 경우의 수가 존재한다.

5 전체 8명으로부터 4명을 선택하여 위원회를 조직하려고 할 때 조합의 수를 구하라.

$${}_8C_4 = \frac{8!}{4!4!} = 70$$

6 ${}_nP_3 = 120$일 때, n의 값은?

$n \times (n-1) \times (n-2) = 120$이므로 $7 = 6$

7 다음 일차연립방정식의 해를 구하라.

$$\begin{cases} -4x_1 + 6x_2 - 2x_3 = 2 \\ x_1 + 2x_2 - x_3 = 4 \\ -6x_1 - 3x_2 + 3x_3 = -9 \end{cases}$$

$\begin{pmatrix} -4 & 6 & -2 \\ 1 & 2 & -1 \\ -6 & -3 & 3 \end{pmatrix}\begin{pmatrix} x_1 \\ x_2 \\ x_3 \end{pmatrix} = \begin{pmatrix} 2 \\ 4 \\ -9 \end{pmatrix}$이므로 $x_1 = 2$ $x_2 = 3$ $x_3 = 4$

8 부울 행렬 A와 B가 다음과 같을 때 $A \odot B$와 $B \odot A$를 구하라.

$$A = \begin{pmatrix} 1 & 1 & 0 \\ 1 & 0 & 1 \end{pmatrix}, \quad B = \begin{pmatrix} 1 & 1 \\ 1 & 1 \\ 0 & 1 \end{pmatrix}$$

$$A \odot B = \begin{pmatrix} 1 & 1 \\ 1 & 1 \end{pmatrix}$$

$$B \odot A = \begin{pmatrix} 1 & 1 & 1 \\ 1 & 1 & 1 \\ 1 & 0 & 1 \end{pmatrix}$$

9 $A=\begin{pmatrix}1&0&0\\1&1&0\\1&1&1\end{pmatrix}$, $B=\begin{pmatrix}1&1&1\\0&1&1\\0&0&1\end{pmatrix}$일 때, $A\vee B$와 $A\wedge B$를 구하라.

$$A\vee B = \begin{pmatrix}1&1&1\\1&1&1\\1&1&1\end{pmatrix}$$

$$A\wedge B = \begin{pmatrix}1&0&0\\0&1&0\\0&0&1\end{pmatrix}$$

10 다음 행렬 A에 대하여 $A^{[3]}$을 구하라.

$$A=\begin{pmatrix}1&1&1\\0&1&1\\0&0&1\end{pmatrix}$$

$$A^{[3]}=A^{[2]}\odot A=[A\odot A]\odot A=\begin{pmatrix}1&1&1\\0&1&1\\0&0&1\end{pmatrix}^{[2]}\odot\begin{pmatrix}1&1&1\\0&1&1\\0&0&1\end{pmatrix}=\begin{pmatrix}1&1&1\\0&1&1\\0&0&1\end{pmatrix}$$

제6장 연습문제

01 어느 컴퓨터 회사에 세 가지 모델의 본체가 있고 두 가지 키보드와 세 가지의 프린터 종류가 있다고 하자. 이때 본체, 키보드, 프린터를 모두 한꺼번에 살려면 몇 가지 종류가 있겠는가?

02 세 사람 A, B, C가 가위바위보를 할 때, 일어날 수 있는 모든 경우의 수를 구하라.

03 1, 2, 3, $\cdots$, 100으로부터 두 개의 정수를 선택할 때 그 합이 짝수가 되는 경우의 수와 홀수가 되는 경우의 수를 구하라.

04 자동차 번호판이 두 개의 영문자와 네 개의 숫자로 구성되어 있을 때, 몇 가지 다른 경우가 있는지 구하라. (단, 마지막 숫자는 0을 사용할 수 없다.)

05 7명의 남자와 5명의 여자로부터 3명의 남자와 2명의 여자를 뽑아 한 위원회를 구성하려면 몇 가지 방법이 있는지 구하라.

06 한 학생이 시험에서 10문제 중 8문제에 답을 작성할 경우 다음 물음에 답하라.

(a) 선택할 수 있는 경우의 수는 몇 가지인가?

(b) 1번에서 3번까지의 문제는 필수적으로 풀이해야 한다면 총 8문제를 선택 가능한 경우의 수는 몇 가지인가?

(c) 1번에서 5번 문제 중 적어도 4문제에 답해야 한다면 총 8문제를 선택하는 경우의 수는 몇 가지인가?

07 ${}_{n+1}P_3 = {}_nP_4$를 만족하는 n을 구하라.

08 아홉 명으로 구성된 야구팀에서 타순을 정할 수 있는 경우의 수를 구하라.

09 ${}_9C_{3r-1} = {}_9C_{2(r+1)}$을 만족하는 r의 값을 구하라.

10 $(x-y)^n$의 전개식을 구하라.

11 1, 2, 3, 4, 5, 6 중 4개를 써서 만들 수 있는 네 자리의 정수를 작은 수부터 차례대로 쓸 때, 5431은 몇 번째 수인가?

12 100 이하의 자연수 중 51개를 택할 때, 다음이 성립함을 증명하라.

(a) 선택된 51개의 자연수 중에는 합이 101이 되는 두 수가 존재한다.

(b) 선택된 51개의 자연수 중에는 합이 100이 되는 두 수가 반드시 존재하는 것은 아니다.

(c) 선택된 51개의 자연수 중에는 서로 약수 또는 배수 관계가 있는 두 수가 존재한다.

13 어떤 대학의 컴퓨터공학과 학생 150명이 있다. 이들이 세 개의 프로그램 언어 A, B, C를 선택하여 배운다고 가정할 때, 누구든지 한 언어는 반드시 배우고 제일 많이 배우는 사람은 2개의 언어까지 배울 수 있다고 한다. 이때 같은 언어를 배우는 사람은 몇 명인가?

14 20개의 역을 가진 철도회사에서 출발역과 도착역을 지정하여 승차권을 발매하려고 한다. 몇 가지의 승차권을 준비하여야 하는가?

15 8개의 단과대학을 가진 종합대학에서 전체 학생회를 소집한 결과, 모인 학생의 수가 73명이었다면, 이들 중 적어도 10명은 같은 단과대학에 속함을 보이라.

16 1부터 8까지 정수에서 5개를 뽑으면, 뽑힌 5개의 정수 중 합이 9가 되는 두 수가 반드시 포함됨을 보이라.

17 양의 정수로부터 임의의 8개의 수를 선발할 경우, 그 수 중에 7로 나누어 나머지가 같은 두 수가 존재함을 보이라.

18 $(5-2x)^9$을 전개했을 때 네 번째 항의 계수를 구하라.

제 7 장

명제와 논리구조

명제란 어떤 사실을 나타내는 문장으로서 그 의미가 참인지 거짓인지 명확하게 구분할 수 있는 것을 말한다. 특히 참과 거짓을 판별 시 주관적인 요소가 포함되지 않은 상태에서 구분 가능하여야 하며, 이는 하나의 명제가 동시에 참과 거짓이 모두 될 수 없는 것을 의미한다.

명제의 참과 거짓은 공학적으로 스위치의 개념에 적용할 수 있으며, 명제의 참은 스위치가 ON이 된 상태, 명제의 거짓은 스위치가 OFF가 된 상태로 대응할 수 있다.

이 장에서는 명제의 기본적인 개념을 통하여 진릿값의 판별 및 다양한 명제에 대하여 학습하며 이를 확장하여 공학적인 관점에서 명제의 의미를 분석하도록 한다. 특히 명제의 추론과 관련된 분야는 인공지능 분야 등에서 널리 활용되는 기본지식으로, 이에 대한 학습을 수행하며 추론의 타당성 검증을 위한 진위추론, 허위추론 등에 대해서도 학습한다.

요약

7.1 명제와 논리

명제

명제란 참(True)이나 거짓(False)으로 구분할 수 있는 문장이나 수식을 의미하며, 수학적 논리는 명제가 참인지 거짓인지 판별할 수 있도록 한다. 이러한 논리는 컴퓨터공학 분야에서 시스템의 구성요소(하드웨어 또는 소프트웨어)에 적용하여 시스템을 ON/OFF 상태로 제어하는 데 사용할 수 있다. 실질적인 시스템의 제어를 위해서는 다양한 논리 연산자와 합성 명제 등이 활용된다.

정의

참(True) 또는 거짓(False)으로 구분할 수 있는 문장이나 수식으로 영어 소문자 p, q, $r \cdots$ 등으로 표시한다.

"$1+1=3$", "대한민국의 수도는 서울이다" 등을 예로 들 수 있으며 이때, 명제를 간략하게 표기하기 위하여 "$1+1=3$"을 p로 "대한민국의 수도는 서울이다"를 q로 나타낼 수 있다. 이때 명제 p는 거짓의 값을 나타내며 명제 q는 참의 값을 나타낸다.

논리

여러 개의 명제가 존재할 때 두 개 이상의 명제를 결합하여 사용할 수 있으며, 명제를 결합할 때 사용하는 연산자를 논리 연산자라고 한다. 대표적인 논리 연산자에는 부정, 논리곱, 논리합, 배타적 논리합 등이 있다.

기호	읽는 법	의미	예시
$\sim$	not	부정	$\sim p$
$\wedge$	and	논리곱	$p \wedge q$
$\vee$	or	논리합	$p \vee q$
$\otimes$	exclusive or	배타적 논리합	$p \otimes q$

명제

어떤 사실을 나타내는 문장으로서 그 의미가 참(true)인지 거짓(false)인지를 명확하게 구분할 수 있고, 참과 거짓이 동시에 될 수 없는 문장을 **명제**(statement or proposition)라고 한다. 명제를 나타내기 위하여 문자 p, q, r 등을 사용한다. 이 문자들을 **명제변수**(propositional variable)라 하며, 참 혹은 거짓의 **진릿값**(truth value)을 가지고, 참값을 T, 거짓값을 F로 나타낸다.

어떤 명제들은 여러 개의 **부분명제**(substatement)로 결합되어 있다. 이런 명제를 **합성명제**(compound statement)라 한다. 합성명제의 진릿값은 부분명제들의 진릿값에 따라 결정된다. 이것을 표로 나타낸 것을 **진리표**(truth table)라 한다.

명제
명제의 참과 거짓은 이진수의 1과 0, 전원의 ON/OFF 상태 등을 의미할 수 있으며, 일반적으로 공학적인 측면에서는 명제의 참과 거짓을 스위치의 ON/OFF 상태로 제어할 때 활용할 수 있다.

명제변수
p, q, r 등의 명제가 참이 될 수도 거짓이 될 수도 있으므로 변수라 칭하며 이는 변수의 상태에 따라 스위치가 ON/OFF가 될 수 있다는 것을 의미한다.

합성명제
여러 개의 부분명제가 논리 연산자를 활용하여 결합된 명제를 의미하며, 공학적으로는 여러 개의 스위치 조합을 통한 시스템의 제어에 활용된다.

예제 7.1.1 다음의 문장이 명제인지 판별하고 합성명제일 시 부분 명제로 구분하라.

1. "대구는 한국의 도시이고 롤리(Raleigh)는 미국의 도시이다."
2. "희진이는 중학생이거나 매일 밤늦게 공부한다."
3. "희진이는 예쁩니까?"

풀이

(1) 참과 거짓을 판별할 수 있으므로 명제이다. 또한, "대구는 한국의 도시이고 롤리(Raleigh)는 미국의 도시이다."라는 명제는 "대구는 한국의 도시이다."와 "롤리는 미국의 도시이다."의 부분명제로 이루어진 합성명제이다.

(2) 참과 거짓을 판별할 수 있으므로 명제이다. 또한, "희진이는 중학생이거나 매일 밤늦게 공부한다."라는 명제는 "희진이는 중학생이다."와 "희진이는 매일 밤늦게 공부한다."의 부분명제로 이루어진 합성명제이다.

(3) "희진이는 예쁩니까?"라는 문장은 참과 거짓을 구분할 수 없으므로 명제가 아니다.

논리 구조

논리곱

임의의 두 명제가 "그리고(and)"에 의하여 결합되었을 때 이 합성명제를

이항 연산
두 개의 항으로부터 연산 결과를 얻어내는 연산을 의미한다.

원래 명제의 **논리곱**(conjunction)이라 하며 $p \wedge q$로 표시하고, "p 그리고 q"로 읽는다. 논리곱은 두 명제로부터 하나의 명제를 구성하므로 이항 연산(binary operation)이다. 합성명제 $p \wedge q$의 진릿값은 표 7.1.1과 같으며, 부분명제 p와 q가 모두 참일 때만 참이고 그 외에는 거짓이 된다.

표 7.1.1 $p \wedge q$의 진리표

p	q	$p \wedge q$
T	T	T
T	F	F
F	T	F
F	F	F

합성 명제의 연산결과가 참인지 거짓인지 쉽게 판별하기 위하여 집합의 개념을 도입할 수 있으며, 본 개념은 명제의 전반적인 분야에서 통용가능하다. 명제의 값이 참인 경우 집합의 전체집합 개념으로, 명제의 값이 거짓인 경우 집합의 공집합 개념으로 대입하면 명제의 논리곱은 집합의 교집합의 개념에 대입할 수 있다. 즉,

표 7.1.2 $p \cap q$의 진리표

p	q	$p \cap q$
U	U	U
U	$\varnothing$	$\varnothing$
$\varnothing$	U	$\varnothing$
$\varnothing$	$\varnothing$	$\varnothing$

공학적 관점
논리곱 연산의 경우 공학적 관점에서 스위치의 개념으로 해석 시 두 개의 스위치가 직렬로 연결된 상태를 의미하며 시스템이 ON 상태가 되기 위해서는 두 개의 스위치 모두가 ON 상태가 되어야 함을 알 수 있다. (1.2절의 교집합과 합집합 부분 참조)

표 7.1.2와 같은 연산 결과가 나타나며 명제의 관점에서 결과 값을 해석하고자 할 시 전체 집합을 T로, 공집합을 F로 다시 치환하면 합성명제의 연산 결과를 획득할 수 있다.

표 7.1.1과 표 7.1.2에서 나타난 결과를 공학적 관점에서 스위치의 개념에 적용하게 되면 p라는 스위치와 q라는 스위치가 동시에 눌러졌을 때 시스템이 ON 상태로, 그 이외의 경우 시스템은 모두 OFF 상태로 됨을 알 수 있다.

예제 7.1.2 다음의 합성명제에 대하여 진릿값을 구하라.

(1) 파리는 프랑스의 수도이고 $2+2=4$이다.

(2) 서울은 한국의 수도이고 4는 6의 약수이다.

풀이

(1) "파리는 프랑스의 수도이다"를 p로 "2+2=4이다"를 q로 표시할 시 본 문항은 $p \wedge q$로 나타낼 수 있으며, p와 q의 값이 각각 참인 경우에 해당하므로 연산의 결과는 참이다.

(2) 파리는 "서울은 한국의 수도이다"를 p로 "4는 6의 약수이다"를 q로 표시할 시 본 문항은 $p \wedge q$로 나타낼 수 있으며, p의 값은 참이고 q의 값은 거짓이므로 연산의 결과는 거짓이다.

논리합

임의의 두 명제가 "또는(or)"에 의하여 결합되었을 때 이 합성명제를 원래 명제의 **논리합**(disjunction)이라 하며 $p \vee q$로 표시하고, "p 또는 q"로 읽는다. 합성명제 $p \vee q$의 진릿값은 표 7.1.3과 같으며, 부분명제 p와 q가 모두 거짓일 때만 거짓이고 그 외에는 참이 된다.

표 7.1.3 $p \vee q$의 진리표

p	q	$p \vee q$
T	T	T
T	F	T
F	T	T
F	F	F

합성 명제의 연산결과를 쉽게 파악하기 위하여 표 7.1.2와 같이 집합의 개념에 도입하면 논리합은 합집합으로 표시할 수 있으며 전체적인 진리표는 표 7.1.4와 같다.

표 7.1.4의 결과를 명제의 관점에서 해석하고자 할 시 전체 집합을 T로, 공집합을 F로 다시 치환하면 합성명제의 연산 결과를 획득할 수 있다.

표 7.1.4 $p \cup q$의 진리표

p	q	$p \cup q$
U	U	U
U	$\varnothing$	U
$\varnothing$	U	U
$\varnothing$	$\varnothing$	$\varnothing$

공학적 관점
논리합 연산의 경우 공학적 관점에서 스위치의 개념으로 해석 시 두 개의 스위치가 병렬로 연결된 상태를 의미하며 시스템이 ON 상태가 되기 위해서는 두 개의 스위치 중 하나라도 ON 상태가 되면 시스템이 ON됨을 알 수 있다. (1.2절의 교집합과 합집합 부분 참조)

표 7.1.4에서 나타난 결과를 **공학적 관점**에서 스위치의 개념에 적용하게 되면 p라는 스위치와 q라는 스위치가 둘 중에 하나라도 눌러졌을 때 시스템이 ON 상태로, 둘 다 눌러지지 않았을 경우 시스템은 OFF 상태로 됨을 알 수 있다.

예제 7.1.3 다음의 합성명제에 대하여 진릿값을 구하라.

(1) 파리는 프랑스의 수도이거나 $2+2=5$이다.

(2) 런던은 프랑스의 수도이거나 4는 6의 약수이다.

풀이

(1) "파리는 프랑스의 수도이다"를 p로 "2+2=5이다"를 q로 표시할 시 본 문항은 $p \vee q$로 나타낼 수 있으며, p의 값이 참, q의 값이 거짓 경우에 해당하므로 연산의 결과는 참이다.

(2) "런던는 프랑스의 수도이다"를 p로 "4는 6의 약수이다"를 q로 표시할 시 본 문항은 $p \vee q$로 나타낼 수 있으며, p와 q의 값이 모두 거짓인 경우에 해당하므로 연산의 결과는 거짓이다.

부정

명제 p에 대하여 p의 **부정**(negation)은 "p가 아니다"를 의미하고 $\sim p$로 나타낸다. 명제 $\sim p$의 진릿값은 p의 진릿값의 반대이므로 진리표는 표 7.1.5와 같이 된다. 부정은 하나의 명제에 대하여 성립하므로 **일항 연산**(unary operation)이 된다.

일항 연산
연산을 수행하기 위하여 필요한 항이 하나인 경우의 연산을 의미한다.

표 7.1.5 $\sim p$의 진리표

p	$\sim p$
T	F
F	T

합성 명제의 연산결과를 쉽게 파악하기 위하여 표 7.1.2와 같이 집합의 개념에 도입하면 부정은 여집합으로 표시할 수 있으며 전체적인 진리표는 표 7.1.6과 같다.

표 7.1.6 p^c의 진리표

p	$\sim p$
U	$\varnothing$
$\varnothing$	U

표 7.1.6의 결과를 명제의 관점에서 해석하고자 할 시 전체 집합을 T로, 공집합을 F로 다시 치환하면 명제의 연산 결과를 획득할 수 있다.

표 7.1.6에서 나타난 결과를 **공학적 관점**에서 스위치의 개념에 적용하게 되면 p라는 스위치가 눌러지게 되면 시스템이 OFF 상태로, 눌러지지 않았을 경우 시스템은 ON 상태로 됨을 알 수 있다.

공학적 관점
부정의 경우 공학적 관점에서 스위치의 개념으로 해석 시 스위치에 인버터를 설치한 것으로 시스템이 ON 상태가 되기 위해서는 스위치를 누르지 않아야 함을 알 수 있다. (1.2절의 교집합과 합집합 부분 참조)

예제 7.1.4 다음 명제에 대하여 진릿값을 구하라.

(1) "~(파리는 프랑스의 수도이다.)"

(2) "~(3은 무리수이다.)"

풀이

(1) "파리는 프랑스의 수도이다"는 참이므로 이를 부정 시 거짓에 해당한다.

(2) "3은 무리수이다"는 거짓이므로 이를 부정 시 참에 해당한다.

합성명제의 진리표

합성명제의 진릿값은 각 변수들의 진릿값에 의하여 구할 수 있다. 즉, 논리합, 논리곱, 부정 등의 진리표를 사용하여 보다 복합적인 합성명제의 진리표를 구할 수 있다. 예를 들어 복합 명제 $\sim(\sim p \wedge q)$의 진릿값은 아래와 같이 구할 수 있다.

표 7.1.7 $\sim(\sim p \wedge q)$의 진리표

p	q	$\sim(\sim p \wedge q)$			
		$\sim(\sim p \wedge q)$	$\sim p$	$\sim p \wedge q$	q
T	T	T	F	F	T
T	F	T	F	F	F
F	T	F	T	T	T
F	F	T	T	F	F
단계		3	1	2	1

합성명제의 진릿값을 구하기 위하여 먼저 단계별로 진릿값을 구하여 나간다. 1단계에서 변수 $\sim p$와 q의 진릿값을 나타내고, 2단계에서 $\sim p$의 진릿값과 q의 진릿값을 논리곱에 의하여 연산한다. 마지막으로 3단계에서 2단계의 진릿값에 대한 부정을 구하면 우리가 구하고자 하는 최종적인 진릿값이 구해진다.

합성명제의 연산 결과를 쉽게 파악하기 위하여 표 7.1.2와 같이 집합의 개념에 도입하면 부정은 여집합으로, 논리곱은 교집합으로 표시할 수 있으며 전체적인 진리표는 표 7.1.8과 같다.

표 7.1.8 $(p^c \cap q)^c$의 진리표

p	q	$(p^c \cap q)^c$			
		$(p^c \cap q)^c$	p^c	$p^c \cap q$	q
U	U	U	$\varnothing$	$\varnothing$	U
U	$\varnothing$	U	$\varnothing$	$\varnothing$	$\varnothing$
$\varnothing$	U	$\varnothing$	U	U	U
$\varnothing$	$\varnothing$	U	U	$\varnothing$	$\varnothing$
단계		3	1	2	1

표 7.1.8의 결과를 명제의 관점에서 해석하고자 할 시 최종 결과 값에서

전체 집합을 T로, 공집합을 F로 다시 치환하면 합성명제의 연산 결과를 획득할 수 있다.

표 7.1.8에서 나타난 결과를 공학적 관점에서 스위치의 개념에 적용하게 되면 p라는 스위치가 눌러지지 않고 q라는 스위치만 눌러졌을 때에 시스템이 OFF 상태로, 그 이외의 스위치 상태에서는 시스템은 모두 ON 상태로 됨을 알 수 있다.

요약

7.2

조건명제, 항진명제, 모순명제

조건명제

조건명제란 가정 조건과 결론 조건을 연결하는 특정한 형태의 복합명제를 말한다. 조건명제는 '가정→결론'의 형태로 표기될 수 있으며, 내용적 연관성과 인과관계는 고려하지 않고 형식적 연결만을 따져서 참과 거짓을 판별하게 된다. 예를 들어 명제 p와 q가 존재할 때, '$p \rightarrow q$'로 표기된 조건 명제는 'p이면 q이다.'로 해석할 수 있으며, 명제 p의 진릿값이 명제 q의 진릿값에 포함될 때 조건명제의 진릿값은 참이 된다. 이때, 명제 p의 진릿값과 명제 q의 진릿값의 포함여부를 판별하기 위해서는 집합의 개념으로 치환하여 생각하면 쉽게 판단할 수 있다.

p	q	$p \rightarrow q$	집합적 표현 $T = U,\ F = \varnothing$
T	T	T	$U \subset U$: T
T	F	F	$U \not\subset \varnothing$: F
F	T	T	$\varnothing \subset U$: T
F	F	T	$\varnothing \subset \varnothing$: T

조건명제의 특수한 형태인 쌍 조건명제($p \leftrightarrow q$)는 두 개의 조건명제가 논리곱으로 합쳐진 복합명제($p \rightarrow q$ and $q \rightarrow p$)로서 위의 개념을 적용하면 명제 p와 q가 동일한 진릿값을 가질 때에만 쌍 조건명제의 진릿값은 참의 값을 나타낸다.

항진명제

논리식 혹은 합성명제에 포함되는 각각의 명제가 참 또는 거짓의 결과를 나타내는 것과 상관없이 전체 합성명제의 진릿값이 항상 참이 되는 합성명제를 항진명제라고 한다. 쉽게 이해하기 위하여 집합의 개념을 도입 시 연산의 결과가 전체 집합이 나타나는 경우를 말하며, 예를 들어 $A \cup A^c$와 같은 경우를 의미한다. 이를 논리적으로 표기하면 $p \vee \sim p$ 형태로 나타낼 수 있으며, p의 값에 상관없이 스위치의 상태가 항상 ON의 상태가 됨을 알 수 있다.

p	$\sim p$	$p \vee \sim p$	집합적 표현 $T = U,\ F = \varnothing$
T	F	T	$U \cup \varnothing$: T
F	T	T	$\varnothing \cup U$: T

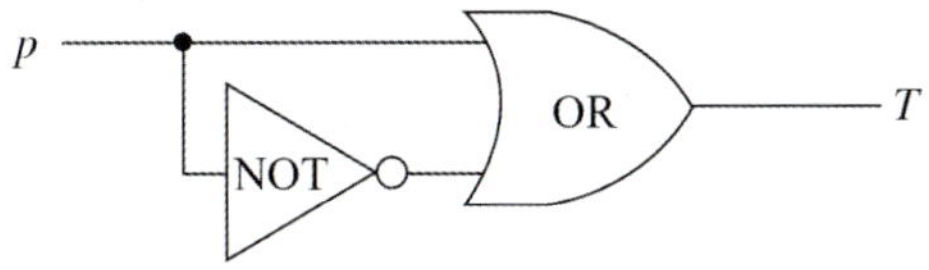

모순명제

논리식 혹은 합성명제에 포함되는 각각의 명제가 가지는 진릿값과는 상관없이 합성명제의 진릿값이 항상 거짓이 되는 명제를 모순명제라고 한다. 집합의 개념을 도입하여 모순명제의 개념을 적용하면 연산의 결과가 항상 공집합이 되는 경우가 모순명제이며, 예를 들어 $A \cap A^c$와 같은 경우를 나타낸다. 이를 논리적으로 표기하면 $p \wedge \sim p$ 형태로 나타낼 수 있으며, p의 값에 상관없이 스위치의 상태가 항상 OFF의 상태가 됨을 알 수 있다.

p	$\sim p$	$p \wedge \sim p$	집합적 표현 $T = U,\ F = \varnothing$
T	F	F	$U \cap \varnothing$: F
F	T	F	$\varnothing \cap U$: F

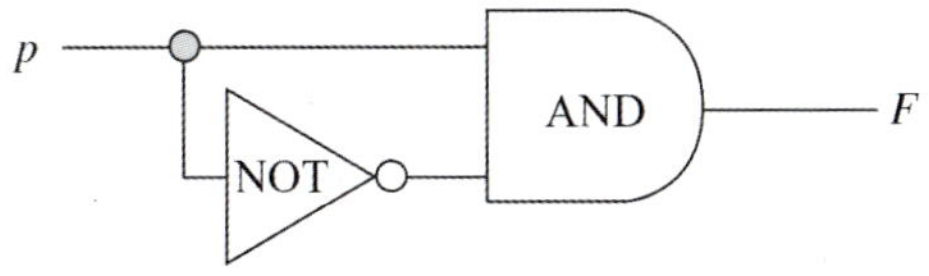

조건문과 쌍조건문

조건명제
조건명제를 프로그래밍 언어로 구현하기 위해서는 일반적으로 if-then 구문과 case구문 등을 활용하여 구현한다.

두 명제 p, q에 대하여 합성명제 "p이면 q이다"(if p then q)를 **조건문**(conditional statement)이라 하고 기호로는 $p \to q$로 나타낸다. 그리고 이 명제를 **조건명제**라 하기도 한다. 이때, 명제 p를 **가정**(hypothesis), 명제 q를 **결론**(conclusion)이라 한다. 명제 p이면 명제 q이다가 항상 참이 되기 위해서는 명제 p의 진릿값이 명제 q의 진릿값에 포함되어야 하며, 조건문 $p \to q$의 전체 진릿값은 아래 표 7.2.1과 같다.

표 7.2.1 $p \to q$의 진리표

p	q	$p \to q$
T	T	T
T	F	F
F	T	T
F	F	T

조건문 $p \to q$의 진릿값
조건 명제의 진릿값을 쉽게 파악하기 위해서는 집합의 개념을 도입하여 연산한다.

조건문 $p \to q$의 진릿값을 살펴보면 명제 p가 참이고 명제 q가 거짓일 때만 거짓이고 나머지의 경우는 모두 참이 된다는 것을 알 수 있다. 가정에 해당하는 명제 p의 진릿값이 거짓일 경우에는, 결론에 해당하는 명제 q의 진릿값에 관계없이 조건문의 진릿값은 참이 된다는 것에 유의하자.

명제 p와 q에 대하여 조건문 $q \to p$를 $p \to q$의 **역**(converse)이라 하며, 조건문 $\sim p \to \sim q$를 $p \to q$의 이(inverse), 조건문 $\sim q \to \sim p$를 $p \to q$의 **대우**(contrapositive)라 한다. 조건문, 역, 이 및 대우의 진리표는 다음의 표 7.2.2와 같다.

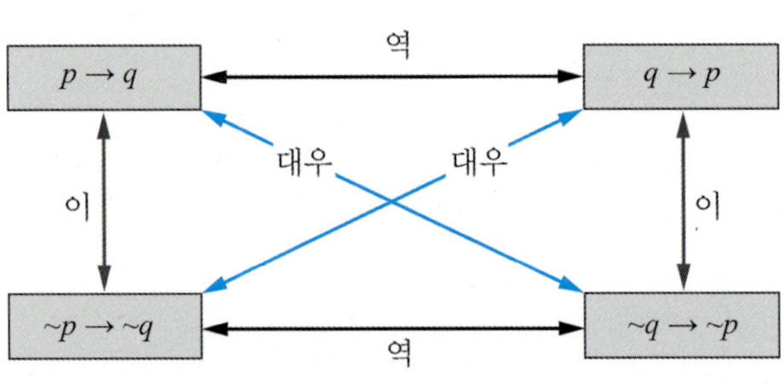

그림 7.2.1 명제의 역, 이, 대우 관계

표 7.2.2 조건문의 역과 대우 진리표

p	q	$p \to q$	$q \to p$	$\sim q \to \sim p$
T	T	T	T	T
T	F	F	T	F
F	T	T	F	T
F	F	T	T	T

위의 진리표를 보면 조건명제와 대우명제의 진릿값은 항상 같음을 알 수 있다. 따라서 어떠한 명제의 진릿값을 구할 때에는 필요에 따라 대우명제로 변환하여 진릿값을 구하여도 무방함을 알 수 있다. 이는 조건명제와 대우명제에 해당하는 명제는 그 의미가 같다는 것을 말한다. 이와 같이 2개의 복합명제 P와 Q의 진릿값이 항상 같을 때 "**논리적으로 동등**"(logical equivalent) 또는 간단히 "**동등**"(equal)하다, 혹은 **동치관계**에 있다고 하며, 기호로는 $P(p, q, \cdots) \equiv Q(p, q, \cdots)$라 쓴다.

예제 7.2.1 다음의 명제를 조건문 $p \to q$의 형태로 나타내고, 각각 역과 대우를 구하라.

(1) p: 날씨가 춥다. q: 그는 외투를 입는다.

(2) p: 히딩크는 명감독이다. q: 한국 축구팀은 4강에 진출한다.

풀이

(1) 조건문($p \to q$): 날씨가 추우면, 그는 외투를 입는다.
역($q \to p$): 그가 외투를 입으면, 날씨가 춥다.
대우($\sim q \to \sim p$): 그가 외투를 입지 않으면, 날씨가 춥지 않다.
조건문 $p \to q$와 대우 $\sim q \to \sim p$가 동치관계이므로, "날씨가 추우면, 그는 외투를 입는다"라는 문장은 "그가 외투를 입지 않으면, 날씨가 춥지 않다"라는 문장의 의미와 같음을 알 수 있다.

(2) 조건문($p \to q$): 히딩크가 명감독이면, 한국 축구팀은 4강에 진출한다.
역($q \to p$): 한국 축구팀이 4강에 진출하면, 히딩크는 명감독이다.
대우($\sim q \to \sim p$): 한국 축구팀이 4강에 진출하지 못하면, 히딩크는 명감독이 아니다.

예제 7.2.2 조건문 $p \to q$와 복합명제 $\sim p \vee q$가 논리적으로 동등한지 진리표를 이용하여 보이라.

증명

복합명제 $\sim p \vee q$의 진리표는 다음과 같다.

p	q	$\sim p$	$\sim p \vee q$	$p \to q$
T	T	F	T	T
T	F	F	F	F
F	T	T	T	T
F	F	T	T	T

위의 표에서 나타난바와 같이 복합명제 $\sim p \vee q$의 진릿값은 조건문 $p \to q$의 진릿값과 동일함을 알 수 있다. 따라서 $p \to q$와 $\sim p \vee q$는 동치관계이며, $p \to q \equiv \sim p \vee q$로 나타낼 수 있다.

쌍 조건문
복합명제 쌍 조건문($p \leftrightarrow q$)의 진리 값은 명제 p와 명제 q의 진릿값이 동일한 경우에만 참이된다.

두 명제 p, q에 대하여, 합성명제 "p이면 q이다"와 "q이면 p이다"를 동시에 만족시키는 명제를 **쌍 조건문**(biconditional statement)이라 하며, 기호로는 $p \leftrightarrow q$(p if and only if q, 이를 종종 p iff q로 표기하기도 한다)로 나타낸다. 즉, p는 q가 될 필요충분조건이다. $p \leftrightarrow q$의 진리표는 $p \to q$와 $q \to p$의 진리표에 의하여 아래의 표 7.2.3과 같이 된다.

표 7.2.3 $p \leftrightarrow q$의 진리표

p	q	$p \to q$	$q \to p$	$p \to q \wedge q \to p$	$p \leftrightarrow q$
T	T	T	T	T	T
T	F	F	T	F	F
F	T	T	F	F	F
F	F	T	T	T	T

$p \leftrightarrow q$의 진리표를 살펴보면 쌍 조건문의 진릿값은 p와 q의 진릿값이 같을 때만 참이 되는 것을 알 수 있다.

항진명제와 모순명제

논리식 혹은 합성명제에 포함되는 각각의 명제가 참 또는 거짓의 결과를 나타내는 것과 상관없이 전체 합성명제의 진릿값이 항상 참이 되는 합성명제를 항진명제라고 하며, 논리식 혹은 합성명제에 포함되는 각각의 명제가 가지는 진릿값과는 상관없이 합성명제의 진릿값이 항상 거짓이 되는 명제를 모순명제라고 한다.

항진명제의 부정은 모순명제이고, 모순명제의 부정은 항진명제가 된다.

예제 7.2.3 다음 명제가 항진명제인지 모순명제인지 나타내라.

(1) $p \vee \sim p$

(2) $p \wedge \sim p$

증명

진리표를 구성하여 보면 다음과 같다.

(1) $p \vee \sim p$

p	$\sim p$	$p \vee \sim p$
T	F	T
F	T	T

집합의 관점에서 생각해보면 p가 참일 경우 전체 집합에 해당하며, p의 여집합은 거짓이 되므로 공집합에 해당한다. 이때, 전체 집합과 공집합의 합집합은 전체집합이 되므로 $p \vee \sim p$는 p의 값에 상관없이 항상 참이 된다.

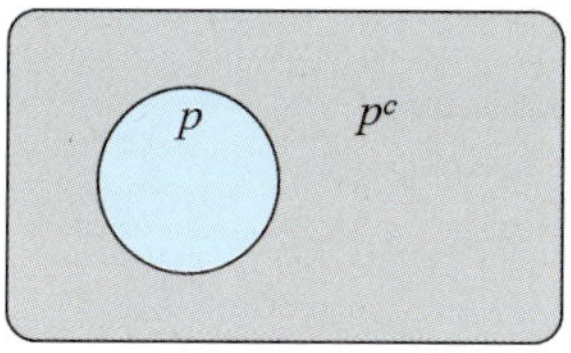

(2) $p \wedge \sim p$

p	$\sim p$	$p \wedge \sim p$
T	F	F
F	T	F

집합의 관점에서 생각해보면 p가 참일 경우 전체 집합에 해당하며, p의 여

집합은 거짓이 되므로 공집합에 해당한다. 이때, 전체 집합과 공집합의 교집합은 공집합이 되므로 $p \wedge \sim p$은 p의 값에 상관없이 항상 거짓이 된다.

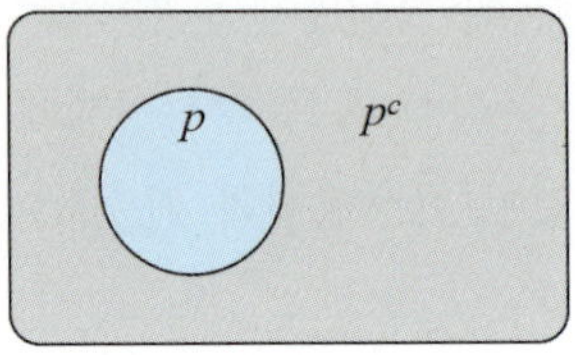

■

합성명제의 대수법칙

3개의 연산자 논리합(∨), 논리곱(∧), 부정(~)으로 이루어진 합성명제의 진릿값은 다음과 같은 대수법칙을 활용하여 연산할 수 있다. 이 또한 개념상으로 쉽게 이해하기 위하여 집합의 법칙을 적용할 수 있다. 아래에 나타낸 t와 f는 각각 명제의 참(true)과 거짓(false)을 나타내며, 집합의 개념을 도입 시에는 참을 전체집합으로, 거짓을 공집합으로 치환하여 연산하면 쉽게 이해할 수 있다.

일반적으로 명제의 논리에 대하여 다음의 법칙이 성립된다.

(1) 멱등 법칙(Idempotent Laws)

(a) $p \vee p \equiv p$ (b) $p \wedge p \equiv p$

집합의 개념으로 치환 시

(a) $A \cup A = A$ (b) $A \cap A = A$

(2) 교환 법칙(Commutative Laws)

(a) $p \vee q \equiv q \vee p$ (b) $p \wedge q \equiv q \wedge p$

집합의 개념으로 치환 시

(a) $A \cup B = B \cup A$ (b) $A \cap B = B \cap A$

(3) 결합 법칙(Associative Laws)

(a) $(p \vee q) \vee r \equiv p \vee (q \vee r)$ (b) $(p \wedge q) \wedge r \equiv p \wedge (q \wedge r)$

집합의 개념으로 치환 시

(a) $(A \cup B) \cup C = A \cup (B \cup C)$ (b) $(A \cap B) \cap C = A \cap (B \cap C)$

(4) 분배 법칙(Distributive Laws)

(a) $p \vee (q \wedge r) \equiv (p \vee q) \wedge (p \vee r)$ (b) $p \wedge (q \vee r) \equiv (p \wedge q) \vee (p \wedge r)$

집합의 개념으로 치환 시

(a) $A \cup (B \cap C) = (A \cup B) \cap (A \cup C)$

(b) $A \cap (B \cup C) = (A \cap B) \cup (A \cap C)$

(5) 항등 법칙(Identity Laws)

(a) $p \vee f \equiv p$ (b) $p \wedge t \equiv p$

(c) $p \vee t \equiv t$ (d) $p \wedge f \equiv f$

집합의 개념으로 치환 시

(a) $A \cup \varnothing = A$ (b) $A \cap U = A$

(c) $A \cup U = U$ (d) $A \cap \varnothing = \varnothing$

(6) 보 법칙(Complement Laws)

(a) $p \vee \sim p \equiv t$ (항등명제) (b) $p \wedge \sim p \equiv f$ (모순명제)

(c) $\sim t \equiv f$ (d) $\sim f \equiv t$

집합의 개념으로 치환 시

(a) $A \cup A^c = U$ (b) $A \cap A^c = \varnothing$

(c) $U^c = \varnothing$ (d) $\varnothing^c = U$

(7) 부정에 대하여 대합 법칙(Involution Laws)

(a) $\sim(\sim p) \equiv p$

집합의 개념으로 치환 시

(a) $(A^c)^c = A$

(8) 드모르간(De Morgan)의 법칙

(a) $\sim(p \vee q) \equiv \sim p \wedge \sim q$ (b) $\sim(p \wedge q) \equiv \sim p \vee \sim q$

집합의 개념으로 치환 시

(a) $(A \cup B)^c = A^c \cap B^c$ (b) $(A \cap B)^c = A^c \cup B^c$

드모르간의 법칙
드모르간의 법칙을 합성명제에 적용하면, 논리합으로 이루어진 합성명제는 논리곱으로, 논리곱으로 이루어진 합성명제는 논리합으로 바뀌게 된다. 이는 실질적인 하드웨어 구현 시 AND 게이트로 구성된 회로를 OR 게이트로 변환할 수 있으며, OR 게이트 또한 AND 게이트로 변환하여 설계할 수 있음을 의미한다.

요약

7.3 명제의 추론 및 논리적 함축

명제의 추론

명제의 추론은 기존의 명제로부터 새로운 명제를 만들어내는 것으로, 새로운 명제를 생성하는 과정을 추론 규칙(Inference Rule)이라고 한다. 추론 규칙에 의해 새로 생성된 명제가 기존의 명제 집합과 논리적인 모순이 없을 때에, 그 추론 규칙을 논리계산에서 이용할 수 있다.

즉, **추론을 위해 사용하는 기존의 명제집합을 전제**(premise) 또는 가정이라 하고 $P_1, P_2, \cdots, P_n$으로 표시하며, 추론에 의해 생성된 **결론**(conclusion)을 Q로 표시한다. 이러한 과정을 통하여 새로운 명제를 생성시키는 것을 **추론**(argument)이라고 한다. 추론을 수식적으로 표기하면 $P_1, P_2, \cdots, P_n \vdash Q$로 표시할 수 있다.

명제의 추론 결과가 의미를 가지기 위해서는 전제 $P_1, P_2, \cdots, P_n$이 모두 참일 때 결론 Q가 항상 참이어야 하며, 이러한 추론을 **진위**(valid) 추론이라고 한다. 전제 $P_1, P_2, \cdots, P_n$이 모두 참임에도 불구하고 추론의 결과가 거짓일 경우 허위(fallacy) 추론이라고 하며, 이는 새롭게 생성된 명제가 기존의 명제집합과 논리적인 모순이 발생함을 나타낸다. 진위추론의 경우 증명된 사실로 만들어진 전제(기존의 명제집합)와 논리적 모순이 발생하지 않으므로 다양한 분야에 응용될 수 있으며, 대표적인 진위추론으로는 삼단논법을 들 수 있다.

논리적 함축

명제 P가 참일 때 명제 Q가 항상 참이면 명제 P는 명제 Q를 "**논리적으로 함축한다**"(logically imply)라고 하고, $P \Rightarrow Q$라고 나타낸다. 명제 P가 명제 Q를 논리적으로 함축하면 다음과 같은 성질이 성립한다.

- 조건명제 $P \rightarrow Q$는 항진명제

요약

- 추론 $P \vdash Q$는 진위 추론

따라서 "명제 P가 명제 Q를 논리적으로 함축한다."는 의미와 "조건문 $P \to Q$는 항진명제", "추론 $P \vdash Q$는 진위 추론"이라는 의미는 논리적으로 동치관계에 있다.

명제의 추론

전제(premise)라고 하는 명제 $P_1, P_2, \cdots, P_n$이 **결론**(conclusion)으로 명제 Q를 생성시키는 것을 **추론**(argument)이라고 하며, $P_1, P_2, \cdots, P_n \vdash Q$로 표시한다. 전제를 **가정**(hypothesis)이라고도 한다.

전제 $P_1, P_2, \cdots, P_n$이 모두 참일 때 Q가 항상 참이면 **진위**(valid) 추론이라고 한다. 만일 전제 $P_1, P_2, \cdots, P_n$이 모두 참임에도 불구하고 추론이 거짓이면, 도출된 추론을 **허위**(fallacy) 추론이라고 한다. 추론은 하나의 명제이므로 진리표를 가실 수 있으며, 추론의 결과가 진위추론인지 허위추론인지 판별하는 것을 "추론을 증명한다."고 한다.

추론
기존에 존재하는 명제들로부터 논리적인 모순이 존재하지 않는 새로운 명제를 만들어 내는 것을 의미한다. 이러한 추론은 인공지능 분야에서 기존에 존재하는 지식들로부터 새로운 지식을 만들어내는 과정에 응용할 수 있다.

예제 7.3.1 다음의 추론이 진위추론인지 허위추론인지 진리표를 이용하여 증명하라.

(1) $p \vee q,\ q \vdash p$

(2) $p \wedge q,\ p \to q \vdash q$

증명

(1) 진위 추론 여부를 판단하기 위해서는 전제와 결론 사이의 참 거짓 상태를 파악하여야 한다. 두 개의 전제 $p \vee q$, q라는 명제가 참일 때에 결론 p가 모두 참이면 진위추론이 되므로 진리표를 이용하여 확인해보면 전제가 모두 참인 경우는 1과 3행이 해당하므로, 이때 결론으로 도출된 p가 모두 참이면 진위추론, 그렇지 않은 경우 허위추론이 된다. 본 문항의 경우 p의 3번째 행이 거짓에 해당하므로 전제가 참일 시 결론이 모

두 참이 되지 못하며, 따라서 본 추론은 허위추론이 된다.

p	q	$p \vee q$
T	T	T
T	F	T
F	T	T
F	F	F

(2) 진위 추론 여부를 판단하기 위해서는 전제와 결론 사이의 참 거짓 상태를 파악하여야 한다. 두 개의 전제 $p \wedge q$, $p \rightarrow q$라는 명제가 참일 때에 결론 q가 모두 참이면 진위추론이 되므로 진리표를 이용하여 확인해보면

p	q	$p \wedge q$	$p \rightarrow q$
T	T	T	T
T	F	F	F
F	T	F	T
F	F	F	T

전제가 모두 참인 경우는 1행이 해당하므로, 이때 결론으로 도출된 q가 참이면 진위추론, 그렇지 않은 경우 허위추론이 된다. 본 문항의 경우 q의 1번째 행이 참에 해당하므로 전제가 참일 시 결론이 모두 참이 되며, 따라서 본 추론은 진위추론이 된다.

위와 같이 추론이 진위 추론인지 허위 추론인지를 증명하기 위하여 진리표에서 전제가 모두 참인 경우만 분리하여 생각하고, 그 경우 결론이 참인지 아니면 거짓인지를 조사하면 된다. 이렇게 전제가 참인 경우만 분리하여 생각할 수 있기 때문에, 이를 **분리의 법칙**(law of detachment)이라고 한다.

전제 $P_1, P_2, \cdots, P_n$이 모두 참일 필요충분조건은 명제 $P_1 \wedge P_2 \wedge \cdots \wedge P_n$이 참이 되는 것이다. 그러므로 추론 $P_1, P_2, \cdots, P_n \vdash Q$가 진위 추론인 것을 증명하기 위하여 $(P_1 \wedge P_2 \wedge \cdots \wedge P_n) \rightarrow Q$가 항진명제임을 보이면 된다.

예제 7.3.2 예제 7.3.1의 문제를 조건문으로 다시 쓰면 아래와 같다. 이 명제가 항진명제임을 나타내라.

(1) $((p \vee q) \wedge q) \rightarrow p$

(2) $((p \wedge q) \wedge (p \rightarrow q)) \rightarrow q$

증명

(1) 명제 $((p \vee q) \wedge q) \rightarrow p$의 진리표를 만들면 아래와 같다.

p	q	$p \vee q$	$(p \vee q) \wedge q$	$((p \vee q) \wedge q) \rightarrow p$
T	T	T	T	T
T	F	T	F	T
F	T	T	T	F
F	F	F	F	T

위의 진리표의 3행 값이 거짓이므로, 이 명제는 항진명제가 아니다. 따라서 이 추론은 허위 추론이다.

(2) $((p \wedge q) \wedge (p \rightarrow q)) \rightarrow q$의 진리표를 만들면 아래와 같다.

p	q	$p \rightarrow q$	$p \wedge q$	$((p \rightarrow q) \wedge (p \wedge q)) \rightarrow q$
T	T	T	T	T
T	F	F	F	T
F	T	T	F	T
F	F	T	F	T

위의 진리표에서 명제 p, q의 모든 가능한 값에 대하여(T 또는 F) 결론에 해당하는 $((p \wedge q) \wedge (p \rightarrow q)) \rightarrow q$의 진릿값이 모두 참이므로, 이 명제는 항진명제이다. 따라서 본 추론은 진위 추론에 해당한다.

이와 같이, 추론이 진위인지를 검증하기 위하여 예제 7.3.1에서와 같이 전제가 모두 참인 경우 결론도 참이 된다는 사실을 보여주거나, 혹은 예제 7.3.2에서와 같이 추론으로 만들어진 조건 명제가 항진 명제임을 보여줄 수 있다.

예제 7.3.3 "만일 p이면 q이고, 그리고 q이면 r일 때, p이면 r이 된다" 즉, 삼단논법이 진위 추론임을 증명하라.

증명

삼단논법을 추론으로 나타내면 다음과 같다.

$$p \to q,\ q \to r \vdash p \to r \quad \text{(삼단논법: law of syllogism)}$$

진위 추론임을 증명하기 위하여 $((p \to q) \wedge (q \to r)) \to (p \to r)$이 항진명제임을 다음의 진리표에 의하여 보인다.

p q r	$p \to q$	$q \to r$	$(p \to q) \wedge (q \to r)$	$p \to r$	$((p \to q) \wedge (q \to r)) \to (p \to r)$
T T T	T	T	T	T	T
T T F	T	F	F	F	T
T F T	F	T	F	T	T
T F F	F	T	F	F	T
F T T	T	T	T	T	T
F T F	T	F	F	T	T
F F T	T	T	T	T	T
F F F	T	T	T	T	T

명제 $((p \to q) \wedge (q \to r)) \to (p \to r)$는 변수 p, q, r의 모든 가능한 진릿값에 대하여 참의 값을 가지므로 항진명제가 되며, 따라서 삼단논법은 진위 추론이다. 또한 전제가 모두 참인 경우는, 1, 5, 7, 8행의 경우이다. 이 경우에 결론 $p \to r$도 역시 참임을 확인할 수 있다.

논리적 함축

명제 P가 참일 때 명제 Q가 항상 참이면 명제 P는 명제 Q를 **"논리적으로 함축한다"**(logically imply)라고 하고, $P \Rightarrow Q$라고 나타낸다.

예제 7.3.4 명제 p가 $p \vee q$를 논리적으로 함축하는지 진리표를 이용하여 나타내라.

증명

진리표는 다음과 같다.

p	q	$p \vee q$
T	T	T
T	F	T
F	T	T
F	F	F

진리표의 1, 2행에서 명제 p가 참일 때, 명제 $p \vee q$도 또한 참이 된다. 따라서, p는 $p \vee q$를 논리적으로 함축한다.

명제 P가 명제 Q를 논리적으로 함축하면, 조건문 $P \rightarrow Q$도 참, 즉 항진명제가 된다. 또한 $P \rightarrow Q$가 항진명제일 시 추론 $P \vdash Q$는 진위 추론이 된다. 따라서 이 세 가지는 동치관계에 해당한다.

제7장 핵심문제

1 다음의 문장이 명제인지 판별하고, 명제일 경우 그 명제의 참 또는 거짓을 판별하라.

(1) $x+y=3$

(2) 바나나는 과일에 속한다.

(3) 물은 수소와 칼슘으로 되어 있다.

(4) x가 음수일 때 $|x|>x$이다.

(1) 명제가 아니다
(2) 명제이다. 참
(3) 명제이다. 거짓
(4) 명제이다. 참

2 다음 합성명제의 진릿값을 구하라.

(1) $(3>4)(20<21)$　　(2) $(13>7)(17=21)$

(1) $F \wedge T=F$　　(2) $T \vee F=T$

3 다음의 명제가 모순명제인지 판별하라.

(1) $p \wedge \sim p$　　(2) $q \rightarrow (q \rightarrow p)$

(1) p의 값에 상관없이 항상 거짓의 값이 나오므로 모순명제이다.
(2) q가 참이고 p가 거짓일 경우 거짓이 나오나, q가 거짓이고 p가 참일 경우 참이 나오므로 모순명제가 아니다.

4 다음 중에서 항진 명제가 아닌 것은?

(1) $(p \rightarrow q) \wedge (\sim q \rightarrow p)$　　(2) $(p \wedge q) \rightarrow p$

(3) $(p \wedge (p \rightarrow q)) \rightarrow q$　　(4) $p \rightarrow (p \vee q)$

(1) 항진명제가 아니다.

p	q	$p \to q$	$\sim q \to p$	$(p \to q) \wedge (\sim q \to p)$
T	T	T	T	T
T	F	F	T	F
F	T	T	T	T
F	F	T	F	F

(2) 항진명제이다.

p	q	$p \wedge q$	$(p \wedge q) \to p$
T	T	T	T
T	F	F	T
F	T	F	T
F	F	F	T

(3) 항진명제이다.

p	q	$(p \to q)$	$p \wedge (p \to q)$	$(p \wedge (p \to q)) \to q$
T	T	T	T	T
T	F	F	F	T
F	T	T	F	T
F	F	T	F	T

(4) 항진명제이다.

p	q	$p \vee q$	$p \to (p \vee q)$
T	T	T	T
T	F	T	T
F	T	T	T
F	F	F	T

5 $\sim(p \wedge q)$의 진리표를 만들라.

p	q	$p \wedge q$	$\sim(p \wedge q)$
T	T	T	F
T	F	F	T
F	T	F	T
F	F	F	T

6 다음 명제에 대한 진리표를 구하라.

(1) $p \rightarrow (q \rightarrow \sim p)$ (2) $p \rightarrow (\sim p \vee q)$

(1)

p	q	$q \rightarrow \sim p$	$p \rightarrow (q \rightarrow \sim p)$
T	T	F	F
T	F	T	T
F	T	T	T
F	F	T	T

(2)

p	q	$(\sim p \vee q)$	$p \rightarrow (\sim p \vee q)$
T	T	T	T
T	F	F	F
F	T	T	T
F	F	T	T

7 다음 명제의 진리표를 구하라.

(1) $p \wedge (p \leftrightarrow q)$ (2) $p \rightarrow (\sim p \leftrightarrow q)$

(1)

p	q	$p \leftrightarrow q$	$p \wedge (p \leftrightarrow q)$
T	T	T	T
T	F	F	F
F	T	F	F
F	F	T	F

(2)

p	q	$\sim p \leftrightarrow q$	$p \rightarrow (\sim p \leftrightarrow q)$
T	T	F	F
T	F	T	T
F	T	T	T
F	F	F	T

8 다음 식을 간소화하라.

(1) $\sim(p \wedge \sim q)$ (2) $\sim(p \rightarrow q)$

(1) $\sim(\sim p \wedge \sim q) \equiv \sim(p) \vee \sim(\sim q)$

$\equiv \sim pq \equiv p \rightarrow q$

(2) $\sim(p \rightarrow q) \equiv \sim(\sim p \vee q)$

$\equiv \sim(\sim p) \wedge \sim(q)$

$\equiv p \wedge \sim q$

9 명제 p가 $p \wedge q$를 논리적으로 함축하는지 보이라.

명제 P가 참일 때 명제 Q가 항상 참이면 명제 P는 명제 Q를 "논리적으로 함축한다"고 하므로, p가 참일 때 $p \wedge q$가 항상 참인지 여부를 판별하여야 한다.

p	q	$p \wedge q$
T	T	T
T	F	F
F	T	F
F	F	F

진리표의 2행에서 명제 p가 참일 때, 명제 $p \wedge q$는 참이 되지 않으므로, p는 $p \wedge q$를 논리적으로 함축하지 않는다.

10 명제 $p \to (p \vee q)$가 항진명제라면, 이 명제의 부정이 모순명제가 됨을 나타내라.

p	q	$p \vee q$	$p \to (p \vee q)$
T	T	T	T
T	F	T	T
F	T	T	T
F	F	F	T

진리표에서 확인할 수 있듯이, 명제 $p \to (p \vee q)$는 항진명제임을 알 수 있다. 원명제의 부정명제는 $\sim(p \to (p \vee q))$이므로 진리표를 활용하여 확인하면,

p	q	$p \vee q$	$p \to (p \vee q)$	$\sim(p \to (p \vee q))$
T	T	T	T	F
T	F	T	T	F
F	T	T	T	F
F	F	F	T	F

임을 알 수 있다. 따라서 항진명제의 부정은 모순명제, 모순명제의 부정은 항진명제가 됨을 알 수 있다.

제7장 연습문제

01 p를 "It is cold", 그리고 q를 "It is snowing"이라고 할 때 다음 각각의 명제들을 영어 문장으로 표현하라.

(a) $\sim p$ (b) $p \vee q$ (c) $p \wedge q$

(d) $\sim p \vee q$ (e) $\sim(p \wedge q)$ (f) $\sim p \vee \sim q$

02 $\sim(p \wedge \sim q)$의 진리표를 그리라.

03 $p \vee \sim(p \wedge q)$가 항진명제임을 증명하라.

04 $\sim(p \vee q) \wedge (p \wedge q)$가 모순명제임을 증명하라.

05 논리곱이 논리합에 대해 분배됨을 증명하여라. 즉, 분배 법칙을 증명하라.

$$p \wedge (q \vee r) \equiv (p \wedge q) \vee (p \wedge r)$$

06 다음의 합성명제가 동치관계임을 진리표를 이용하여 증명하라.

$$p \vee q \equiv \sim(\sim p \wedge \sim q)\sim$$

07 다음 명제들을 명제의 대수 법칙을 이용하여 간단히 나타내라.

(a) $p \vee (p \wedge q)$ (b) $\sim(p \vee q) \vee (\sim p \wedge q)$

08 조건문 $(p \rightarrow q) \rightarrow (p \wedge q)$의 진리표를 만들라.

09 다음 각 문제를 풀라.

(a) 조건문 $p \rightarrow q$와 $\sim p \vee q$가 동치관계임을 진리표를 이용하여 증명하라.

(b) 이를 이용하여 다음의 명제에 대하여 조건문을 사용하지 말고 다음의 명제를 나타내라.

(i) If it is cold, then he wears a jacket.

(ii) If productivity increases, then wages rise.

10 드모르간의 법칙을 진리표를 이용하여 증명하라.

(a) $\sim(p \wedge q) \equiv \sim p \vee \sim q$ (b) $\sim(p \vee q) \equiv \sim p \wedge \sim q$

11 드모르간의 법칙을 이용하여 다음 명제를 간단하게 표시하라.

(a) It is not true that it is raining or it is not hot.

여기서, 명제 $p=$It is raining. $q=$It is hot.

(b) It is false that his father is a not French or his mother is an English.

여기서, 명제 $p=$His father is a French. $q=$His mother is an English.

(c) It is not true that his mother is not English or his father is French.

여기시, 명제 $p=$His mother is English. $q=$His father is French.

(d) It is false that it is hot and it is raining.

여기서, 명제 $p=$It is hot. $q=$It is raining.

12 (a) 조건문 $p \rightarrow q$와 다른 p와 q를 포함하는 단순명제들에 관해 $\sim q \rightarrow \sim p$는 원래의 조건명제 $p \rightarrow q$에 관해 대우(contra positive)라 한다. 이들이 동치관계임을 진리표를 이용하여 증명하라.

(b) 이를 이용하여, 다음의 명제에 대하여 대우에 해당하는 명제를 나타내라.

(i) 만약 날씨가 추우면, 그는 자켓을 입는다.

(ii) 만약 한국이 16강에 진출하면, 히딩크는 명감독이다.

13 다음의 추론이 진위임을 진리표와 분리의 법칙(Law of Detachment)을 이용하여 나타내라.

(a) $p \leftrightarrow q,\ q \vdash p$ (b) $\sim p \rightarrow q,\ q \rightarrow \sim r,\ r \vdash p$

제 8 장

부울대수

디지털 시스템의 가장 기본적인 동작 제어는 켜짐과 꺼짐의 두 가지 상태로 분해될 수 있으며, 복잡한 제어들도 이러한 켜짐과 꺼짐의 제어로 모두 분해 가능하다. 켜짐과 꺼짐의 제어를 위하여 디지털 시스템의 스위치나 회로는 닫힘과 열림의 두 가지 상태 중 하나를 표시하게 되며, 이는 7장에서 학습한 명제의 참 또는 거짓과 유사한 개념으로 생각할 수 있다. 명제의 참에 해당하는 스위치의 ON 상태를 1로, 명제의 거짓에 해당하는 스위치의 OFF 상태를 0으로 표현할 수 있으며, 이러한 0과 1의 조합으로 논리적인 연산을 수행하는 것을 부울 대수라 한다.

디지털 시스템의 복잡한 동작 제어를 위해서는 여러 개의 스위치를 조합하여 시스템을 제어할 수 있으며, 이때 다양한 제어 회로에 따라 부울 연산을 활용한 논리 회로의 설계가 이루어질 수 있다.

이 장에서는 부울합, 부울곱, 보원 등의 연산 규칙을 정의하고, 부울함수, 부울식, 부울 대수 법칙, 쌍대성 등에 대하여 학습하며, 부울식과 관련하여 표준분리형에 대하여 소개하고, 논리회로, 부울 표시의 최소화에 대하여 학습한다.

요약

8.1 기본 정의

부울대수의 기본정의

부울대수의 개념은 스위칭 이론(switching theory)으로 정립되어 논리 회로 설계에 있어서 이론적인 근거가 되는 수학적인 개념이다. 부울대수는 부울상수 및 부울변수를 활용하여 다양한 스위칭 제어가 가능하도록 표현할 수 있다.

부울상수 : 0, 1
부울변수 : X, Y, Z 등으로 표기하며, 0 또는 1의 값을 가진다.

부울상수 0은 스위치 OFF 상태를 나타내며, 1은 스위치 ON 상태를 나타낸다. 이러한 개념은 명제에서의 참(1)과 거짓(0)의 개념으로 치환할 수 있다. 부울변수는 0 또는 1의 값을 가질 수 있는 변수로 스위치의 개념으로 생각할 수 있다. 부울상수가 0 또는 1의 고정된 값을 가지는 것에 반하여 부울변수는 0 또는 1의 값을 선택적으로 가질 수 있으며, 이는 스위치를 눌렀다 뗐다 하는 동작으로 이해할 수 있다. 일반적으로 부울대수에 있어서 변수의 개수는 디지털 시스템의 스위치의 개수에 해당한다.

스위치 ON/OFF 상태를 나타내는 논리레벨의 상관관계를 정의하면 다음과 같다.

스위치 OFF 상태 ➠ 부울상수 0 ➠ 명제의 거짓 ➠ 집합의 공집합
스위치 ON 상태 ➠ 부울상수 1 ➠ 명제의 참 ➠ 집합의 전체집합

부울변수는 0 또는 1의 어떤 값이 할당되느냐에 따라 스위치 ON 상태와 OFF 상태를 표현할 수 있다(입력의 논리레벨을 표현하는 스위치의 상태가 ON 또는 OFF 상태로 제어되는 것임을 알 수 있다).

부울대수의 기본연산

부울대수의 기본 연산으로는 AND, OR, NOT 논리 연산을 들 수 있으며, 이는 명제에서의 논리곱, 논리합, 부정의 개념으로 이해할 수 있다. 또한, 이는 집합에서의 교집합, 합집합, 여집합 등의 개념으로도 해석이 가능하다.

디지털 시스템에 존재하는 스위치들은 사용자의 의도에 따라 스위치 ON/OFF 상태가 변하게 되며, 이를 표현하기 위하여 **부울변수**를 활용한다. 즉, 부울변수의 상태집합을 집합 B라 하면, $B=\{0, 1\}$로 나타낼 수 있다. 또한, 부울변수를 이용하여 함수 $F(x_1, x_2, \cdots, x_n)$ $(x_i \in B, 1 \le i \le n)$를 나타낼 수 있으며, 이를 n계의 **부울함수**(Boolean function of degree n)라 한다.

> **부울변수**
> 디지털 시스템을 사용하는 사용자가 스위치를 눌렀을 때 1의 값을, 스위치를 누르지 않았을 때 0의 값을 가지는 변수를 말한다.

> **부울함수**
> 부울함수의 값은, 입력으로 주어진 부울변수의 값을 이용하여 부울대수 연산을 수행한 결과를 나타내며, 이는 시스템의 출력상태를 의미한다고 생각할 수 있다. 즉, 부울변수는 입력의 도구로, 부울함수의 값은 시스템의 출력 상태로 정의할 수 있다.

부울대수의 기본적인 연산은 다음과 같이 정의할 수 있다.

(1) 기호 $+$는 **부울합**(Boolean Sum)이라 하고 다음과 같이 스위치의 상태에 따라 연산 규칙을 정의한다(명제의 논리에서 OR에 대응한다).

$$1+1=1,\ 1+0=1,\ 0+1=1,\ 0+0=0$$

(2) 기호 $*$는 **부울곱**(Boolean Sum)이라 하고 다음과 같이 스위치의 상태에 따라 연산 규칙을 정의한다(명제의 논리에서 AND에 대응한다).

$$1*1=1,\ 1*0=0,\ 0*1=0,\ 0*0=0$$

(3) 기호 $^{-}$는 **보원**(complement)이라 하고 다음과 같이 스위치의 상태에 따라 연산 규칙을 정의한다(명제의 논리에서 NOT에 대응한다).

$$\overline{1}=0,\ \overline{0}=1$$

예제 8.1.1 $(0+1)\times 1+\overline{0}(1+0)$을 연산하라.

풀이

$$(0+1)*1+\overline{0}*(1+0)=1*1+1*1=1+1=1$$

예제 8.1.2 2계의 부울함수 $F(x, y)=x+y$를 진리표로 나타내라.

풀이

x	y	$F(x, y)$
0	0	0
0	1	1
1	0	1
1	1	1

부울함수는 부울변수와 연산자(+, *, ¯)를 사용하여 부울식으로 나타낼 수 있으며, 부울식은 다음과 같이 정의된다.

(1) 상수 0과 1 그리고 부울변수는 부울식이다.
(2) f_1과 f_2가 부울식일 때 f_1', f_1+f_2, $f_1 \cdot f_2$, (f_1) 또한 부울식이다.

예제 8.1.3 부울함수 $F(x, y, z)=xy+\overline{(y+z)}$의 값을 구하라.

풀이

부울함수 내에 존재하는 부울변수의 개수가 x, y, z로 3개가 존재하므로 각각의 변수가 가질 수 있는 경우의 수를 조합하면 총 8개의 경우의 수가 존재하며 이에 따른 부울함수의 값은 다음과 같다.

x	y	z	xy	$y+z$	$(\overline{y+z})$	$F(x,y,z)$
0	0	0	0	0	1	1
0	0	1	0	1	0	0
0	1	0	0	1	0	0
0	1	1	0	1	0	0
1	0	0	0	0	1	1
1	0	1	0	1	0	0
1	1	0	1	1	0	1
1	1	1	1	1	0	1

부울함수에 포함된 부울변수들이 가질 수 있는 모든 경우의 수에 대하여 부울함수 F와 부울함수 G의 함수 값이 서로 같을 때, 두 부울함수 F, G는 **동등**(equivalent)하다고 하고 $F=G$로 나타낸다.

부울함수 F에 대하여 $\overline{F}$를 F의 **여함수**(complement function)라 하고 함수 F, G의 부울합 및 부울곱을 다음과 같이 정의한다.

- 부울합 : $(F+G)(x)=F(x)+G(x)$
- 부울곱 : $(FG)(x)=F(x)G(x)$

x, y, z가 부울대수 B의 임의의 원소일 때, 부울대수는 다음과 같은 성질을 만족하며, 표 8.1.1과 표 8.1.2와 같이 명제의 관점과 집합론적 관점에서 해석할 수 있다.

표 8.1.1 부울대수의 기본적인 성질 및 명제의 관점에서 해석

	부울대수의 기본적 성질	명제의 관점
교환 법칙	$x+y=y+x$ $xy=yx$	$p\vee q=q\vee p$ $p\wedge q=q\wedge p$
분배 법칙	$x+yz=(x+y)(x+z)$ $x(y+z)=xy+xz$	$p\vee(q\wedge r)=(p\vee q)\wedge(p\vee r)$ $p\wedge(q\vee r)=(p\wedge q)\vee(p\wedge r)$
항등 법칙	$x+0=x$ $x*1=x$	$p\vee F=p$ $p\wedge T=p$
보 법칙	$x+\overline{x}=1$ $x*\overline{x}=0$	$p\vee\sim p=T$ $p\wedge\sim p=F$
멱등 법칙	$x+x=x$ $x*x=x$	$p\vee p=p$ $p\wedge p=p$
제한 법칙	$x+1=1$ $x*0=0$	$p\vee T=T$ $p\wedge F=F$
흡수 법칙	$x+xy=x$ $x(x+y)=x$	$p\vee(p\wedge q)=p$ $p\wedge(p\vee q)=p$
결합 법칙	$(x+y)+z=x+(y+z)$ $(x*y)*z=x*(y*z)$	$(p\vee q)\vee r=p\vee(q\vee r)$ $(p\wedge q)\wedge r=p\wedge(q\wedge r)$
이중 여함수 법칙	$\overline{\overline{x}}=x$	$\sim(\sim p)=p$
드모르간 법칙	$\overline{(x+y)}=\overline{x}*\overline{y}$ $\overline{(xy)}=\overline{x}+\overline{y}$	$\sim(p\vee q)=\sim p\wedge\sim q$ $\sim(p\wedge q)=\sim p\vee\sim q$

표 8.1.2 부울대수의 기본적인 성질 및 집합론적 관점에서 해석

	부울대수의 기본적 성질	집합론적 관점
교환 법칙	$x+y=y+x$ $xy=yx$	$A\cup B=B\cup A$ $A\cap B=B\cap A$
분배 법칙	$x+yz=(x+y)(x+z)$ $x(y+z)=xy+xz$	$A\cup(B\cap C)=(A\cup B)\cap(A\cup C)$ $A\cap(B\cup C)=(A\cap B)\cup(A\cap C)$
항등 법칙	$x+0=x$ $x*1=x$	$A\cup\varnothing=A$ $A\cap U=A$
보 법칙	$x+\overline{x}=1$ $x*\overline{x}=0$	$A\cup A^c=U$ $A\cap A^c=\varnothing$
멱등 법칙	$x+x=x$ $x*x=x$	$A\cup A=A$ $A\cap A=A$
제한 법칙	$x+1=1$ $x*0=0$	$A\cup U=U$ $A\cap\varnothing=\varnothing$
흡수 법칙	$x+xy=x$ $x(x+y)=x$	$A\cup(A\cap B)=A$ $A\cap(A\cup B)=A$
결합 법칙	$(x+y)+z=x+(y+z)$ $(x*y)*z=x*(y*z)$	$(A\cup B)\cup C=A\cup(B\cup C)$ $(A\cap B)\cap C=A\cap(B\cap C)$
이중 여함수 법칙	$\overline{\overline{x}}=x$	$(A^c)^c=A$
드모르간 법칙	$\overline{(x+y)}=\overline{x}*\overline{y}$ $\overline{(xy)}=\overline{x}+\overline{y}$	$(A\cup B)^c=A^c\cap B^c$ $(A\cap B)^c=A^c\cup B^c$

예제 8.1.4 멱등 법칙 $x+x=x$가 성립함을 증명하라.

증명

$x=x+0$	항등 법칙
$=x+(x*\overline{x})$	보법칙
$=(x+x)*(x+\overline{x})$	분배 법칙
$=(x+x)*1$	보법칙
$=x+x$	항등 법칙

예제 8.1.5 흡수 법칙 $x+xy=x$가 성립함을 증명하라.

증명

$x+xy=x*1+x*y$ 항등 법칙

$$= x * (1 + y) \quad \text{분배 법칙}$$
$$= x * 1 \quad \text{제한 법칙}$$
$$= x \quad \text{항등 법칙}$$

부울 대수에서 등식들은 이중 여함수 법칙을 제외하고 각각 두 성질이 한 쌍을 이루고 있다. 이때 임의의 성질에 대한 쌍대는 부울연산 합(+)과 곱($*$)을 서로 맞바꾸며 동시에 0과 1을 서로 맞바꿈으로써 구할 수 있다. 이와 같은 성질을 부울함수의 **쌍대성**(duality)이라 한다. 또 쌍대성을 가지는 부울식에서 한쪽을 다른 한쪽의 **쌍대**(dual)라 한다. 쌍대성을 가지는 부울식에서는 한 부울 등식이 참이면 그의 쌍대인 부울 등식도 역시 참이 된다. 왜냐하면 어떤 부울 등식이 참인 것을 증명하면 그의 쌍대인 등식도 원래 등식의 증명 단계를 모두 쌍대성을 이용하여 증명할 수 있기 때문이다. 이것을 **쌍대성 원리**(duality principle)라 한다.

예제 8.1.6 멱등 법칙 $x + x = x$와 $x * x = x$, 그리고 $x + xy = x$와 $x * (x + y) = x$가 서로 쌍대임을 증명하라.

증명

부울식 $x + x = x$가 예제 8.1.4에서 참임을 증명하였기 때문에 쌍내인 $x * x = x$도 참이다.

$x + xy = x$도 참임을 예제 8.1.5에서 증명하였으므로 쌍대인 $x * (x + y) = x$도 참인 등식이다.

8.2 논리회로

논리 게이트

논리 게이트는 부울변수의 입력 값에 따라 AND, OR, NOT 등의 논리 연산 결과를 출력하는 디지털 회로를 말한다. 논리 게이트가 가지는 물리적인 의미는 다음과 같다.

예를 들어, x AND y라는 논리 연산이 존재할 때, x와 y는 각각 0 또는 1의 값을 가질 수 있으며, 이에 따라 출력 값 F 또한 0 또는 1의 값을 가질 수 있다. 이는 x와 y라는 두 개의 스위치를 가지는 시스템에서 각각의 스위치를 ON/OFF함에 따라 출력 값이 결정되는 회로를 말한다.

x	y	x AND y	물리적 의미
0	0	0	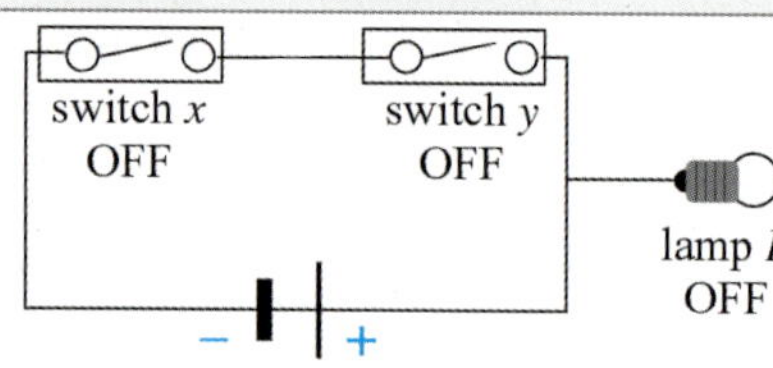
0	1	0	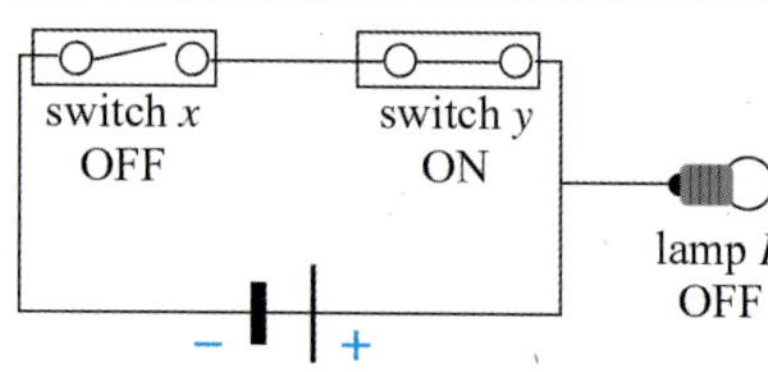
1	0	0	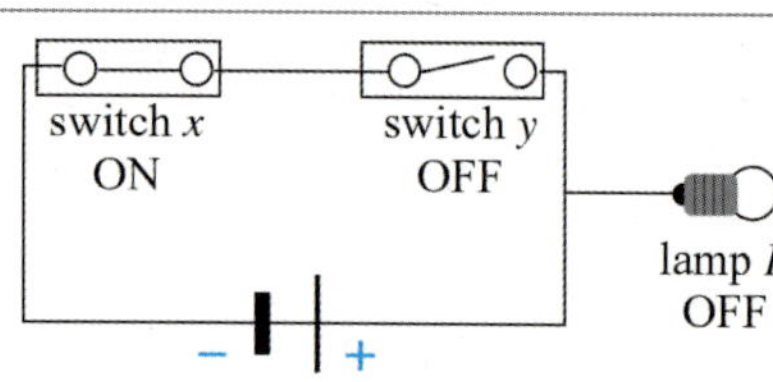
1	1	1	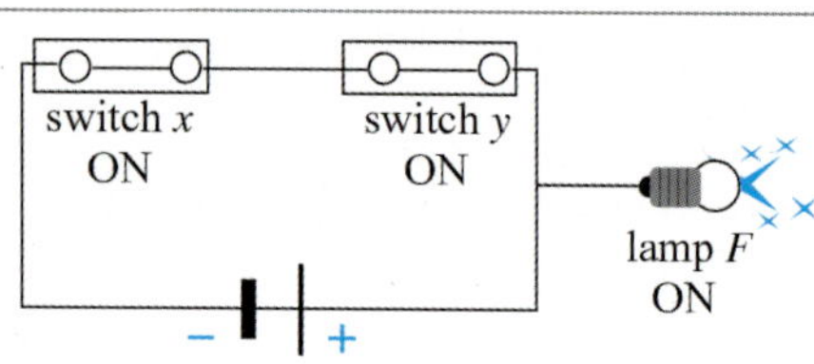

상기 예시와 같이 스위치는 단순 논리 게이트로 구성될 수도 있으나, $x\bar{y}+y(\bar{x}+z)$ 등과 같이 복합적인 논리식을 포함하는 스위치로 구현될 수도 있으며, 이때에도 각각의 부울 변수가 가지는 의미는 각 변수에 대응하는 스위치의 ON/OFF 상태로 해석할 수 있다.

x, y를 **부울변수**라 할 때, $x+y$(논리합), xy(논리곱), $\bar{x}$(부정)의 부울식을 다음과 같이 그림으로 표시할 수 있고, 각각 **OR 게이트**(or gate), **AND 게이트**(and gate), **변환기**(inverter)라 부르며, 전체적으로 이들을 **논리 게이트**(logic gate)라 한다.

- OR 게이트 $x+y$

- AND 게이트 xy

- 변환기 $\bar{x}$

- NAND 게이트

- NOR 게이트

부울변수
부울변수가 가지는 물리적인 의미는 시스템상의 개념적인 스위치로 생각할 수 있다. 즉, 두 개의 변수를 가지는 부울 연산은 두 개의 스위치를 가지는 시스템으로, n개의 변수를 가지는 부울 연산은 n개의 스위치를 가지는 시스템으로 대응하여 생각할 수 있다.

논리 게이트에서 왼쪽 선분은 입력 스위치를 표시하고 오른쪽 선분은 출력된 결과를 나타낸다. 부울식을 이와 같은 게이트들로 조합하고 연결하여 여러 입력 스위치로부터 입력받은 값들을 일정한 논리연산을 통하여 출력을 생성하도록 나타낸 그림을 **논리회로**(logic circuit)라고 한다. 논리회로는 전선과 스위치의 직렬과 병렬 배열을 나타내고, 입력 1과 0은 스위치 또는 회로가 각각 ON과 OFF 상태를 의미하므로 전자회로 등의 모델링에 사용할 수 있다.

예제 8.2.1 다음 부울식을 나타내는 논리회로를 그리고, 각각의 입력에 대한 출력을 구하라.

(1) $x(\overline{x}+y)$

(2) $x\overline{y}+\overline{x}y$

(3) $x\overline{y}+y(\overline{x}+z)$

풀이

(1) 논리회로는 다음과 같다.

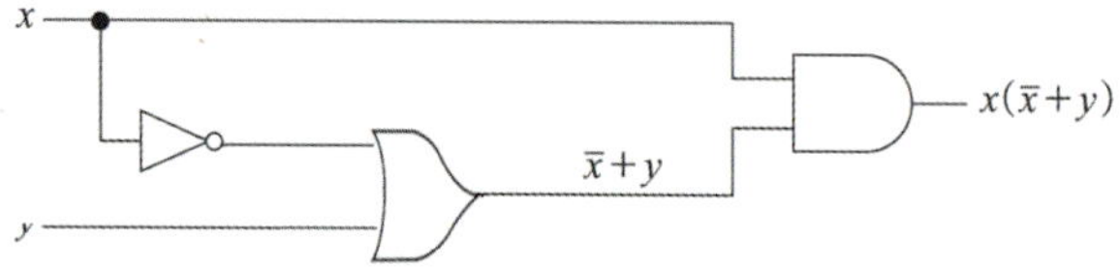

진리표는 다음과 같다.

x	y	$\overline{x}$	$\overline{x}+y$	$x(\overline{x}+y)$
0	0	1	1	0
0	1	1	1	0
1	0	0	0	0
1	1	0	1	1

그러므로 x와 y의 입력이 모두 1인 경우만 출력이 1이 된다.

(2) 논리회로는 다음과 같다.

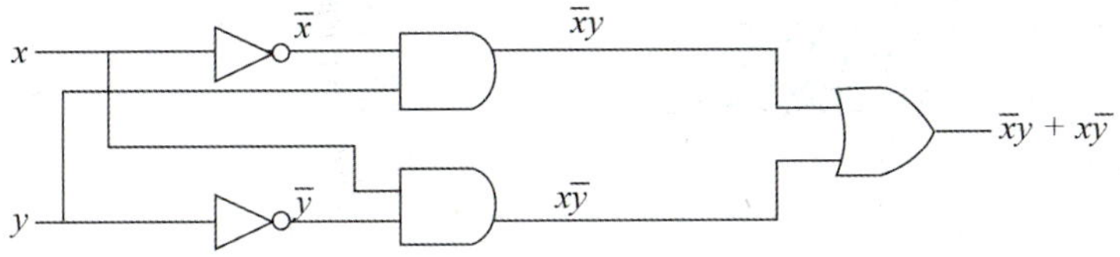

진리표는 다음과 같다.

x	y	$\bar{x}$	$\bar{y}$	$x\bar{y}$	$\bar{x}y$	$x\bar{y}+\bar{x}y$
0	0	1	1	0	0	0
0	1	1	0	0	1	1
1	0	0	1	1	0	1
1	1	0	0	0	0	0

위의 진리표를 보면 x와 y의 입력값이 같을 때는 출력이 0이 되며, 입력값이 다른 경우 출력값은 1이 된다. 이를 **배타적 논리합**(exclusive or)이라 한다.

(3) 논리회로는 다음과 같다.

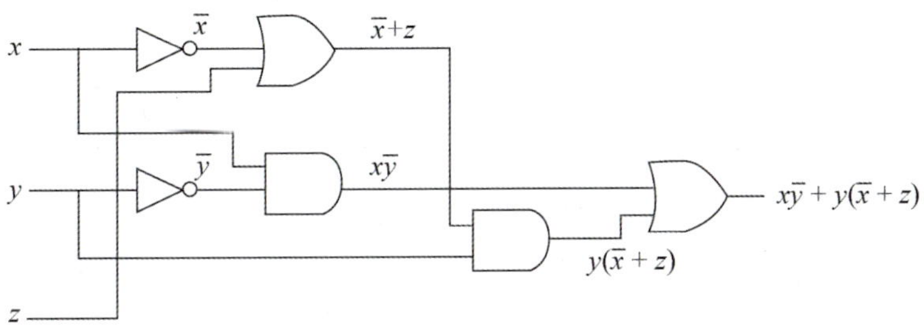

진리표는 다음과 같다.

x	y	z	$\bar{x}$	$\bar{y}$	$x\bar{y}$	$\bar{x}+z$	$y(\bar{x}+z)$	$x\bar{y}+y(\bar{x}+z)$
0	0	0	1	1	0	1	0	0
0	0	1	1	1	0	1	0	0
0	1	0	1	0	0	1	1	1
0	1	1	1	0	0	1	1	1
1	0	0	0	1	1	0	0	1
1	0	1	0	1	1	1	0	1
1	1	0	0	0	0	0	0	0
1	1	1	0	0	0	1	1	1

예제 8.2.2 다음 부울식을 나타내는 논리회로를 그리고, 출력을 구한 후 두 개의 부울식이 동일한 출력을 나타냄을 보이라.

(1) $\overline{(x+y)}$

(2) $\overline{x}\,\overline{y}$

풀이

(1) 논리회로는 다음과 같다.

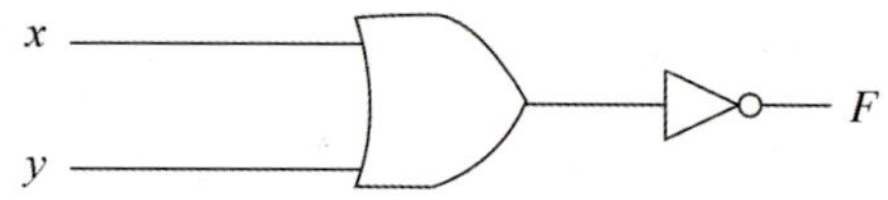

진리표는 다음과 같다.

x	y	$x+y$	$\overline{(x+y)}$
0	0	0	1
0	1	1	0
1	0	1	0
1	1	1	0

(2) 논리회로는 다음과 같다.

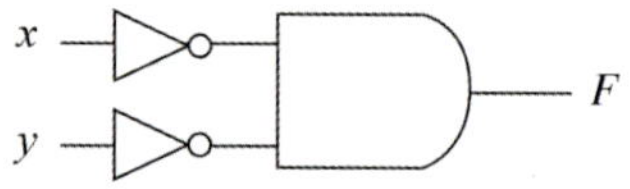

진리표는 다음과 같다.

x	y	$\overline{x}$	$\overline{y}$	$\overline{x}\,\overline{y}$
0	0	1	1	1
0	1	1	0	0
1	0	0	1	0
1	1	0	0	0

예제 (1)과 예제 (2)는 드모르간의 법칙에 해당하므로 두 개의 출력 값이 동일함을 알 수 있으며, 논리 회로로 구현 시 AND 게이트와 OR 게이트를 필요에 따라 바꾸어 구현할 수 있음을 알 수 있다.

8.3 표준 분리형과 부울식의 최소화

논리식의 표현

기본곱: 부울식에서 같은 문자를 포함하지 않는 한 개의 문자 또는 두 개 이상의 문자의 곱을 말하며, 예를 들어 $x, xy, yz, x\bar{y}z$ 등은 기본곱이고, $x\bar{x}yz$, $xyxz$ 등은 기본곱이 아님을 알 수 있다.

정규형 논리식: 논리식에서 논리함수를 각 변수들의 곱이나 합으로 표현한 것을 말하며, 예를 들어 논리 함수 F에 대해 $F = x + yz$도 하나의 정규형으로 볼 수 있으며, 이와 같이 모든 논리식은 AND와 OR를 사용하여 나타낼 수 있으므로, 모든 논리 함수는 정규형으로 표현하는 게 가능하다.

최소항 전개: 정규형 논리식 중 논리 함수의 모든 변수들을 곱의 합 형태로 표현한 것을 말한다. 즉 $F = x + yz$라는 것은 곱의 합 형태이므로 최소항 전개 형태이지만, $G = x(y+z) + w$와 같은 경우는 전개를 통해서 $G = xy + xz + w$로 표현 가능하므로 최소항 전개 형태가 아니다. 논리 함수가 1이 되는 모든 경우의 변수들의 곱을 더해주면 그 논리 함수의 **최소항 전개** 형태를 구할 수 있다. 예를 들어, $F(a, b, c)$가 $a = 0,\ b = 1,\ c = 0$일 때와 $a = 1,\ b = 1,\ c = 0$인 경우에만 출력이 1이 된다면 $F(a, b, c) = a'bc' + abc' = a'bc' + abc'$로 표현할 수 있다.

최소항 전개
표준 논리곱들의 합을 말한다.

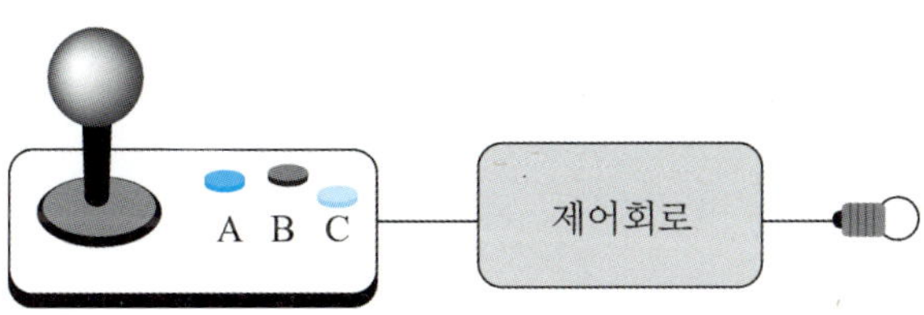

A, B, C 스위치 제어에 따라 꼬마전구가 ON/OFF

최소항 전개는 시스템의 스위치가 어떠한 조작 상태일 때 출력이 발생하는지 나타낸다. 즉, 위의 예제에서 나타난 시스템은 세 개(a, b, c)의 스위치를 가지는 시스템으로 다양한 스위치 조작에 의해 출력이 제어됨을 알

요약

수 있다. F를 시스템의 출력이라고 한다면, 이 시스템은 b스위치가 눌리고, a와 c스위치는 동시에 눌리지 않았을 때 출력이 발생함을 알 수 있고, 또한 c스위치는 눌리지 않고 a, b스위치는 동시에 눌렸을 때 출력이 발생함을 알 수 있다.

최대항 전개
표준 논리합들의 곱을 말한다.

최대항 전개: 정규형 논리식 중 논리 함수의 모든 변수들을 합의 곱 형태로 표현한 것을 말한다. 즉, $F=(x+y+z)(x+y+z')(x+y'+z)$ 등의 형태로 표현되는 논리식을 말한다.

논리식의 간소화: 시스템의 제어에 있어서 여러 개의 스위치를 활용한 동작과 관련하여 모든 경우의 수에 동일한 출력 값을 나타내는 두 개의 회로가 존재할 시 합리적인 선택으로는 두 개의 회로 중 간략하게 구성된 회로를 선택하여 활용하는 것이 올바른 일이다. 엔지니어가 시스템을 설계 시 동작 제어와 관련한 회로의 설계가 이루어져야 하며 이때, 엔지니어는 최소화된 형태의 회로 구성을 위하여 노력하여야 한다. 이는 논리식의 간소화를 통하여 이루어질 수 있다. 논리식의 간소화를 위한 기본적인 방법은 다음과 같다.

- 논리 회로 자체를 간소화
- 논리 회로를 부울 함수로 표현한 후 부울 함수를 간소화
- 부울 대수의 기본 정리를 이용
  - 드모르간의 정리와 합의 곱을 반복적으로 수행
- 카르노 맵(karnaugh map) 활용 (도식적인 방법으로 입력 변수의 개수에 따른 활용가능성에 제약이 존재, 최대 6개 변수까지 적용 가능)

기본곱
부울식에 포함된 변수들의 논리곱 연산을 의미하므로 집합의 관점에서 교집합의 성질을 가진다. 교집합을 수행하는 집합의 개수가 많아질수록 교집합 되는 영역은 작아지게 된다.

부울식에서 같은 문자를 포함하지 않는 한 개의 문자 또는 두 개 이상의 문자의 곱을 **기본곱**(fundamental product)이라 한다. 예를 들어 x, xy, yz, $x\bar{y}z$ 등은 기본곱이고, $x\bar{x}yz$, $xyxz$ 등은 기본곱이 아니다

어떤 기본곱 P_1의 문자들이 다른 기본곱 P_2의 문자가 될 때, 기본곱

P_1은 기본곱 P_2에 **포함된다**(included)라고 한다. 예를 들어, 기본곱 xy는 기본곱 xyz에 포함된다. 그러나 기본곱 yz는 기본곱 $x\bar{y}z$에는 포함되지 않는다. 기본곱 P_1이 기본곱 P_2에 포함된다면, **흡수 법칙**에 의하여 $P_1 + P_2 = P_1$이다.

흡수 법칙(absorption law)
기본곱의 성질에 의하여 곱해지는 변수의 개수가 많은 기본곱이 곱해지는 변수의 개수가 적은 기본곱에 포함됨을 알 수 있다.
$A \cup (A \cap B) = A$
$(x \cap y) \cup (x \cap y \cap z) = x \cap y$

예제 8.3.1 부울식 $\bar{x}z + \bar{x}yz$을 간단히 하라.

풀이

$$\begin{aligned}\bar{x}z + \bar{x}yz &= \bar{x}z(y + \bar{y}) + \bar{x}yz \\ &= \bar{x}yz + \bar{x}\,\bar{y}z + \bar{x}yz \\ &= \bar{x}yz + \bar{x}\,\bar{y}z = \bar{x}z(y + \bar{y}) \\ &= \bar{x}z\end{aligned}$$

예제 8.3.2 부울식 $\bar{x}z \cdot \bar{x}yz$을 간단히 하라.

풀이

예제 8.3.1의 해에서와 같이 흡수법칙이 적용되며 논리곱의 경우 집합의 관점에서 교집합에 해당하게 된다. 따라서 $\bar{x}z$가 $\bar{x}yz$를 포함하므로 둘 사이의 교집합 연산 결과는 $\bar{x}yz$가 됨을 알 수 있다.

부울식 E가 한 개의 기본곱 또는 2개 이상의 다른 데 포함되지 않는 기본곱들의 합으로만 구성될 때 이 부울식 E를 **표준분리형**(dnf: disjunctive normal form)이라 한다. 여기서 **곱들의 합**(sop: sum of products)은 기본곱들이 논리합으로 구성된 부울 표시를 의미한다. 이와 대조되는 다른 부울 표시로 **합들의 곱**(pos: product of sums)이 있다. 예를 들어, 다음의 부울 표시는 각각 곱들의 합과 합들의 곱을 보여준다.

- 곱들의 합: $E_1 = x\bar{y}z + \bar{x}yz$
- 합들의 곱: $E_2 = (x + \bar{y} + z)(\bar{x} + y + z)$

부울 표시 $E = x\bar{y} + xyz + x\bar{y}z$는 기본곱 $x\bar{y}$가 기본곱 $x\bar{y}z$에 포함되기 때문에 표준분리형이 아니며, 부울 표시 $E = x\bar{y} + \bar{x}\,\bar{y}z + xy\bar{z}$는 어떤 기본곱도 다른 기본곱에 포함되지 않기 때문에 표준분리형이다.

완전 표준분리형
완전 표준분리형으로 나타내기 위하여 기본곱들의 합으로 표현할 때에는 모든 변수를 포함하는 기본곱을 사용하여야 한다. 예를 들어, x, y, z 세 개의 변수(스위치)를 활용하는 부울식에서 완전 표준분리형은 다음과 같이 정의할 수 있다.

$E_1 = xy'z + x'yz$ (O)

$E_2 = xy'z + x'yz + y'z'$ (X)

위의 부울식에서 E_1은 완전 표준분리형이며 E_2는 완전 표준분리형이 아님을 알 수 있다. 다만, 본 예제에서 E_2에 포함된 기본곱들이 흡수 법칙 관계에 해당하지 않으므로 E_2는 표준분리형에 해당한다.

부울 표시 $E(x_1, x_2, \cdots, x_n)$가 표준분리형이고 각 기본곱이 모든 변수를 포함할 때 **완전 표준분리형**(full dnf)이라 한다. 부울 표시 E에서 만일 기본곱 P가 변수 x_i를 포함하지 않는다면 기본곱 P에 $(x_i + \overline{x_i})$를 곱하여 완전 표준분리형을 얻을 수 있다.

예제 8.3.3 부울 표시 $E(x,y,z) = x\bar{z} + xyz$를 완전 표준분리형으로 변환하라.

풀이

부울 표시 E의 첫 번째 기본곱 $x\bar{z}$에 변수 y가 포함되어 있지 않기 때문에 $(y+\bar{y})$를 곱하면 다음과 같이 완전 표준분리형을 얻을 수 있다.

$$E = x\bar{z}(y+\bar{y}) + xyz = xy\bar{z} + x\bar{y}\bar{z} + xyz$$

시스템적 해석

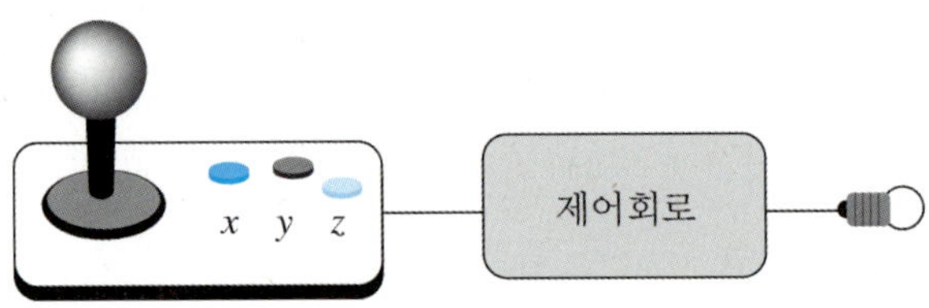

x, y, z스위치 제어에 따라 꼬마전구가 ON/OFF

부울 표시 E를 스위치 x,y,z를 가지는 시스템 출력의 관점에서 보게 되면, 위 부울식은 x스위치가 눌리고 z스위치는 눌리지 않는 경우 시스템에 출력이 발생함을 알 수 있다. 이는 x스위치가 눌리고 z스위치가 눌리지 않았을 때 y스위치는 눌리건 눌리지 않았건 출력이 발생함을 알 수 있다. 이를 완전 표준 분리형으로 나타내면 $x\bar{z} = x\bar{z}y + x\bar{z}\bar{y}$임을 알 수 있다. 따라서 $E(x,y,z) = x\bar{z} + xyz$는 $x\bar{z}y + x\bar{z}\bar{y} + xyz$가 됨을 알 수 있다.

모든 부울 표시는 완전 표준분리형으로 변환이 가능하고, 그 표시는 유일하다.

예제 8.3.4 부울 표시 $E_1 = xy + x\bar{z}$와 $E_2 = x\bar{z} + xyz$의 완전 표준분리

형이 같음을 보이라.

증명

부울 표시 E_1과 E_2의 완전 표준분리형을 구하면 다음과 같다.

$$E_1 = xy(z+\bar{z}) + x\bar{z}(y+\bar{y}) = xyz + xy\bar{z} + x\bar{y}\,\bar{z}$$

$$E_2 = x(y+\bar{y})\bar{z} + xyz = xy\bar{z} + x\bar{y}\,\bar{z} + xyz$$

따라서 두 개의 부울 표시의 완전 표준분리형은 같다.

부울 법칙을 이용한 최소화

논리회로는 부울식으로 표현되므로 가능한 한 간단히 표시하는 것이 좋다(부울식을 간단하게 표현하면 실질적으로 구현되는 하드웨어 시스템을 단순하게 만들 수 있으며, 이는 궁극적으로 하드웨어 제조 단가에 영향을 준다). 부울함수에 대한 공리와 등식의 법칙을 이용하여 주어진 부울식을 간단히 표시하면 실제 구현되는 논리회로의 게이트 수를 최소화할 수 있다. 부울식을 간단히 하여 더 이상 단순화할 수 없을 경우 부울 표시 E가 **최소화**(minimize)되었다고 한다.

최소화
부울식의 최소화를 위해서는 부울함수에 대한 공리와 등식 등을 활용하기도 하지만, 카르노 맵을 이용하여 최소화할 수 있다.

예제 8.3.5 다음 부울식으로 주어진 논리회로를 최소화하라.

(1) $xy\bar{z} + x\bar{y}\,\bar{z}$

(2) $xy + \overline{(\bar{x}+y)} + (y + x\bar{y})$

풀이

(1) $xy\bar{z} + x\bar{y}\,\bar{z} = x\bar{z}(y+\bar{y}) = x\bar{z} * 1 = x\bar{z}$

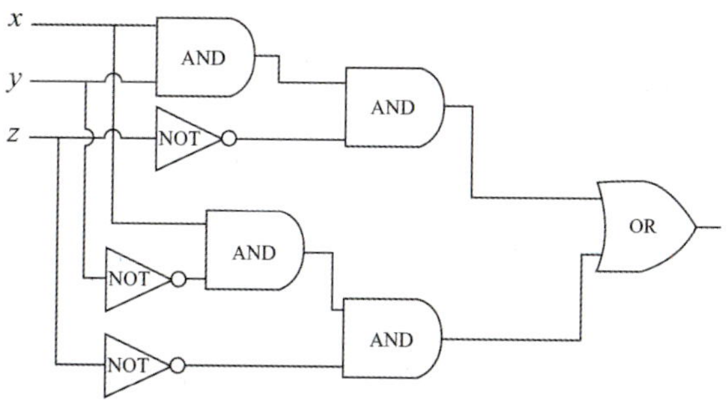

최초 주어진 부울식을 논리회로로 나타내면 위의 회로와 같으나 주어진 부울식을 최소화한 논리회로는 아래와 같음을 알 수 있다. 이는 부울식을 최소화하면 하드웨어 구현시 회로의 간략화가 가능함을 알 수 있다.

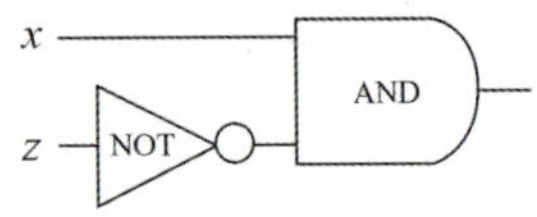

(2) $xy+\overline{(\overline{x}+y)}+(y+x\overline{y}) = xy+\overline{\overline{x}} * \overline{y}+y+x\overline{y}$

$$= xy+x\overline{y}+y+x\overline{y}$$

$$= xy+x\overline{y}+y$$

$$= x(y+\overline{y})+y$$

$$= x+y$$

예제 8.3.5의 (1)과 같이 부울식을 최소화하면 본 부울식 또한 하드웨어 회로의 간략화가 가능함을 알 수 있다. 간략화 전 부울식을 하드웨어로 구현하기 위해서는 두 개의 AND 게이트와 네 개의 OR 게이트, 그리고 세 개의 NOT 게이트가 필요하다. 그러나 부울식을 최소화하면 단 하나의 OR 게이트만으로도 동일한 기능을 구현할 수 있음을 알 수 있다.

카르노 맵
부울식을 이용한 최소화의 경우 최소화를 진행하는 과정 중 간략화가 이루어짐에 따라 남겨진 부울식이 실질적으로 최소화된 부울식인지 판별하기가 어려운 경우가 발생한다. 이때 카르노 맵을 이용하여 최소화를 진행하면 보다 쉽게 부울식의 최소화가 가능해진다.

곱의 합
카르노 맵에 활용되는 부울식의 곱의 합은 완전 표준분리형이어야 한다.

카르노 맵(Karnaugh maps)을 이용한 최소화

카르노 맵은 논리회로를 나타내는 최대 6개까지의 변수를 포함하는 부울식을 도표를 이용하여 최소화하는 방법이다(본 교재에서는 2, 3, 4개의 변수의 곱의 경우만 다룬다). **카르노 맵**(혹은 **도표**)은 **곱의 합**으로 표현되는 부울식을 최소화하기 위하여 같은 변수를 가지는 기본곱들을 정방형(square)에 나타낸다. 인접한 정방형은 단지 하나의 변수 값만 다른 기본곱들의 순서로 배열된다. 예를 들어, xy와 $x\overline{y}$, $xy\overline{z}$와 $x\overline{y}\,\overline{z}$는 각각 서로 인접한다. 이 경우 부울 법칙을 이용하면 최소화할 수 있다.

- $xy+x\overline{y}=x(y+\overline{y})=x*1=x$로 최소화된다.

· $xy\bar{z} + x\bar{y}\,\bar{z} = x\bar{z}(y + \bar{y}) = x\bar{z} * 1 = x\bar{z}$로 최소화된다.

(1) 2변수 맵

2개의 변수를 가진 **카르노 맵**은 다음과 같다.

x \ y	0	1
0	$\bar{x}\,\bar{y}$	$\bar{x}y$
1	$x\bar{y}$	xy

카르노 맵
카르노 맵에서 부울식의 각 변수에 해당하는 경우의 수를 나타낼 때에는 그레이 코드 순서에 따라 배치하여야 한다. 즉, x 또는 y 하나의 변수를 가질 때에는 각각의 변수가 가지는 경우의 값들은 0, 1이 되며 만약 두 개의 변수를 조합하게 될 경우 경우의 값들을 배치하는 순서는 00, 01, 11, 10 형태로 배치하여야 한다. 세 개 이상의 변수를 조합하는 경우에도 마찬가지로 그레이 코드 순서에 따라 배치하게 된다.

x의 값과 y의 값이 모두 0에 해당하는 자리에 위치하며, x와 y의 곱이 1이 되도록(출력값을 가지도록) 만들기 위해서는 x와 y를 모두 부정하여 곱하여야한다. 따라서 간략화하기를 원하는 완전 표준분리형 부울식에 $x'y'$가 포함되어 있다면 1의 값을, 포함되어 있지 않다면 0의 값을 표기한다.

예제 8.3.6 다음 부울식의 카르노 맵을 그리고 최소화된 dnf를 구하라.

(1) $xy + x\bar{y}$

(2) $xy + \bar{x}y + \bar{x}\,\bar{y}$

(3) $xy + \bar{x}\,\bar{y}$

풀이

부울식에서 카르노 맵 내에 해당하는 항에는 1을 넣어 완성시킨다.

(1) $xy + x\bar{y}$의 경우 곱의 합으로 나타난 각각의 곱들이 1이 되는 경우를 확인하여야 하며 이때 xy가 1이 되기 위해서는 x와 y 각각이 모두 1이어야 하고, $x\bar{y}$가 1이 되기 위해서는 x는 1, y는 0이 되어야 한다. 따라서 x와 y가 1, 1인 위치에 해당하는 맵의 셀에는 1의 값을, x는 1, y는 0에 해당하는 맵의 셀에는 1의 값을 표시하며, 나머지 셀들은 0의 값을 표시한다. 따라서 $xy + x\bar{y}$에 해당하는 카르노 맵은 다음과 같이 나타낼 수 있다.

카르노 맵의 각 셀에 표시된 값들을 비교하여 1의 값들이 인접하게 되는 경우 이들을 묶어 흡수법칙을 적용할 수 있다. 인접하는 1의 값들을 묶어줄 때에는 2^n개 단위로 묶어주어야 한다.

x \ y	0	1
0	0	0
1	1	1

카르노 맵의 각 정방형 셀에 1의 값이 할당된다는 것은 시스템의 스위치 조작이 해당 셀이 표시하는 형태로 이루어졌을 시 시스템의 출력값이 존재한다는 것을 의미하며, 0의 값이 할당된다는 것은 시스템의 스

위치 조작이 해당 셀이 표시하는 형태로 이루어졌을 시 시스템의 출력값이 존재하지 않는다는 것을 의미한다. 위의 카르노 맵에 따르면 x의 값이 0(x 스위치가 눌리지 않는 경우)이면, y의 값에 상관없이(y 스위치의 눌림 여부에 상관없이) 시스템의 출력값이 존재하지 않음을 알 수 있다. 마찬가지로, x의 값이 1(x 스위치가 눌러진 경우)이면, y의 값에 상관없이(y 스위치의 눌림 여부에 상관없이) 시스템의 출력값이 존재함을 알 수 있다. 이는, y의 값(y 스위치의 눌림 여부)은 시스템의 상태에 영향을 미치지 않음을 의미한다. 따라서서 간략화된 부울식에서는 시스템의 제어에 영향을 미치지 못하는 y 값은 **생략 가능**함을 알 수 있다.

생략 가능
인접하는 1들의 개수를 2^n개 단위로 묶어줄 때에 생략 가능한 변수는 n개가 된다. 예를 들어 두 개의 1이 묶일 경우 한 개의 변수가 생략 가능하며, 4개의 1이 묶일 경우 두 개의 변수가 생략 가능하다.

$$xy + x\overline{y} = x \ (y \text{ 생략})$$

이를 부울식의 연산법칙을 통하여 확인해보면 최소화된 dnf = $xy+x\overline{y} = x(y+\overline{y}) = x$가 됨을 알 수 있다. 카르노 맵에서 보는 것과 같이 최소화된 dnf는 공통으로 한면(여기서는 x값)을 가진다.

(2)

x \ y	0	1
0	1	1
1	0	1

카르노 맵의 표기에 따르면 묶어줄 수 있는 1의 값들은 $\overline{x}\,\overline{y}$, $\overline{x}y$ 한 세트와 $\overline{x}y$, xy 한 세트가 있음을 알 수 있다. 이때, 첫 번째 세트가 의미하는 바는 y의 값에 상관없이 x에 따라 출력이 결정됨을 알 수 있고, 두 번째 세트는 x의 값에 상관없이 y의 값에 따라 출력 값이 결정됨을 알 수 있다. 따라서 부울식 $xy+\overline{x}y+\overline{x}\,\overline{y}$는 $\overline{x}+y$로 간략화됨을 알 수 있다.

이를 부울식의 연산법칙을 통해 확인해 보면 최소화된 dnf = $xy+\overline{x}y+\overline{x}\,\overline{y} = xy+\overline{x}y+\overline{x}y+\overline{x}\,\overline{y} = y(x+\overline{x})+\overline{x}(y+\overline{y}) = \overline{x}+y$가 됨을 알 수 있다.

여기서 변수 $\overline{x}y$가 두 번 나오는 이유는 카르노 맵에서 기본곱 $\overline{x}y$가 두 개의 인접 정방형에서 공통으로 포함되기 때문이다.

(3)

x \ y	0	1
0	1	0
1	0	1

카르노 맵상에서 부울식의 간략화를 하기 위해서는 각 셀에 해당하는 1의 값들이 2^n개 단위로 묶어줄 수 있어야 하나, 본 문항에서는 인접하는 1의 값들이 존재치 않아(대각선상에 존재하는 1은 인접하지 않는 것으로 간주) 간략화가 불가능함을 알 수 있다. 즉, 공통되는 변수가 없기 때문에 더 이상의 최소화는 불가능하다.

(2) 3변수 맵

3개의 변수를 가진 카르노 맵은 다음과 같다.

3개의 변수
3개의 변수를 가지는 카르노 맵에서 부울식의 각 변수에 해당하는 경우의 수를 나타내기 위하여 행과 열에 각각 두 개의 변수 조합과 하나의 변수가 가지는 경우의 수를 배치하여야 한다. 이때 배치 순서는 그레이코드 순서에 따라야 한다. 행 또는 열에 두 개의 변수 조합을 어느 쪽에 배치하느냐는 정해져있지 않으며 개인의 편의에 따라서 배치할 수 있다. 본 예제에서는 열에 yz 두 개의 변수 조합이 가지는 경우의 수를 나타냈으며 행에 x가 가질 수 있는 변수 값 0과 1을 표시하였다.

x \ yz	00	01	11	10
0	$\bar{x}\bar{y}\bar{z}$	$\bar{x}\bar{y}z$	$\bar{x}yz$	$\bar{x}y\bar{z}$
1	$x\bar{y}\bar{z}$	$x\bar{y}z$	xyz	$xy\bar{z}$

예제 8.3.7 다음 부울식을 카르노 맵을 이용하여 최소화된 dnf을 구하라.

(1) $xyz+xy\bar{z}+\bar{x}y\bar{z}$

(2) $xyz+xy\bar{z}+x\bar{y}z+\bar{x}yz+\bar{x}\bar{y}z+\bar{x}\bar{y}\bar{z}$

(3) $\bar{x}\bar{y}\bar{z}+\bar{x}\bar{y}z+\bar{x}y\bar{z}+x\bar{y}\bar{z}+xy\bar{z}$

풀이

먼저 부울식에 해당하는 카르노 맵의 각 셀에 1의 값을, 해당하지 않는 셀에는 0의 값을 할당한다.

(1)

x \ yz	00	01	11	10
0	0	0	0	1
1	0	0	1	1

다음으로 인접하는 1이 존재하는 영역을 2^n개 단위로 묶어주면 본 부울식에서는 카르노 맵상에 1로 표기된 각 셀들을 $\bar{x}y\bar{z}, xy\bar{z}$ 한 세트, $xyz, xy\bar{z}$ 한 세트로 묶어줄 수 있다. 이때 첫 번째 세트에서는 x가 0 또는 1에 상관없이 부울식의 출력 값이 1이 되며, 따라서 x를 무시할 수 있다. 또한, 두 번째 세트에서는 z가 0 또는 1에 상관없이 부울식의 출력 값이 1이 되고, 이로 인하여 z를 무시할 수 있다. 따라서 최소화된 dnf는 무시할 수 있는 변수를 제거하여 $y\bar{z}+xy$로 표기됨을 알 수 있다.

(2)

x \ yz	00	01	11	10
0	1	1	1	0
1	0	1	1	1

본 부울식은 카르노 맵상에 1로 표기된 각 셀들을 위와 같이 세 개의 세트로 묶어줄 수 있으며 각각은 다음과 같다. 첫 번째 세트는 $\bar{x}\bar{y}\bar{z}$, $\bar{x}\bar{y}z$, 두 번째 세트는 $\bar{x}\bar{y}z$, $\bar{x}yz$, $x\bar{y}z$, xyz, 세 번째 세트는 xyz, $xy\bar{z}$가 됨을 알 수 있으며, 첫 번째와 세 번째 세트는 두 개의 부울식이 묶이게 되므로 하나의 변수가 생략 가능함을 알 수 있고 두 번째 세트는 네 개의 부울식이 묶이게 되므로 두 개의 변수가 생략 가능함을 알 수 있다.

첫 번째 세트에서는 z의 값에 상관없이 부울식의 출력 값이 존재하게 되므로 z가 생략 가능하며, 두 번째 세트에서는 x의 값과 y의 값에 상관없이 부울식의 출력 값이 존재하므로 x와 y를 생략할 수 있다. 마찬가지로 세 번째 세트에서는 z의 값에 상관없이 부울식의 출력 값이 존재하므로 z를 생략할 수 있다. 따라서 최소화된 dnf는 $\bar{x}\bar{y}+z+xy$가 됨을 알 수 있다.

(3)

x \ yz	00	01	11	10
0	1	1	0	1
1	1	0	0	1

카르노 맵을 이용하여 부울식을 최소화할 시에는 묶일 수 있는 셀이 허

용하는 한 최대한 크게 묶어주어야 최소화된 dnf 값을 구할 수 있다(물론 2^n개 단위로 묶어주어야 한다). 본 부울식에서는 카르노 맵상에 1로 표기된 각 셀들을 두 개의 부울식으로 구성된 세 개의 세트로 묶어줄 수도 있으며, 네 개의 부울식과 두 개의 부울식으로 구성된 두 개의 세트로 묶어줄 수도 있다. 또 다른 방법으로는 $\bar{x}\bar{y}z$를 다른 부울식들과 묶어주지 않고 독립적으로 둔 후 나머지 네 개의 부울식만 묶어줄 수도 있다. 이때, 최소화된 dnf를 구하기 위해서는 최대한 크게 세트를 구성하는 것이 중요하므로 네 개의 부울식과 두 개의 부울식으로 구성된 세트로 표현함이 옳다. 각각을 비교하기 위하여 dnf를 모두 구해보면 다음과 같다.

• 두 개의 부울식으로 구성된 세 개의 세트로 dnf를 구할 시

$$\bar{x}\bar{y}+\bar{y}\bar{z}+y\bar{z}$$

• 네 개의 부울식과 두 개의 부울식으로 구성된 세트를 활용 시

$$\bar{z}+\bar{x}\bar{y}$$

• 네 개의 부울식과 하나의 독립된 부울식으로 dnf를 구할 시

$$\bar{z}+\bar{x}\bar{y}z$$

위 세 가지 결과에서 보여지듯이, 최소화된 dnf를 구하기 위해서는 최대한 크게, 묶어줄 수 있는 셀들은 모두 묶어주어야 함을 알 수 있다.

(3) 4변수 맵

4변수 맵
4개의 변수를 카르노 맵에 나타내기 위하여 행과 열에 각각 두 개의 변수 조합을 배치하여야 한다. 이때 배치 순서는 그레이코드 순서에 따라야 한다.

4개의 변수를 가진 카르노 맵은 다음과 같다.

zt \ xy	00	01	11	10
00	$\bar{x}\bar{y}\bar{z}\bar{t}$	$\bar{x}\bar{y}\bar{z}t$	$\bar{x}\bar{y}zt$	$\bar{x}\bar{y}z\bar{t}$
01	$\bar{x}y\bar{z}\bar{t}$	$\bar{x}y\bar{z}t$	$\bar{x}yzl$	$\bar{x}yz\bar{t}$
11	$xy\bar{z}\bar{t}$	$xy\bar{z}t$	$xyzt$	$xyz\bar{t}$
10	$x\bar{y}\bar{z}\bar{t}$	$x\bar{y}\bar{z}t$	$x\bar{y}zt$	$x\bar{y}z\bar{t}$

예제 8.3.8 다음 부울식을 카르노 맵으로 표현하고 최소화된 dnf를 구하라.

$$\overline{x}\,\overline{y}\,z\,t+\overline{x}\,\overline{y}\,z\,\overline{t}+x\,\overline{y}\,z\,t+x\,\overline{y}\,z\,\overline{t}$$

풀이

먼저 부울식에 해당하는 카르노 맵의 각 셀에 1의 값을, 해당하지 않는 셀에는 0의 값을 할당한다.

xy \ zt	00	01	11	10
00	0	0	1	1
01	0	0	0	0
11	0	0	0	0
10	0	0	1	1

본 예제의 부울식은 두 개의 부울식으로 구성된 세트로 묶어 두 개의 세트로 표현하거나, 네 개의 부울식으로 구성된 하나의 세트로 표현할 수 있다. 전자의 경우 dnf는 $\overline{x}\,\overline{y}z+x\overline{y}z$로 나타나며 후자의 경우 dnf는 $\overline{y}z$가 됨을 알 수 있다. 따라서 최소화된 dnf는 최대한 크게 묶어 부울 연산을 수행한 결과인 $\overline{y}z$임을 알 수 있다.

카르노 맵을 이용한 부울식의 최소화 시 다양한 묶음 구성

상기 예제에서 카르노 맵을 이용하여 최소화된 dnf를 구할 시 다양한 묶음 구성 방안에 대하여 학습하였다. 카르노 맵의 묶음 구성 시 꼭 기억하여야 할 사항은 다음과 같이 세 가지로 요약할 수 있다.

첫째 최대한 크게(하나의 셀이 여러 개의 세트에 중복되는 경우가 발생하더라도 보다 크게 묶어줄 수 있으면 중복하여 묶어준다), 둘째 카르노 맵은 구 형태를 띄는 것으로 간주(가장 위쪽 셀과 가장 아래쪽 셀은 인접하는 것으로, 가장 좌측 셀과 가장 우측 셀은 인접하는 것으로)하여야 한다. 셋째 묶음은 항상 2^n개 단위로 묶어주어야 한다. 아래에 카르노 맵을 이용하여 최소화된 dnf를 구할 때 적용되는 다양한 셀 묶음 구성을 나타낸다.

카르노 맵을 이용한 부울식의 표현	최소화된 dnf를 위한 묶음 구성 방안

xy \ zt	00	01	11	10
00	1	0	0	0
01	0	0	0	0
11	0	0	0	0
10	1	0	0	0

xy \ zt	00	01	11	10
00				
01				
11				
10				

가장 위쪽 셀과 가장 아래쪽 셀 묶음

xy \ zt	00	01	11	10
00	1	0	0	1
01	0	0	0	0
11	0	0	0	0
10	0	0	0	0

xy \ zt	00	01	11	10
00				
01				
11				
10				

가장 좌측 셀과 가장 우측 셀 묶음

xy \ zt	00	01	11	10
00	1	0	0	1
01	0	0	0	0
11	0	0	0	0
10	1	0	0	1

xy \ zt	00	01	11	10
00				
01				
11				
10				

네 모퉁이가 구 형태로 인접 묶음

xy \ zt	00	01	11	10
00	1	0	0	0
01	1	1	0	0
11	1	0	0	0
10	1	0	0	0

xy \ zt	00	01	11	10
00				
01				
11				
10				

중복 묶음(네 개의 식과 두 개의 식)

xy \ zt	00	01	11	10
00	1	1	1	1
01	0	0	0	0
11	0	0	0	0
10	1	1	1	1

xy \ zt	00	01	11	10
00				
01				
11				
10				

가장 위쪽과 가장 아래쪽 셀들의 묶음
(8개 셀 두 세트)

xy \ zt	00	01	11	10
00	1	1	1	1
01	1	0	0	1
11	1	0	0	1
10	1	1	1	1

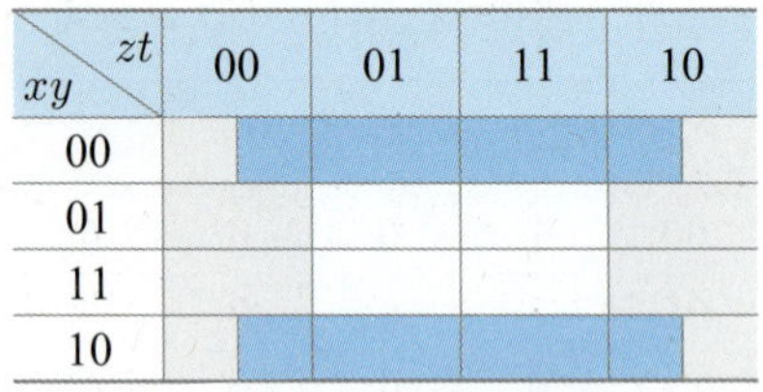

가장 좌측과 가장 우측 셀들의 묶음
가장 위쪽과 가장 아래쪽 셀들의 묶음
(8개의 셀 두 세트)

xy \ zt	00	01	11	10
00	1	1	1	1
01	1	1	0	1
11	1	0	1	1
10	1	1	1	1

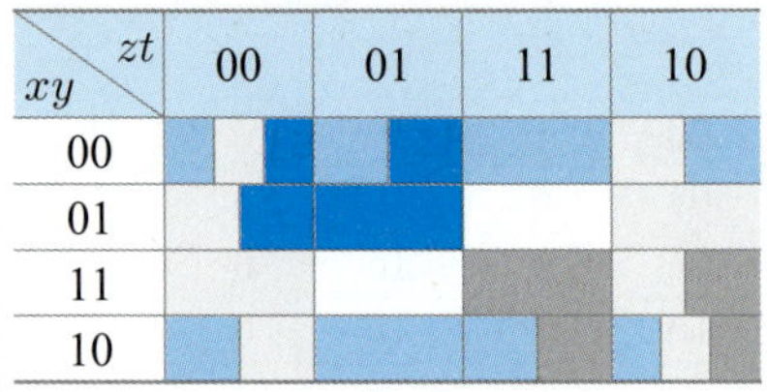

가장 위쪽과 가장 아래쪽 셀들의 묶음
(8개 셀 한 세트)
가장 좌측과 가장 우측 셀들의 묶음
(8개 셀 한 세트)
중복 묶음(좌측 상단 4개 셀 한 세트,
우측 하단 4개 셀 한 세트)

제8장 핵심문제

1 다음 부울식을 간단히 표현하라.

$$x\overline{y}+\overline{(x+\overline{y})}$$

$(x\overline{y})+\overline{(x+\overline{y})}=x\overline{y}+\overline{x}y$

2 다음 출력 값을 나타내기 위해 필요한 논리게이트를 나타내라(단, 최소화된 부울식을 사용하라).

x	y	$F(x,y)$
0	0	1
0	1	0
1	0	1
1	1	0

출력 값이 1이 나타나는 부울식을 곱의 합 형태로 나타내면 $\overline{x}\overline{y}+x\overline{y}$이므로 $\overline{y}$를 묶어서 최소화하면 $\overline{y}(x \mid \overline{x})$이다. 따라서 최소하된 부운식은 $\overline{y}$이므로 필요한 논리게이트는 NOT 게이트 하나가 필요하다.

3 다음 논리식을 기본곱의 합 형태로 나타내라.

$$F=\overline{x}z+\overline{x}yz+\overline{z}+y$$

$\overline{x}z$, $\overline{x}yz$는 $\overline{x}z$에 흡수된다. 그러므로 $\overline{x}z+\overline{z}+y$가 된다.

4 다음 부울식을 완전 표준분리형으로 나타내라.

$$\overline{x}\overline{y}+x\overline{z}+yz$$

완전 표준분리형으로 나타내기 위해서는 곱의 합 형태에서 나타나는 곱의 부울식이 모든 변수를 포함하여야 한다. 따라서
$\overline{x}\overline{y}(z+\overline{z})+x(y+\overline{y})\overline{z}+(x+\overline{x})yz=\overline{x}\overline{y}z+\overline{x}\overline{y}\overline{z}+xy\overline{z}+x\overline{y}\overline{z}+xyz+\overline{x}yz$가 된다.

5 4번 문제에서 만들어진 완전 표준분리형 부울식을 카르노 맵을 이용하여 최소화하라.

완전 표준분리형 부울식의 출력 값이 1이 되는 카르노 맵 셀은 아래의 채색된 셀에 해당하며 각각의 셀들은 최소화를 위하여 2^n개 단위로 묶어줄 수 있다. 본 예제에서는 최대로 묶어줄 수 있는 셀의 개수가 2개로 제한되며, 1로 표시된 모든 셀들을 묶어주기 위해서는 3개의 묶음이 필요하게 된다.

x \ yz	00	01	11	10
0				0
1		0		

따라서 최소화된 부울식은 $\overline{y}\,\overline{z}+\overline{x}z+xy$가 됨을 알 수 있다.
본 예제의 최종 결과가 4번 문제와 다르게 나타나는 것은 카르노 맵에서 묶음을 수행할 시 두 개의 부울식이 포함된 세 개의 묶음을 만드는 방법이 다양하게 나타날 수 있기 때문이다. 예를 들면 위의 카르노 맵은 다음과 같은 묶음으로도 최소화할 수 있다.

x \ yz	00	01	11	10
0				0
1		0		

6 다음 진리표에서 부울함수를 곱의 합 형태로 나타내라.

x	y	z	$F(x,y,z)$
0	0	0	1
0	0	1	1
0	1	0	0
0	1	1	1
1	0	0	0
1	0	1	0
1	1	0	0
1	1	1	1

$F(x,y,z)=\overline{x}\,\overline{y}\,\overline{z}+\overline{x}\,\overline{y}z+\overline{x}yz+xyz$

7 다음 부울식의 쌍대를 구하라.

(1) $x+\overline{y}$　　　(2) $x(\overline{y}+0)$　　　(3) $\overline{x}y+x\cdot 1$

(1) $\overline{x}y$

(2) $\overline{x}+(y\cdot 1)=\overline{x}+y$

(3) $(x+\overline{y})(\overline{x}+0)=(x+\overline{y})\overline{x}$

8 다음 부울함수를 카르노 맵으로 나타내라.

$$F(x,y)=\overline{x}\,\overline{y}+x\overline{y}+xy$$

x \ y	0	1
0	1	0
1	1	1

9 다음 카르노 맵을 이용하여 최소화된 부울식을 만들라.

x \ yz	00	01	11	10
0	1	0	1	1
1	1	0	1	1

문제에서 제시된 카르노 맵은 최소화된 부울식을 구하기 위하여 네 개의 부울식으로 구성된 두 개의 세트로 최소화시켜줄 수 있다. 이를 카르노 맵으로 표현하면 다음과 같다.

x \ yz	00	01	11	10
0		0		
1		0		

따라서 최소화된 부울식은 $F(x,y,z)=y+\overline{z}$가 된다.

10 다음 부울식을 카르노 맵을 이용하여 최소화하라.

$$\overline{x}\,\overline{y}\,\overline{z}t+\overline{x}\,\overline{y}zt+\overline{x}y\overline{z}\,\overline{t}+\overline{x}y\overline{z}t+\overline{x}yzt+\overline{x}yz\overline{t}+xyzt+xyz\overline{t}$$

문제에서 제시된 부울식을 카르노 맵으로 표현하면 다음과 같다.

xy \ zt	00	01	11	10
00	0	1	1	0
01	1	1	1	1
11	0	0	1	1
10	0	0	0	0

위에 나타난 카르노 맵을 최소화하기 위하여 2^n개 단위로 묶어주면 4개의 부울식으로 이루어진 세 개의 세트로 묶어줄 수 있으며, 이는 다음과 같다.

xy \ zt	00	01	11	10
00	0			0
01				
11	0	0		
10	0	0	0	0

따라서 최소화된 부울식은 $\overline{x}t+\overline{x}y+yz$가 됨을 알 수 있다.

제8장 연습문제

01 부울대수에서 다음의 분배 법칙이 성립하는지 진리표를 사용하여 증명하라.

$$a * (b+c) = (a * b) + (a * c)$$

02 다음 부울대수의 쌍대를 구하라.

(a) $(a * 1) * (0 + a') = 0$

(b) $a(a' + b) = ab$

03 다음의 부울 표시 $E(x, y, z)$를 dnf와 완전 dnf로 나타내라.

(a) $E_1 = x(y'z)'$

(b) $E_2 = (x' + y)' + x'y$

04 (a) 부울 표시 $E = xy'z + x'y'z + yz$일 때 $xz + E = E$임을 완전 dnf를 사용하여 증명하라.

(b) 부울 표시 $E = xyz' + x'yz' + y'z'$일 때, $E + x'z' = E$가 성립됨을 완전 dnf를 사용하여 증명하라.

05 다음 스위치 회로에 대하여

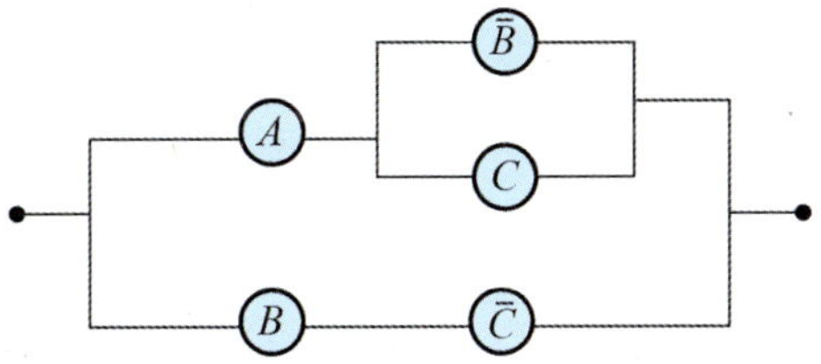

(a) 부울 표시를 구하라.

(b) 진리표에 의하여 회로의 값을 구하라.

06 다음 부울 표시의 최소화된 표준분리형을 카르노 맵을 사용하여 구하라.

$$E = xyzt + xy'zt' + xyz't + x'yz't + x'yzt + x'y'z't + xy'z't' + xy'z't + x'y'z't'$$

07 다음 부울식을 카르노법을 사용하여 최소화하라.

(1) $a'bc + abc' + ab'c' + a'b'c'$

(2) $abc + abc' + a'bc + a'bc' + a'b'c$

08 다음 부울 표시법의 논리회로를 그리라.

$$x \wedge \overline{y} \vee z$$

09 다음 부울 표시법의 논리회로를 그리라.

$$(x \wedge y) \vee \overline{z}$$

10 다음 부울 표시법의 논리회로를 그리라.

$$(x \wedge (y \vee (x \wedge \overline{y}))) \vee (x \wedge \overline{y})$$

제 9 장

형식언어와 유한상태기계

수학, 컴퓨터 과학 등에서 형식 언어(formal language)란, 특정한 법칙들에 따라 적절하게 구성된 문자열들의 집합을 말한다. 형식 언어에는 그 언어에서 사용하는 문자(alphabet)의 집합이 있으며, 문자열(word)은 문자들로 이루어진 유한한 길이의 열로 정의한다. 형식 언어는 특정한 문자열의 집합이기 때문에, 이를 생성하는 규칙이 존재한다.

유한 상태 기계는 상태기계라고도 부르며, 유한한 개수의 상태를 가지는 오토마타로 추상적인 기계를 의미한다. 이러한 유한 상태 기계는 컴퓨터 프로그램과 전자 논리 회로를 설계하는 데에 쓰이는 수학적 모델로서 활용할 수 있다.

제9장에서는 언어와 문법, 유한 상태 기계, 입출력 스트링 및 유한 오토마타에 대하여 학습한다.

요약

9.1 형식언어

형식언어

형식 언어(formal language)란, 특정한 법칙에 따라 적절하게 구성된 문자열들의 집합을 의미한다. 형식언어를 기술하는 방법으로는 "특정한 형식 문법의 법칙에 따라 생성되는 문자열의 집합을 이용하는 방법", "특정한 정규 표현식이 만들어내는 문자열의 집합을 이용하는 방법", "특정한 오토마톤이 받아들이는 문자열을 이용하는 방법", "판정 문제의 대상이 되는 '예/아니오' 질문 중 그 대답이 '예'인 것들의 집합을 활용하는 방법" 및 "추론의 결과를 활용하는 방법" 등이 있다.

형식문법

형식 문법(formal grammar)은 형식 언어를 정의하는 것으로, 유한개의 규칙을 통해 어떤 문자열이 특정 언어에 포함되는지를 판단하거나, 그 문법으로부터 어떤 문자열을 생성해 낼지를 결정한다. 형식 문법을 세분화하면 생성 문법과 해석 문법으로 분류할 수 있다. 생성 문법은 해당 문법으로부터 문자열들을 생산해 내는 것에 초점을 맞추며, 해석 문법은 문자열이 특정 언어에 포함되는지를 판단하는 것에 초점을 맞춘다.

형식언어와 오토마타의 연관성

오토마타의 역할은 해석 문법과 관련이 있으며, 언어, 문법, 오토마타 간의 관계를 도식화하면 다음과 같다.

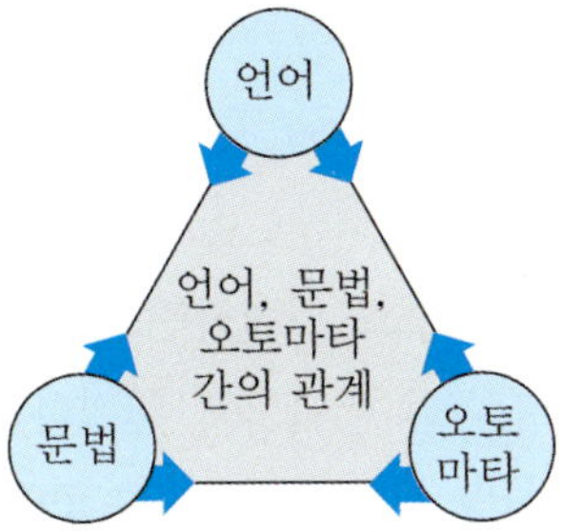

S를 **기호**(또는 부호, symbol)들의 집합이라고 하면 S로부터의 **단어**(word)는 집합 S의 원소들의 유한 순열로 이루어진다. 예를 들어, $U = ababb$ 이고 $V = accba$ 는 $S = a, b, c$에 관한 단어들이다. 여기서 유한개의 공집합이 아닌 기호들의 집합을 **알파벳**(alphabet)이라 한다.

알파벳 S의 원소로 이루어질 수 있는 모든 단어들의 집합을 S^*라 할 때, S에 속하는 단어들은 S^*의 원소인 **유한순열**(sequence)이라고 볼 수 있다. 단어를 이루는 문자들의 개수를 단어의 **길이**(length)라고 한다. 위의 단어들 U와 V는 모두 **길이** 5인 단어들이다. 또는 $|U| = 5, |V| = 5$이다. 편의상 길이가 0인 단어를 정의하며, 이를 **공순열**(empty sequence)이라고 하고, λ로 나타낸다. 즉 $\lambda \in S^*$이고 $|\lambda| = 0$이다.

> **S^***
> S^*에서 *는 단어의 길이를 나타낸다.

> **길이**
> 단어의 길이를 나타낼 때에는 절댓값 기호를 사용한다. 이산수학에서 절댓값 기호는 집합의 원소의 개수를 나타내는 방법 등에서도 사용하며 이에 대한 복습이 필요하다.

예제 9.1.1 알파벳 $S = \{a, b\}$에 대하여 길이가 각각 다른 모든 순열을 나타내라.

풀이

$$S^0 = \{\lambda\},\ S^1 = \{a, b\},\ S^2 = \{aa, ab, ba, bb\},$$
$$S^3 = \{aaa, aab, aba, abb, \cdots, bbb\}, \cdots$$

여기서 S^0는 길이가 0인 단어, S^1은 길이가 1인 단어를 의미한다. 집합 연산을 사용하면 다음과 같은 관계가 성립된다.

$$S^* = S^0 \cup S^1 \cup S^2 \cup S^3 \cup S^4 \cup \cdots$$
$$= \{\lambda,\ a,\ b,\ aa,\ ab,\ ba,\ bb,\ aaa,\ aab,\ aba,\ abb,\ \cdots\}$$

위의 단어 U와 V를 연속으로 연결하면 다른 단어 $UV = ababbaccba$가 생성되며, 이와 같이 단어를 연속으로 연결하는 것을 **접속**, **연접**, 또는 **접합**(concatenation)이라 한다. UV에서 U를 **접두사**(prefix)라 하고, V를 **접미사**(suffix)라 한다. 동일한 알파벳이 연속되는 문자의 경우 aa를 a^2으로, aaa를 a^3 등으로 줄여서 간단히 표시할 수 있다. 따라서 $UV = abab^2ac^2ba$로 간략히 표기될 수 있다. 그러나 연속해서 나타나지 않는 문자열들에 대해서는 간략히 표시할 수 없다. 따라서 위의 예에서 $UV \neq a^4b^4c^2$이 됨을 알 수 있다. 이와 더불어 접합에서는 일반적으로 교환법칙이 성립되지 않는다. 즉 $UV \neq VU$임을 알 수 있다. 접합에서 일반적으로 교환법칙이 성립하지 않으나, 예외적으로 빈 문자열 λ를 단어와 접합하게 되면 교환법칙이 성립된다. 즉, $\lambda U = U\lambda = U$임을 알 수 있다.

단어의 접합에서 빈 문자열과의 접합 이외의 경우, 교환 법칙은 성립되지 않으나 결합 법칙은 성립한다. 예제 9.1.2는 이것을 보여준다.

예제 9.1.2 단어 $U = abc$, $V = mn$, $W = xyt$라고 하면, 세 단어의 접합 $UVW = (UV)W = U(VW) = abcmnxyt$가 성립함을 보이라.

풀이

$$UVW = abcmnxyt$$
$$(UV)W = (abcmn)xyt = abcmnxyt$$
$$U(VW) = abc(mnxyt) = abcmnxyt$$

이므로 세 개의 접합 결과가 모두 동일하므로 결합법칙이 성립함을 알 수 있다.

S^*와 S^+

S가 알파벳일 때 S^*는 S로부터 만들어지는 모든 문자열들의 집합을 말하며, 이때 S^*는 λ가 포함된다. S^*에서 λ를 제외할 경우에는 S^*와 구분하

기 위하여 S^+로 표시한다.

예를 들어, $S=\{a, b\}$일 때 $S^*=\{\lambda, a, b, aa, ab, ba, bb, aaa, aab, \ldots\}$이며, $S^+=\{a, b, aa, ab, ba, bb, aaa, aab, \ldots\}$가 된다.

언어와 문장

언어란 일반적으로 S^*의 부분집합으로 정의하며, 대문자 L로 표현한다. 언어 L 안에 있는 특정 문자열 w는 L의 단어 또는 문장이라 한다. $S=\{a, b\}$일 때 집합 $\{a, ab, ba, aabbb\}$는 S상의 언어가 된다.

> **언어**
> 언어에서 문자열, 단어 그리고 문장은 같은 형식을 가진다.

예제 9.1.3 $S=a, b$라 할 때, 다음은 S에 관한 언어들이다. 다음의 각 언어들을 설명하라.

(1) $L_1=\{b, ba, ba^2, ba^3, \cdots\}$

(2) $L_2=\{a^m b^n : m, n \geq 1\}$

(3) $L_3=\{a^m ba^n : m, n \geq 0\}$

풀이

(1) 하나의 b로 시작하고 이후 a만 반복적으로(1개~ n개) 나타나는 모든 단어들의 집합이다.

(2) 하나 이상의 a가 반복한 후 하나 이상의 b가 반복하는 모든 단어들의 집합이다.

(3) 0개 이상의 a가 반복한 후 정확하게 b가 한 개, 이후 0개 이상의 a가 반복하는 모든 단어들의 집합이다.

언어를 만들기 위해서는 어떤 규칙이 필요하다. 이와 같이 언어를 구축하기 위한 규칙을 **문법**(grammar)이라 한다. 문법에 맞는 문장의 구조를 **구문**(syntax)이라 하고, 문장의 의미를 **시멘틱**(semantic)이라 한다. 따라서 여기서는 일반적인 언어에서의 전반적인 문법이 아닌 어떤 문장을 구축하는 문법인 **구문구조 문법**(syntax grammar)에 대하여 알아보기로 한다.

> **문법**
> 언어 구문(syntax)을 형식적(formal)으로 정의한 규칙을 말한다. 문법은 알파벳으로부터 문장을 유도하며, 유도된 문장들의 집합을 언어라 한다. 프로그래밍 언어 구문을 정의하는 데 사용되는 형식 문법으로는 BNF 문법, 문맥자유 문법 등이 있다.

구문구조 문법 $G=G(V, T, S, P)$는 다음 네 개의 순서쌍으로 정의된다.

비단말 기호
문법에 의해서 생성되는 언어를 정의할 수 있도록 돕는 문자열의 집합을 정의하는 구문 기호를 말한다.

(1) V: **변수**(variable) 또는 **비단말(nonterminal) 기호**들의 유한집합, 일반적으로, 대문자로 나타낸다.
(2) T: **단말**(terminal) 기호들의 유한집합. 일반적으로 소문자로 표시한다.
(3) S: V에 속하는 **시작 기호**(start symbol), 문장의 시작을 나타내며 일반적으로 S를 사용한다.
(4) P: **생성 규칙**(production rule)들의 유한집합. 생성 규칙은 $\alpha \rightarrow \beta$로 나타내는데, 임의의 순서열 α를 순서열 β로 대치(또는 치환)시키는 규칙을 나타낸다. 여기서, 왼쪽에 있는 순서열 α에는 적어도 한 개 이상의 비단말 기호가 포함되어야 한다.

G의 각 요소를 강조하기 위하여 위의 문법을 $G = G(V, T, S, P)$로 표시한다. 변수라고 불리는 비단말 기호의 집합과 단말 기호의 집합에는 동시에 속하는 공통 원소가 없다고 가정한다. 즉, $V \cap T = \varnothing$이다. 따라서 V와 T는 서로소이다.

예제 9.1.4 영어의 문장을 구성하는 영문법을 사용하여 문장 "John jogs frequently"을 문법으로 나타내라.

풀이

(1) $V = \{$문장, 명사, 동사구, 동사, 부사$\}$
(2) $T = \{$jogs, John, frequently$\}$
(3) $S =$문장
(4) 생성 규칙 P:
   ① 문장 → 명사 동사구,
   ② 명사 → John,
   ③ 동사구 → 동사 부사,
   ④ 동사 → jogs,
   ⑤ 부사 → frequently

생성 규칙 ①에서 문장 → 명사 동사구가 된다. 여기에 다시 생성 규칙 ②를 적용하면 명사 동사구 → John 동사구가 된다. 다시 생성 규칙 ③을 적용하면 John 동사구 → John 동사 부사가 된다. 다시 생성 규칙 ④를 적용하면 John 동사 부사 → John jogs 부사가 된다. 마지막으로 생성 규칙 ⑤를 적용하면 John jogs 부사 → John jogs frequently를 얻을 수 있다. 이와 같이 생성 규칙의 유한 순열을 사용하여 시작 기호로부터 원하는 문장을 얻을 경우, 주어진 문법 G의 **언어**, $L(G)$라고 한다. 또 G로부터 $L(G)$를 만드는 것을 언어를 **유도**(derivation)한다고 한다. 언어의 유도는 생성 규칙에 따라 모든 비단말 기호가 대치되어 단말이 될 때까지 반복한다.

유도
주어진 스트링을 하나 이상의 생성 규칙을 이용하여 다른 스트링으로 변환해 나가는 과정을 말한다.

언어의 유도트리

문법 G의 언어 $L(G)$를 얻기 위하여 트리를 이용할 수 있다. 그림 9.1.1은 예제 9.1.4의 언어를 얻기 위한 **유도트리**(derivation tree)를 나타낸다. 유도트리는 생성 규칙을 적용하는 순서에 의하여 다른 형태의 유도트리가 만들어질 수도 있다.

유도트리
순서 트리로서 부모 노드는 생성규칙의 좌변에 있는 변수(혹은 비단말)를 말하며, 자식 노드는 대응되는 우변에 있는 심볼을 나타낸다.

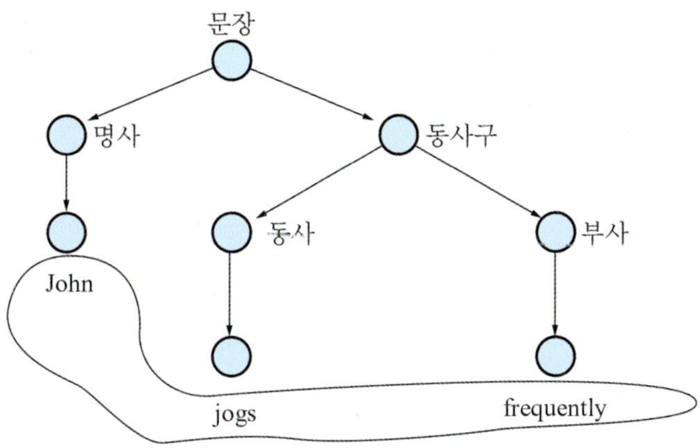

그림 9.1.1 예제 9.1.4 언어의 유도트리

단어 $W = uXv$와 생성 규칙 $X \to y$가 있는 경우, 새로운 단어 $W' = uyv$는 생성규칙 $X \to y$를 이용하여 W로부터 **유도가능**(derivable)하다고 정의하며, $W \Rightarrow W'$로 표시한다. 이러한 생성규칙들은 여러 개의 생성규칙들이 순차적으로 사용될 수 있다. $W \Rightarrow W1 \Rightarrow W2 \Rightarrow \cdots \Rightarrow W'$이면, $W \Rightarrow \Rightarrow W'$으로 쓴다. 문법 G의 **언어** $L(G)$는 G에 의해 생성되는 단말의 모든 단어들로 구성된다. 즉

$$L(G) = \{W : S \Rightarrow \Rightarrow W\}$$

$W \Rightarrow W'$
⇒는 유도된다(derived)라고 읽으며, $w \Rightarrow w'$일 때 'w는 w'를 유도한다.' 또는 'w'는 w로부터 유도된다.'라는 것을 의미한다.

언어
두 개의 서로 다른 문법 $G1$, $G2$가 동일한 언어 L을 생성할 때 $G1$과 $G2$는 동치라고 한다.

다시 말하면, 문법 G의 언어 $L(G)$는 문법 G의 시작기호로부터 생성 규칙을 적용하여 얻어질 수 있는 단어(스트링 또는 문장)들의 집합이다.

예제 9.1.5 문법 $G = G(V, T, S, P)$는 다음과 같은 요소로 구성된고 할 때 시작 기호 S로부터 유도될 수 있는 단어들을 구하라.

(1) $V = \{A, B, S\}$

(2) $T = \{a, b\}$

(3) 시작 기호$= S$

(4) 생성규칙: 1. $S \rightarrow AB$, 2. $A \rightarrow Aa$, 3. $B \rightarrow Bb$,
4. $A \rightarrow a$, 5. $B \rightarrow b$

풀이

$S \Rightarrow AB \Rightarrow aB \Rightarrow ab$, 그러므로 ab는 $L(G)$의 단어이다.
순서대로 사용된 생성규칙 번호는 1, 4, 5이다.

$S \Rightarrow AB \Rightarrow AaB \Rightarrow aaB \Rightarrow a^2b$.

$\therefore\ a^2b \in L(G)$. 유도에 차례로 사용된 생성규칙 번호는 1, 2, 4, 5이다.

$S \Rightarrow AB \Rightarrow AaB \Rightarrow AaaB \Rightarrow aaaB \Rightarrow a^3Bb \Rightarrow a^3b^2$.

$\therefore\ a^3b^2 \in L(G)$.

유도에 차례로 사용된 생성규칙 번호는 1, 2, 2, 4, 3, 5이다.

$$\vdots$$

$S \Rightarrow AB \Rightarrow AaB \Rightarrow a^2B \Rightarrow a^2Bb \Rightarrow a^2Bbb \Rightarrow a^2Bb^3 \Rightarrow a^2b^4$.

$\therefore\ S \Rightarrow a^2b^4$.

$\therefore\ a^2b^4 \in L(G)$. 유도에 차례로 사용된 생성 규칙 번호는 1, 2, 4, 3, 3, 3, 5 이다.

위의 몇 가지 유도결과를 보면, 이 예제에서 주어진 문법으로 생성되는 언어의 일반식 표현은 다음과 같다.

$$L(G) = \{a^m b^n,\ m,\ n \geq 1\}$$

형식언어

이산구조에서 다루는 언어는 의미의 개념이 제외된 문법과 그 문법에 의하여 산출되는 언어의 문장 구조를 말한다. 이러한 별다른 의미 없이 문법에 의하여 산출되는 언어를 **형식언어**(formal language)라 한다. 컴퓨터 언어인 PASCAL, C, BASIC 등도 형식언어의 일종이다. 그리고 이런 관점에서 단말을 문자로 나타내는 문법을 **형식문법**(formal grammar)이라 한다.

형식언어
간략하게 정의하면 문법에 따라 적절하게 구성된 문자열들의 집합을 말한다.

형식문법
형식언어를 정의하는 문법으로, 유한개의 규칙을 활용하여 특정 문자열들이 언어에 포함되는지 여부를 판단하거나, 문법으로부터 유도 가능한 문자열들을 결정한다.

예제 9.1.6 다음 형식문법에서 형식언어를 산출하라.

(1) $V = S$

(2) $T = \{0, 1\}$

(3) 시작 기호: S

(4) 생성규칙: $S \rightarrow 01S$, $S \rightarrow 1$

풀이

$S \Rightarrow 1$,

$S \Rightarrow 01S \Rightarrow 011$,

$S \Rightarrow 01S \Rightarrow 0101S \Rightarrow 01011$,

$S \Rightarrow 01S \Rightarrow 0101S \Rightarrow 010101S \Rightarrow 0101011$,

$\vdots$

따라서 이 형식언어의 일반식 표현은 다음과 같다.

$$L(G) = \{(01)^n 1,\ n \geq 0\}$$

형식문법의 분류

형식언어는 형식문법의 생성규칙이 가지는 제약에 따라 구분할 수 있다. 형식문법을 생성 규칙의 제약에 따라 분류하면 다음과 같은 네 가지 형식으로 분류 가능하며, 이를 **촘스키**(Chomsky) **분류**라고 한다.

(1) 형식 0: 무제약 문법

무제약 문법은 생성규칙(production rule)에 아무런 제약을 두지 않는 문법을 말한다. 다만, 무제약 문법에서 유의하여야 할 사항은 생성규칙의 좌

변이 공집합(λ)이 될 수가 없다는 점이다(즉 $\alpha \rightarrow \beta$ 에서 $\alpha \neq \lambda$). 무제약 문법은 모든 종류의 형식 문법을 포함한다.

(2) 형식 1: 문맥-인식(문맥 의존) 문법

문맥 의존 문법은 문맥 의존 언어를 생성하며, 생성 규칙은 다음과 같이 정의할 수 있다.

$$\alpha A \alpha' \rightarrow \alpha \beta \alpha'$$

여기서 A는 비단말을 의미하며, α, β, α'는 단말 또는 비단말의 임의의 문자열을 의미한다. 이때 비단말 A는 단말 α와 α' 사이에 있을 때만, $A \rightarrow \beta$ (길이: $A \leq \beta$)가 가능하다. 이런 형식의 문법에서는 산출규칙이 문자열 문맥에 민감하게 작용하므로 **문맥-인식 문법**(context-sensitive grammar)이라 부르며 산출되는 언어를 문맥-인식 언어라 한다.

(3) 형식 2: 문맥-자유 문법

문맥 자유 문법은 문맥 자유 언어를 생성하며, 생성 규칙은 다음과 같이 정의할 수 있다.

$$A \rightarrow \alpha$$

여기서 A는 비단말을 의미하며, α는 V^*에 속하는 문자열(단말 또는 비단말, 빈문자열 λ도 포함)을 의미한다. 문맥 자유 문법에서는 비단말 A가 나타나는 위치에 상관없이 α로 대치 가능하다. 즉, 비단말 기호는 문자열의 문맥에 관계없이 생성 규칙에 따라 임의의 문자열로 대치되므로 문맥을 고려치 않는다 하여 **문맥-자유 문법**(context-free grammar)이라 한다.

(4) 형식 3: 정규문법

정규문법은 정규 언어를 생성하며, 생성 규칙은 다음과 같이 정의할 수 있다.

$$A \rightarrow tB \text{ 또는 } A \rightarrow t \text{ 여기서, } t \in T^* \text{이고, } A, B \in V$$
$$A \rightarrow Bt \text{ 또는 } A \rightarrow t \text{ 여기서, } t \in T^* \text{이고, } A, B \in V$$

여기서 A, B는 비단말을 의미하며, t는 T^*에 속하는 문자열을 의미한다.

형식문법의 형식 사이에서는 포함 관계가 성립한다. 각 문법은 문법의 제약 정도에 따라 형식 0에서 형식 3까지 분류되었으며, 제약이 가장 작은 형식 0 문법은 자신보다 제약 사항이 많은 형식 1, 형식 2, 형식 3 문법을 포함한다. 다른 형식 문법들 사이에서도 포함관계가 성립한다. 즉, 제3형의 문법은 제2형에 속하고, 제2형은 제1형에, 제1형은 제0형에 속한다.

네 가지 형식의 문법들 간의 관계를 벤다이어그램으로 표시하면 다음과 같다.

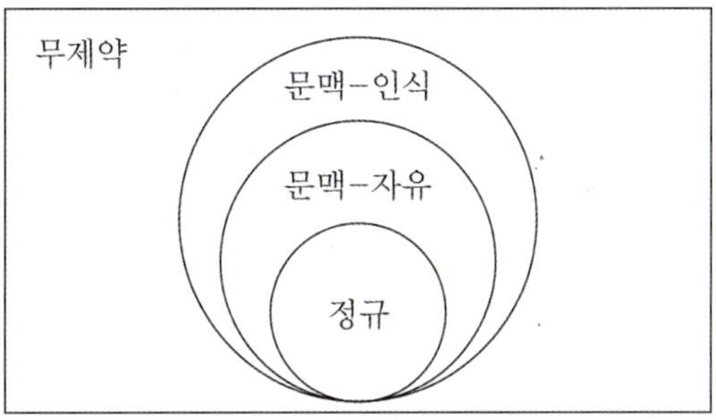

관례

문법과 언어에 대하여 기술할 때 다음과 같은 표기 방법을 통상 사용한다. 단말은 영문자의 소문자로 표시하고, 비단말은 대문자로 표시하며 시작 기호는 S로 나타낸다. 또한 그리스 문자 $\alpha, \beta, \cdots$은 단말과 비단말 안에 있는 단어를 표시한다. 생성규칙 $\alpha \to \beta$, $\alpha \to \gamma$를 $\alpha \to (\beta, \gamma)$ 또는 $\alpha \to \beta \mid \gamma$로 쓸 수 있다.

예제 9.1.7 다음의 문법들이 어떤 형식 문법에 속하는지 말하라.

(1) $S \to aAB$, $AB \to b$, $A \to c$, $A \to AB$

(2) $S \to aAB$, $AB \to bB$, $B \to aB$, $B \to b$

(3) $S \to aB$, $B \to aAB$, $A \to a$, $B \to b$

(4) $S \to aA$, $A \to bB$, $B \to aA$, $B \to b$, $A \to a$

풀이

(1) 생성규칙 $AB \to b$는 무제약 문법임을 보여준다.

(2) 생성규칙 $AB \to bB$는 비단말 A 다음에 B가 나올 때만 비단말 A를

단말 b로 바꿀 수 있다. 따라서 문맥 의존 문법이다.

(3) 생성규칙에서 왼쪽에 있는 것은 모두 비단말이며, 문맥에 관계없이 임의의 문자열로 치환될 수 있다. 따라서 문맥-자유 문법이다.

(4) 생성규칙이 모두 $A \to a$ 또는 $A \to aB$ 형태이므로 정규문법이다. 특히 이 문법은 왼쪽 정규 문법이다.

표 9.1.1 형식문법의 분류

유형	문법	언어	생성 규칙	언어의 예
형식 0	무제약 문법	귀납적 가산 언어	$\alpha A\beta \to \beta$	-
형식 1	문맥 의존 문법	문맥 의존 언어	$\alpha A\beta \to \alpha\gamma\beta$	$a^n b^m c^l$
형식 2	문맥 자유 문법	문맥 자유 언어	$A \to \alpha$	$a^n b^m$
형식 3	정규문법	정규 언어	$A \to \alpha B$ $A \to \alpha$	a^n

9.2 유한상태기계

오토마타

오토마타란 디지털 컴퓨터의 수학적 모델인 오토마톤의 복수형으로서 '자동기계 장치'를 의미한다. 일반적으로 오토마타는 입력 장치, 출력 장치, 저장 장치, 제어 장치를 가지고 있으며, 디지털 컴퓨터의 동작 원리로 볼 수 있다. 즉, 오토마타는 수학적 방법론에 바탕을 둔 디지털 컴퓨터의 추상적인 모델이다. 오토마타는 다음과 같은 기능과 장치를 가진다.

(1) 입력 데이터를 읽어 들이는 기능
(2) 특정 형태의 출력 기능
(3) 무한개의 셀들로 이루어진 임시 저장 장치
(4) 유한개의 내부 상태를 제어할 수 있는 제어 장치

오토마타의 일반적인 구조는 다음과 같다.

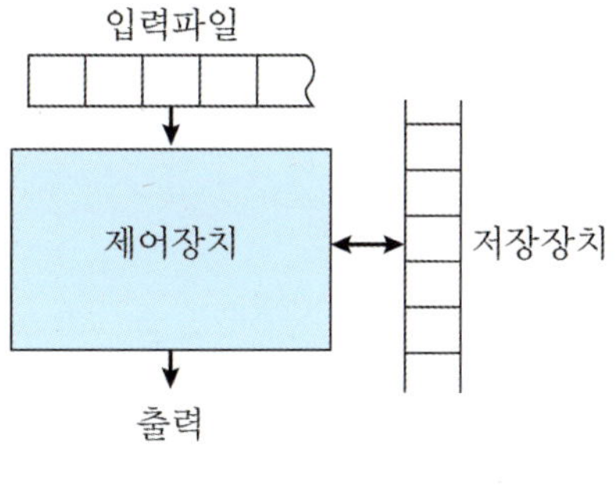

오토마타는 이산적인 시간 단위로 작동하는 것을 기본으로 가정한다. 즉, 특정 시점을 기준으로 바라보면, 제어 장치는 특정한 상태에 놓여 있고 입력 기능은 입력파일상의 특정 심볼을 읽게 된다. 제어 장치의 다음 상태는 전이 함수에 의해 결정된다. 전이 함수는 현재의 제어 상태, 입력 심볼, 임시 저장 장치 내의 정보들에 의해 결정된다. 오토마타를 크게 구분하면, 결

요약

정적 오토마타와 비결정적 오토마타로 구분할 수 있다.

유한 상태 기계

유한 상태 기계(FSM)는 유한한 개수의 상태를 가질 수 있는 오토마타, 즉 추상 기계를 말하며, 컴퓨터 프로그램과 전자 논리 회로를 설계하는 데에 쓰이는 수학적 모델로 응용할 수 있다.

유한 상태 기계는 한 번에 오직 하나만의 상태를 가지며, 현재 상태란 임의의 주어진 시간의 상태를 말한다. 유한 상태 기계의 상태는 특정 사건에 의해 하나의 상태에서 다른 상태로 변화할 수 있으며, 이를 전이라 한다. 유한 상태 기계는 현재 상태로부터 가능한 전이 상태와, 이러한 전이를 유발하는 조건들의 집합으로 정의할 수 있다. 유한 오토마타는 언어를 정의하는 데 사용할 수도 있으며, 유한 오토마타가 받아들일 수 있는 모든 언어는 정규 언어에 해당한다. 또한, 역도 성립하여 모든 정규 언어는 유한 오토마타가 받아들일 수 있다.

유한 상태 기계 특징

- 상태의 개수가 유한하며, 외부로부터 입력을 받는다.
- 현재 상태에서 입력에 따라 자신의 상태를 전이하거나, 출력할 수 있다.

유한 상태 기계의 구성 요소

- 상태들의 유한집합 S
- 입력기호들의 유한집합 I
- 출력기호들의 유한집합 O
- 상태전이함수 $f : S \times I \rightarrow S$
- 출력함수 $g : S \times I \rightarrow O$

유한 상태 기계의 간략한 형태로 스위치 제어를 통한 전구의 ON/OFF를 들 수 있다.

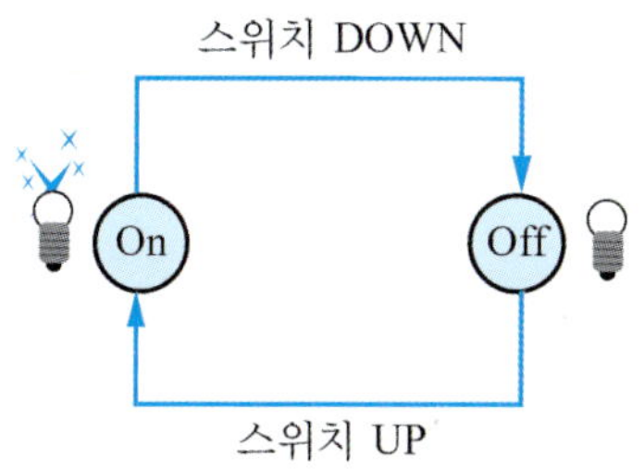	전구의 상태: ON / OFF 특정 시점에서 전구의 상태는 둘 중 하나의 상태를 가지며, 특정 조건(스위치 UP/DOWN)에 의해 변화 ON : 스위치가 내려가면 OFF로 전이 OFF : 스위치가 올라가면 ON으로 전이

우리가 사용하는 컴퓨터는 특정 시점에서 특정한 상태에 있는 기계 장치로 볼 수 있다. 그 컴퓨터는 입력 기호를 읽어 들이고 기호를 출력하며 또한 상태를 변환한다. 상태(state)라고 하는 것은 하나의 입력을 받아들여 그 입력에 의존하여 출력을 생성하고 현재의 상태에서 다음의 상태로 변환되는 하나의 개념적 모델로 정의할 수 있다. 출력되는 기호는 장치의 현재 상태와 입력 기호에 의존하여 결정되며, 현재 상태는 이전 상태와 입력에 의존하여 결정된다. 이러한 개념은 다음과 같이 유한 상태 기계로 정의할 수 있다.

유한 상태 기계(FSM : finite state machine) M의 구성 요소

(1) 상태들의 유한집합 S
(2) 입력기호들의 유한집합 I
(3) 출력기호들의 유한집합 O
(4) 상태전이함수 $f : S \times I \rightarrow S$
(5) 출력함수 $g : S \times I \rightarrow O$

유한 상태 기계 M을 다섯 가지 구성 요소로 표시하면, $M=(S, I, O, f, g)$이다.

유한 상태기 계에는 유한개의 상태 이외에, 입력(I : input)에 따라 출력(O : output)을 생성하는 **출력함수**(output function) g와 입력에 따라서 다음 상태로 전이되는 **상태전이함수**(state transition function) f가 존재한다.

출력함수
유한상태기계 중 입력에 따른 출력보다는 인식/거절과 같은 상태를 가지는 유한상태기계를 **유한 오토마타** 또는 **오토마톤**이라고 한다.

상태전이함수
상태전이함수는 상태표와 상태 다이어그램으로 표시할 수 있다.

예제 9.2.1 두 개의 입력 부호화 세 개의 현재 상태 그리고 세 개의 출력기호를 가지는 하나의 유한상태기계를 정의하라.

풀이

(1) $S=\{S_0, S_1, S_2\}$

(2) $I=\{a, b\}$

(3) $O=\{x, y, z\}$

(4) 상태전이함수 $f : S\times I \to S$는 다음과 같이 정의한다.

$f(S_0, a)=S_1,\ f(S_0, b)=S_2,\ f(S_1, a)=S_1,$

$f(S_1, b)=S_2,\ f(S_2, a)=S_0,\ f(S_2, b)=S_1.$

(5) 출력함수 $g : S\times I \to O$는 다음과 같이 정의된다.

$g(S_0, a)=x,\ g(S_0, b)=y,\ g(S_1, a)=z,$

$g(S_1, b)=x,\ g(S_2, a)=z,\ g(S_2, b)=y.$

유한상태기계는 **상태표**(state table) 또는 방향성 그래프(directed graph)를 이용한 **상태 다이어그램**(state diagram)으로 나타낼 수 있다. 예제 9.2.1에 있는 기계의 상태를 상태표로 나타내면 그림 9.2.1 (a)로 나타낼 수 있으며, 상태 다이어그램으로 도시하면 (b)로 나타낼 수 있다.

그림 9.2.1 (b)에서 각 결점은 상태를 나타내고 화살표는 상태전이를 나타낸다. 만약 $f(S_i, a_i)=S_{i+1}$이고 $g(S_i, a_i)=y_r$이라면, 상태 S_i에서 입력이 a_i인 경우 S_i에서 S_{i+1}까지 화살표로 연결하며, 화살표 근처에 (a_i, y_r)을 기입한다. 유한개의 상태 중 시작 상태 S_0 왼쪽에는 짧은 화살표를 표시하여 시작 상태임을 나타낸다.

한 기계의 동적인 성질에 대하여 알기 위하여, 주어진 입력을 순서열로 하면 그 입력에 따라 각 상태로 전이되고 출력된 결과를 순서열로 만들 수 있다. 이와 같은 입력을 **입력 스트링**(input string), 출력을 **출력 스트링**(output string)이라고 한다. 하나의 유한상태기계에 주어지는 입력 스트링을 $X=a_1 a_2 \cdots a_n$이라 할 때, 유한상태기계는 이들 입력 기호들을 하나씩 순서대로 읽어 들여 출력 스트링 $Y=z_1 z_2 \cdots z_n$을 생성하며, 이때 상태는 초기 상태에서 최종 상태까지 전이 과정을 거치게 된다. **상태 스트링**(state string)을 S라 하면, $S=S_0 S_1 S_2 \cdots S_n$으로 표시할 수 있다. 상태

	a	b
S_0	S_1, x	S_2, y
S_1	S_1, z	S_2, x
S_2	S_0, z	S_1, y

(a) 상태표

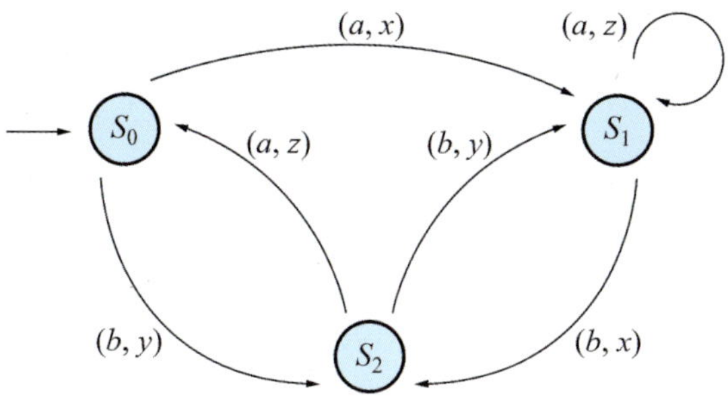

(b) 상태 다이어그램

그림 9.2.1 유한상태기계의 표시

의 개수는 초기 상태에서 출발하기 때문에 입출력의 개수보다 한 개 많다.

일반적으로 표시하면, 현재 상태 S_0에서 입력 스트링 X는 각각 상태전이함수 f와 출력 함수 g에 의하여 상태 스트링과 출력 스트링이 결정된다. 즉,

$$S_i = f(S_{i-1}, a_i)$$
$$Y_i = g(S_{i-1}, a_i)$$

로 표시할 수 있다. 여기서, $i = 1, 2, \cdots, n$을 의미한다. 스트링이란 단어는 n-tuple 또는 목록 대신에 하나의 유한한 연속에 대하여 사용된다.

예제 9.2.2 그림 9.2.2의 상태 다이어그램과 같은 유한상태기계가 존재할 때, 초기상태 S_0에서 입력으로 $abaab$가 주어졌을 때 상태 전이 과정 및 출력 값을 차례로 나타낸 후 최종 상태를 나타내라.

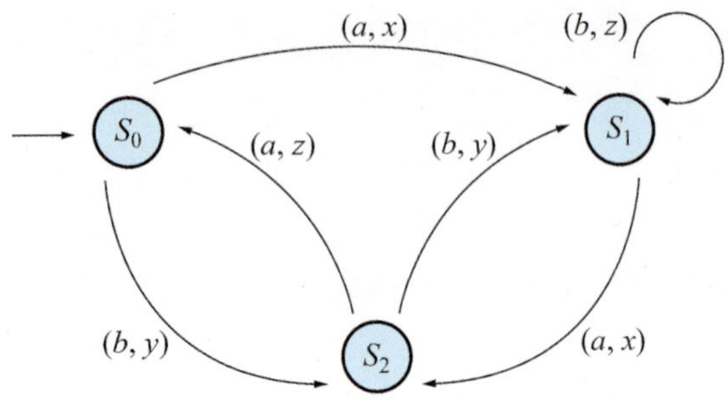

그림 9.2.2 입출력 스트링의 예

풀이

S_0에서 입력 a일 때, 상태 S_1로 전이되고 출력은 x,

S_1에서 입력 b일 때, 상태 S_1로 전이되고 출력은 z,

S_1에서 입력 a일 때, 상태 S_2로 전이되고 출력은 x,

S_2에서 입력 a일 때, 상태 S_0로 전이되고 출력은 z,

S_0에서 입력 b일 때, 상태 S_2로 전이되고 출력은 y.

따라서 출력 스트링 $Y = xzxzy$가 되고, 상태 스트링 $S = S_1, S_1, S_2, S_0, S_2$가 된다. 즉 S_2가 최종 상태이다.

이와 같이 유한상태기계는 각 상태에서 입력을 받아 다음 상태로 전이하고 출력을 생성한다. 그러나 유한상태기계의 각 상태에서 입력을 받아 다음 상태로 전이만 하고 출력보다는 입력 문자열을 인식하거나 또는 거절하는 경우를 생각할 수 있다. 이런 경우의 유한상태기계는 시스템의 구조에 의하여 유한한 입력 스트링이 도달할 수 있는 최종 상태를 가질 수도 있고 그렇지 않을 수도 있게 된다.

이와 같이 출력보다는 인식상태 또는 거절상태와 같은 상태를 가지는 유한상태기계를 **유한 오토마타**(FA: finite automata) 또는 간단히 **오토마톤**(automaton)이라 한다. 오토마톤에서 입력 문자열이 인식될 때의 상태를 **인식상태**(recognized state) 또는 **수락상태**(accepting state)라고 한다. 유한상태기계와 마찬가지로 유한 오토마타 M도 다음과 같은 다섯 가지 요소로 구성된다.

유한 오토마타 M의 구성요소

(1) 상태들의 유한집합 S

(2) 입력 기호들의 유한집합 I

(3) S의 부분집합인 수락상태의 집합 F

(4) S의 원소인 초기상태 S_0

(5) 상태전이함수 $f : S \times I \rightarrow S$

오토마타 M을 다섯 가지 구성 요소로 나타내면, $M = (S, I, F, S_0, f)$이다. 오토마타 M은 유한상태기계와 같이 상태 다이어그램에 의하여 나타낼 수 있다. 이때 인식상태는 이중원을 그려서 다른 상태와 구별하여 나타낸다. 또한 초기상태 S_0는 결점으로 향하는 하나의 화살표로 표시한다.

예제 9.2.3 다음과 같은 2개의 이진수를 입력 기호로 가지고 3개의 상태를 갖는 하나의 유한 오토마톤을 상태 다이어그램으로 표시하라.

(1) 상태 $S = \{S_0, S_1, S_2\}$

(2) 입력기호 $I = \{0, 1\}$

(3) 수락상태 $F = \{S_0, S_1\}$

(4) 초기상태 S_0

(5) 상태전이함수 $f : S \times I \rightarrow S$는 다음 표와 같이 주어진다.

	상태전이	
입력	0	1
S_0	S_0	S_1
S_1	S_0	S_2
S_2	S_2	S_2

풀이

상태전이표에 따라 상태들을 결점으로 표시하고, 수락상태는 S_0와 S_1이므로 이중원으로 나타내어 상태 다이어그램으로 나타내면 다음과 같다.

그리고 상태전이표에 따라 입력에 따른 전이 상태를 아크로 표시하면, $f(S_{i-1}, a_i) = S_i$ 이며 S_{i-1}로부터 S_i까지 a_i로 표시된 하나의 아크(arc)로 다음과 같이 나타낼 수 있다.

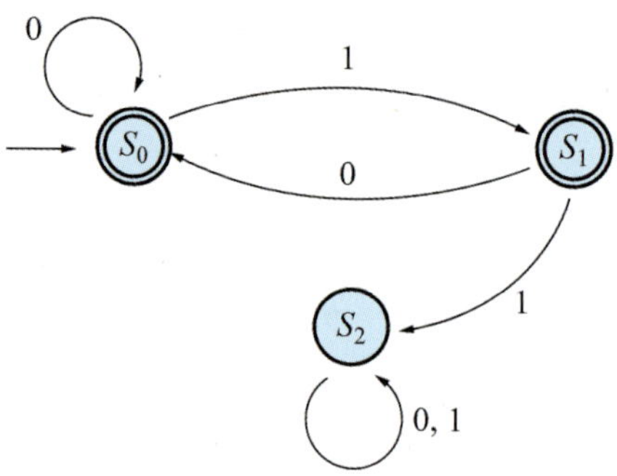

한 유한 오토마타 M의 초기 상태에서 최종 인식 상태에 이르는 모든 입력을 차례로 접속하여 얻어지는 스트링 W를 얻을 수 있을 때, 이 입력 스트링 W는 오토마타 M에 의하여 **인식된다**(recognized) 또는 **수락된다**(accepted)라고 한다. M에 의하여 인식된 모든 스트링의 집합을 M에 의하여 **인식된 언어**라 하고 $L(M)$으로 표시한다. 예제 9.2.3에서 오토마타 M은 2개의 연속되는 1을 가질 수 없는 문자들을 인식한다. 예를 들어, 오토마타 M은 다음의 입력들을 인식한다.

- 인식 스트링의 예: 001010010, 000, 1001, 0100010101, 1, 0010001

그러나 다음의 입력들에 대해서는 입력을 각각 모두 읽고 난 뒤의 최종 상태가 수락상태가 아니기 때문에 인식되지 않는다. 즉, 거절된다(rejected).

- 거절 스트링의 예: 00100110, 11000, 01011001, 11, 0111100

오토마타와 정규언어

정규 문법(형식 3 문법)에 의하여 생성되는 언어를 정규언어라고 한다. 정규언어와 유한 오토마타 사이에는 다음과 같은 정리가 성립한다.

정규문법
정규 언어를 생성하며, 생성규칙은 다음과 같다.

$A \to tB$ 또는 $A \to t$
여기서, $t \in T^*$이고, $A,\ B \in V$
$A \to Bt$ 또는 $A \to t$
여기서, $t \in T^*$이고, $A,\ B \in V$
A, B는 비단말, t는 T^*에 속하는 문자열을 의미한다.

> **정리 9.2.1**
>
> 언어 L이 정규언어라는 것은 L을 인식하는 유한 오토마타 M이 하나 존재한다는 것과 동치이다.

이 정리는 클레이니(Kleene)가 제안한 것으로, 언어 L이 정규언어가 될 필요충분조건은 언어 L을 인식하는 유한 오토마타가 존재하여야 한다는 것이다. 따라서 정규언어가 존재하면 같은 언어를 인식하는 유한 오토마타를 구축할 수도 있고, 유한 오토마타가 존재하면 같은 언어를 인식하는 정규언어를 나타낼 수 있다. 정규언어를 유한 오토마타로 나타내는 방법은 다음과 같다.

(1) 생성규칙이 $S \to \lambda$이면, 초기상태 S_0도 승인상태가 되고 다른 수락상태 S_F가 존재한다.

(2) 생성규칙이 $A \to a$이면, 상태 S_A에서 a가 입력되면 수락상태 S_F로 전이된다.

(3) 생성규칙이 $A \to aB$이면, 상태 S_A에서 a가 입력되면 상태 S_B로 전이된다.

위와 같이 생성규칙들에 의하여 상태의 수와 상태 사이의 전이관계가 결정되면 정규문법에 의한 정규언어는 유한 오토마타에 의하여 인식되는 언어와 같게 된다.

예제 9.2.4 다음 정규문법 G로 주어지는 언어 L을 유한 오토마타로 변환하여 서로 동치관계가 성립되는지 각각 인식되는 언어를 비교하여 보라.

(1) $V = \{S,\ A,\ B\}$

(2) $T = \{a,\ b\}$

(3) 시작기호 $= S$

(4) 생성규칙 $P : S \to aA,\ A \to aA,\ A \to bB,\ A \to b,\ B \to bB,\ B \to b$

풀이

위의 "정규언어를 유한 오토마타로 나타내는 방법"에 따르면

$S \rightarrow aA$는 상태 S에서 입력 a에 의하여 A로 전이 (3)
$A \rightarrow aA$는 상태 A에서 입력 a에 의하여 A로 전이, 즉 루프가 생성됨. (3)
$A \rightarrow bB$는 상태 A에서 입력 b에 의하여 B로 전이 (3)
$A \rightarrow b$는 상태 A에서 입력 b에 의하여 승인상태 S_F로 전이(이것은 B가 승인상태인 것을 표시하며, 상태 A에서 입력 b에 대한 전이는 한 개만 표시해야 함) (2)
$B \rightarrow bB$는 상태 B에서 입력 b에 의하여 B로 전이, 즉 루프가 생성됨. (3)
$B \rightarrow b$는 상태 B에서 입력 b에 의하여 승인상태 S_F로 전이(즉, B가 승인상태임을 의미함) (2)

본 예제의 생성규칙을 유한 오토마타로 나타내면, 정규문법의 비단말 기호 S, A, B는 유한 오토마타의 상태로 표시할 수 있다. 그리고 정규문법의 단말 기호 a, b는 유한 오토마타에서 입력으로 나타낼 수 있다. 따라서 본 예제의 생성규칙에 해당하는 유한 오토마타는 다음과 같다.

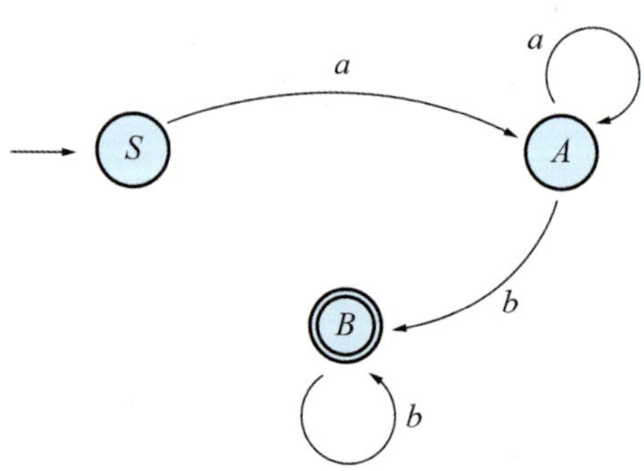

인식하는 언어를 서로 비교하기 위하여 먼저 정규문법이 생성하는 언어를 몇 개 유도하여 본다.

(1) $S \Rightarrow aA \Rightarrow ab$
(2) $S \Rightarrow aA \Rightarrow aaA \Rightarrow aab$
(3) $S \Rightarrow aA \Rightarrow abB \Rightarrow abb$
(4) $S \Rightarrow aA \Rightarrow abB \Rightarrow abbB \Rightarrow abbb$

$$\vdots$$

이 문법 G가 생성하는 언어는 a가 r개 먼저 나오고 그다음에 b가 S개 나오는 언어이며, 일반적인 표현은 다음과 같다.

$$L = \{a^r b^s : r,\ s > 0\}$$

문법 G가 생성하는 언어 ab, aab, abb, $abbb$가 유한 오토마타에서 인식되는지 확인하면,

(1) 초기상태 S에서 a가 입력되면 상태 A로 전이된다. 그리고 상태 A에서 b가 연속하여 입력될 시 상태 B로 전이되며, 상태 B가 승인상태이기 때문에 문자열 ab는 인식됨을 알 수 있다.

(2) 초기 상태 S에서 a가 입력되면 상태 A로 전이된다. 그리고 상태 A에서 a가 연속하여 입력되면 상태 A에 머무르게 되며, 이후 계속하여 b가 입력되면 승인상태 B로 전이된다. 상태 B가 승인상태이기 때문에 문자열 aab는 인식됨을 알 수 있다.

이와 같은 방법으로 문자열 abb, $abbb$가 모두 인식되는 것을 확인할 수 있으므로, 동치관계가 성립함을 알 수 있다.

제9장 핵심문제

1 $A=\{a, b, c\}$에 관한 단어 $U=a^2c^2b^6$, $V=b^2acba^2$에 대해서 U^2, UV, VU를 구하라.

U^2은 U를 두 번 접합하는 것을 의미하므로 UU로 표시 후 동일한 원소가 반복될 경우 지수 승으로 표시하여야 한다. 따라서 $U^2=a^2c^2b^6a^2c^2b^6$이다.
UV는 U와 V가 접합한 형태이므로 $U=a^2c^2b^6$와 $V=b^2acba^2$가 접합하여 $UV=a^2c^2b^8acba^2$가 된다.
VU는 V와 U가 접합한 형태이므로 $V=b^2acba^2$와 $U=a^2c^2b^6$가 접합하여 $VU=b^2acba^4c^2b^6$가 된다.

2 영어의 문장을 구성하는 문법을 사용하여 문장 "Discrete-mathematics is interesting"을 문법으로 나타내라.

(1) $V=\{$문장, 명사, 동사, 형용사$\}$
(2) $T=\{$Discrete-mathematics, is, interesting$\}$
(3) $S=$문장
(4) 생성 규칙 P:
① 문장 → 명사 동사 형용사,
② 명사 → Discrete-mathematics,
③ 동사 → is,
④ 형용사 → interesting

3 다음의 알파벳을 이용하여 생성 가능한 스트링을 구하라.

$$S=\{a,b,c\}$$

생성 규칙에 제약이 없으므로 S의 원소 $\{a,b,c\}$를 활용하여 생성 가능한 모든 문자열들이 해당한다. 예를 들면, $\{a,b,c,aa,ab,ac,ba,bb,bc,\cdots\}$과 같은 문자열들의 집합에 해당한다.

4 다음 중 관계가 올바르게 연결되지 않은 것은?
(a) 형식 0 - 귀납적 가산 언어
(b) 형식 1 - 무제한 문법

(c) 형식 2 – 문맥-자유 문법

(d) 형식 3 – 정규언어

(b), 형식 1은 문맥 의존 문법으로 문맥 의존 언어를 생성한다.

5 다음 문법 G에서 생성규칙이 P와 같을 때 변수 집합과 단말 기호 집합을 구하라.

$$G = (V, T, S, P)$$
$$P:\ S \rightarrow aA$$
$$S \rightarrow bB$$
$$A \rightarrow aS$$
$$A \rightarrow c$$
$$B \rightarrow b$$

$V = \{S, A, B\}$, $T = \{a, b, c\}$

6 5번 문제의 문법을 활용하여 생성 가능한 스트링의 집합을 나타내라.

$S \rightarrow aA$ 규칙과 $A \rightarrow aS$ 규칙을 반복 적용하면 a가 홀수 개 반복해서 나타나고, 그 후 $A \rightarrow c$ 규칙을 적용하면, c가 하나 나타나며, 비단말 기호가 사라지는 $\{ac, aaac, aaaaac, \cdots\}$가 생성될 수 있다.
처음 $S \rightarrow bB$ 규칙과 $B \rightarrow b$을 적용하면, b가 두 개 나타나며, 비단말 기호가 사라지는 bb가 생성될 수 있다. 또한, $S \rightarrow aA$ 규칙과 $A \rightarrow aS$ 규칙을 반복 적용하면 a가 짝수 개 반복해서 나타나고, 그 후 $S \rightarrow bB$ 규칙과 $B \rightarrow b$을 적용하면, b가 두 개 나타나며, 비단말 기호가 사라지는 $\{aabb, aaaabb, aaaaaabb, \cdots\}$가 생성될 수 있다. 따라서 5번 문제의 문법을 활용하여 생성 가능한 스트링의 집합은 $\{ac, aaac, aaaaac, \cdots, bb, aabb, aaaabb, aaaaaabb, \cdots\}$가 된다.

7 다음의 생성규칙은 언어를 생성할 수 없음을 증명하라.

$$P:\ S \rightarrow Aa$$
$$A \rightarrow B$$
$$B \rightarrow Aa$$

위 생성규칙을 따르면 비단말 기호들을 모두 단말기호로 유도하는 생성규칙이 존재하지 않으므로, 오토마타가 승인상태에 도달하지 못한다. 따라서 위 생성

규칙은 언어를 생성할 수 없다.

8 다음 언어가 생성하는 생성규칙을 나타내고, 어떤 형식 문법에 속하는지 말하라.

$$L = \{a^n b^{n+1} | n \geq 0\}$$

위 언어는 a가 n개 등장한 이후 b가 $n+1$개 등장하는 언어를 생성한다. 따라서 생성규칙은

$$P: S \rightarrow Ab$$
$$A \rightarrow aAb$$
$$A \rightarrow \lambda$$

이다. 이때, 생성규칙에서 왼쪽에 있는 것은 모두 비단말이며, 문맥에 관계없이 임의의 문자열로 치환할 수 있으므로 문맥-자유문법이다.

9 다음의 유한 오토마타에 의해 인식되는 언어를 구하라.

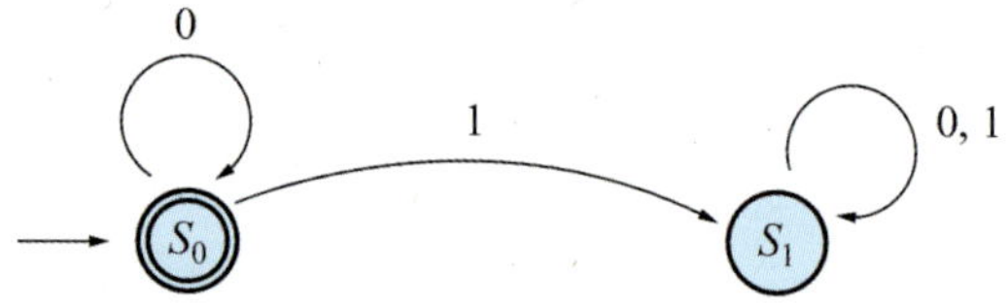

오토마타를 이용하여 문자열을 인식하기 위해서는 승인상태로 전이되는 입력 값이 입력되어야 한다. 본 문항에서는 승인상태가 S_0만 존재하고 있으며, 따라서 생성되는 문자열은 S_0에서 입력이 종료되어야 하며, S_1으로 전이되는 순간 입력 값에 상관없이 S_1 상태를 벗어나지 못하게 되므로 더 이상의 문자열은 인식하지 못한다. 따라서 S_0 상태에서 인식 가능한 문자열이 출력이 이루어지려면 입력 값은 0만 입력되어야하며, 0의 경우 임의의 수만큼 반복하여도 승인상태에 머물게 된다. 따라서 인식 가능한 문자열을 표기하면 다음과 같다.

$$L = \{0^n | n \geq 0\}$$

10 다음과 같은 3개의 입력 값을 입력 기호로 가지고 세 가지 상태를 갖는 하나의 유한 오토마타를 상태 다이어그램으로 표시하라.

(1) 상태 $S = \{S_0, S_1, S_2\}$

(2) 입력기호 $I = \{a, b, c\}$

(3) 승인상태 $F=\{S_0, S_1\}$

(4) 초기상태 S_0

(5) 상태전이함수 $f : S \times I \rightarrow S$는 다음 표와 같다.

	상태전이		
입력	a	b	c
S_0	S_0	S_1	S_2
S_1	S_0	S_2	S_1
S_2	S_2	S_1	S_0

상태전이표에 따라 세 가지 상태를 결점으로 표시하고, 이 중 승인상태는 S_0와 S_1이므로 이중 원으로 나타내면 다음과 같은 상태 다이어그램을 나타낼 수 있다.

그리고 상태전이표에 따라 입력에 따른 전이 상태를 아크로 표시하면, $f(S_{i-1}, a_i)=S_i$ 이며 S_{i-1}로부터 S_i까지 a_i로 표시된 하나의 아크(arc)로 다음과 같이 나타낼 수 있다.

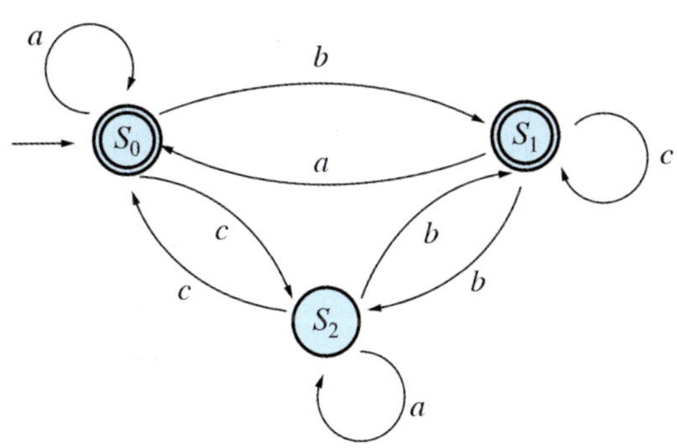

제9장 연습문제

01 입력 부호 a, b, c와 출력 부호 x, y, z를 갖는 유한상태기계 M의 상태표에 대해서

	a	b	c
q_0	q_1, x	q_2, z	q_1, x
q_1	q_1, y	q_2, y	q_2, z
q_2	q_1, z	q_0, z	q_0, x

(a) M의 상태 다이어그램을 그리라.

(b) 만일 입력이 문자열 $W = caabbaccab$일 때 출력을 구하라.

02 $A = \{a, b\}$에 관한 단어 $U = ab^2a^2b^3$, $V = b^2aba^2$에 대해서 U^2, UV, VU를 구하라.

03 $A = \{a, b, c\}$, $B = \{0, 1\}$에 대하여 다음을 구하라.

(a) 길이가 2와 3인 문자열

(b) AB, A^2, BA, B^2

04 다음과 같은 생성규칙을 가진 문맥-자유 문법 G가 있다. 단어 $W = abaabaa$를 유도하고 사용된 생성규칙에 대하여 유도트리를 구하라.

$$\text{생성규칙 } P : S \to a$$
$$S \to aAS$$
$$A \to bS$$

05 (1) 문자 a와 b에 대해서 2개의 연속되는 b를 가질 수 없는 모든 입력 문자열을 승인하는 유한 오토마타 M을 구성하라.

(2) 위의 구성된 오토마타가 입력 문자열 $baab$, b, $aabaaab$를 인식함

을 보이라.

(3) 위의 구성된 오토마타가 입력 문자열 $bbaaa$, bb, $abbbaa$를 거절함을 보이라.

06 (1) b와 오직 한 개의 a에 관한 모든 단어들로 구성되는 언어 L을 인식하는 유한 오토마타를 구축하라[힌트: 구축된 오토마타를 가지고 다음의 단어를 인식하는지 조사하라($L = a, b^r a, ab^s, b^r ab^s : r, s > 0$)].

(2) 이 언어를 생성하는 정규문법의 생성규칙을 구하라.

07 $A = \{a, b\}$에 대하여, 두 개의 a가 연속해서 나타나지 않는 모든 단어들로 구성된 언어 L을 생성하는 정규문법 G를 구하라.

08 (1) a와 b가 입력 기호라 할 때, ab로 끝나지 않는 모든 입력 문자열을 인식하는 유한 오토마타 M을 구성하라.

(2) 위의 구성된 오토마타가 입력 문자열 $abba$, aab, bba, $abbbab$를 인식 또는 거절하는지를 보이라.

09 (1) a와 b가 입력 기호라 할 때, ba로 끝나지 않는 모든 입력 문자열을 인식하는 유한 오토마타 M을 구성하라.

(2) 위의 구성된 오토마타가 입력 문자열 $baab$, aab, $aabbab$를 인식함을 보이라.

(3) 위의 구성된 오토마타가 입력 문자열 bba, $aababa$, $baaaba$를 거절함을 보이라.

10 다음과 같은 생성규칙을 가진 문법 G가 있다.

$$\text{생성규칙 } P: \begin{aligned} S &\to bA, \\ A &\to a, \\ A &\to aB, \\ B &\to bA \end{aligned}$$

(1) 이 문법 G에 의해서 생성되는 언어 $L(G)$를 3개 이상 유도하라.

(2) $L(G)$의 일반 표현식을 구하라.

(3) $L(G)$의 언어 형식은 무엇인가?

(4) $L(G)$를 인식하는 유한 오토마타를 그리라.

11 다음과 같은 생성규칙을 가진 문법 G가 있다. 이 문법 G에 의해서 생성되는 언어 $L(G)$를 3개 이상 예를 들고, 일반 표현식을 구하라. 그리고 $L(G)$의 언어 형식은 무엇인가?

$$\text{생성규칙 } P: \; S \to aB, \; B \to b, \; B \to bA, \; A \to aB$$

12 다음의 문법 G가 생성하는 언어 $L(G)$의 일반 표현식을 구하라.

$$G = \{V, T, S, P\}$$
$$V = \{A, B, S\}, \quad T = \{a, b\}, \quad S(\text{시작기호}),$$
$$P = \{S \to AB, \; A \to Aa, \; B \to Bb, \; A \to a, \; B \to b\}$$

13 문자 a와 b에 대하여 다음의 언어가 있다고 하자.

$$L = \{a^r b^s : r, s > 0\}$$

(1) L을 나타내는 유한 오토마타 M을 구성하라.

(2) L을 생성하는 정규문법 G를 구하라.

(3) 위에서 구한 생성규칙을 이용하여 생성되는 언어가 L에 속하는지 4가지 이상 예를 보이라.

14 문자 a, b, c에 대하여 $L = \{a^r b^s c^t : r, s, t \geq 1\}$인 언어가 있다.

(1) 언어 L을 생성하는 유한 오토마타를 그리라.

(2) 언어 L을 생성하는 정규문법 G의 생성규칙을 구하라.

제 10 장

알고리즘

컴퓨터를 이용하여 문제를 해결하기 위한 논리적인 절차를 알고리즘이라 한다. 이러한 알고리즘을 작성하기 위하여 일반적으로 개발자들은 실제 코드를 작성하기 전에 의사코드를 이용하여 알고리즘을 구상한다. 의사코드란 프로그램 코드를 작성할 때 사용하기 위해, 프로그램의 진행 과정을 단계별로 기록해 놓은 것으로서, 많은 개발자들이 의사코드를 프로그램 문제를 해결하기 위한 도구로, 또는 다른 사람들과 프로그램의 흐름에 대해 소통하기 위한 방법으로 활용한다.

이 장에서는 알고리즘의 개념을 파악하고 이를 개발하기 위하여 사용되는 의사 코드와 알고리즘의 복잡도를 계산하는 방법에 대하여 학습한다. 특히, 프로그램에서 널리 활용되는 제어문과 반복처리문에 대하여 보다 상세하게 학습한다. 마지막으로 기본적인 알고리즘인 정렬 알고리즘과 탐색 알고리즘에 대하여 예시를 통하여 알아본다.

요약

10.1 알고리즘과 의사코드

알고리즘(algorithm)은 수학, 컴퓨터과학 및 언어학 등에서 어떤 문제를 해결하기 위한 일련의 절차나 방법을 공식화한 것으로서 계산을 실행하기 위한 단계적 절차를 의미한다. 즉, 문제 해결을 위하여 필요한 계산절차 또는 순차적인 처리과정을 의미하며, 프로그램명령어의 집합을 의미하기도 한다.

이러한 알고리즘을 작성하기 위하여 일반적으로 개발자들은 실제 코드를 작성하기 전에 의사코드를 이용하여 알고리즘을 구상한다. 의사코드란 프로그램 코드를 작성할 때 사용하기 위해, 프로그램의 진행 과정을 단계별로 기록해 놓은 것으로서, 많은 개발자들이 의사코드를 프로그램의 문제를 해결하기 위한 도구로, 또는 다른 사람들과 프로그램의 흐름에 대해 소통하기 위한 방법으로 활용한다.

의사코드를 이용하여 알고리즘을 구상하면 다음과 같은 장점이 존재한다.

- 알고리즘의 작동 과정을 묘사할 수 있다.
- 프로그래밍 관련 지식이 부족한 사람들에게 프로그램의 진행 과정을 쉽게 설명할 수 있다.
- 협업을 위한 도구로 활용 시 자신의 의도를 명확하게 표현할 수 있다.

의사코드는 개발에 사용하는 언어에 따라 다양한 스타일을 가질 수 있으며, 간단하게 구현된 선형 탐색 알고리즘의 의사코드를 나타내면 다음과 같다.

LINEAR SEARCH ALGORITHM

$i \leftarrow 1$

while ($i \leq$ n and $x \neq d_i$)

  $i \leftarrow i + 1$

if $i \leq n$ then position $\leftarrow i$

```
else position ← −1
end
```

일상에서 발생하는 다양한 문제들을 해결하기 위해서는 논리적인 절차가 요구되며, 특히 컴퓨터를 이용하여 문제를 해결해야 하는 경우에는 복잡한 형식의 논리적인 절차가 필요하다. 따라서 복잡한 문제를 해결하기 위해서는 그 문제를 몇 개의 단계들로 나누어 차례로 하나씩(step by step) 문제를 해결하는 과정이 필요하다. 이와 같이 어떤 문제를 해결하기 위하여 유한개의 단계(finite number of steps)를 사용하는 분명한 절차를 그 문제의 해결에 대한 **알고리즘**(algorithm)이라고 한다.

알고리즘이 가져야 할 기본적 특성은 다음과 같다.

- 일반성: 알고리즘의 절차는 모든 문제에 일반적으로 적용 가능해야 한다.
- 명확성: 각 절차들은 명백해야 하고 애매모호함이 없어야 한다.
- 유한성: 알고리즘은 유한 번의 단계 후에는 반드시 종료되어야 한다.
- 효율성: 알고리즘의 연산은 수행 시간, 기억 장소 크기 등의 측면에서 효율적이어야 한다.

알고리즘
기본적인 특성은 정의하는 사람에 따라 다소 차이가 있으며, 다음과 같이 5개의 항목으로 정의하기도 한다.

- 입력 : 0 또는 그 이상의 외부에서 제공된 자료가 존재
- 출력 : 최소 1개 이상의 결과를 가짐
- 유한성 : 단계들을 유한한 횟수로 거친 후 문제를 해결하고 종료함
- 명확성 : 각 단계는 명확하여 애매함이 없어야 함
- 효과성 : 모든 연산은 사람이 종이와 연필을 이용하여 유한한 시간 안에 정확하게 수행할 수 있을 정도로 충분히 단순해야 함

예제 10.1.1 유한 정수 수열에서 가장 작은 원소를 발견하는 알고리즘을 서술하라.

풀이

(1) 수열의 첫 번째 정수를 min이라 한다.

(2) 수열의 두 번째 정수를 min과 비교한다. 만일 이 정수가 min보다 작다면, 이 정수를 새로운 min으로 정한다.

(3) 두 번째 단계를 반복하여 수열의 모든 정수와 비교한다.

(4) 수열에 더 이상의 정수들이 없을 때 비교를 멈추고, 이때 min값이 수열에서 최소 정수가 된다.

예제 10.1.2 예제 10.1.1의 알고리즘을 사용하여 수열 23, 16, 29, 5, 40, 6에서 최소 정수를 찾으라.

풀이

(1) 첫 번째 정수 값이 min값이 되므로 min = 23이 된다.

(2) 23과 16을 비교한다. 16 < 23이기 때문에 min = 16으로 변한다.

(3) 16과 29를 비교한다. 16 < 29이기 때문에 min = 16으로 변하지 않는다.

(4) 16과 5를 비교한다. 16 > 5이기 때문에 min = 5로 변한다.

(5) 5와 40을 비교한다. 5 < 40이기 때문에 min = 5로 변하지 않는다.

(6) 5와 마지막 정수 6을 비교한다. 5 < 6이기 때문에 min = 5로 변하지 않는다. 수열에서 더 이상의 수가 없기 때문에 알고리즘은 여기에서 멈추고 최소 정수는 5가 된다.

의사코드(pseudo code)란 프로그램 코드를 작성할 때 사용하기 위해, 프로그램의 진행 과정을 단계별로 기록해 놓은 것을 의미한다. 의사코드에서는 알고리즘을 효율적으로 표현하기 위하여 필요한 언어와 기호 및 규칙이 포함된다. 다음은 알고리즘에 사용되는 의사코드의 형태들을 나타낸다.

(1) 제어문(control statement)

① IF-THEN-ELSE 문

이 코드는 제시된 조건을 만족할 때의 처리와 만족하지 않는 때의 처리를 선택하는 경우에 사용하며 일반적인 형식은 다음과 같다.

IF(조건) THEN S_1(조건을 만족하는 경우의 처리를 위한 문장)

ELSE S_2(조건을 만족하지 않는 경우의 처리를 위한 문장)

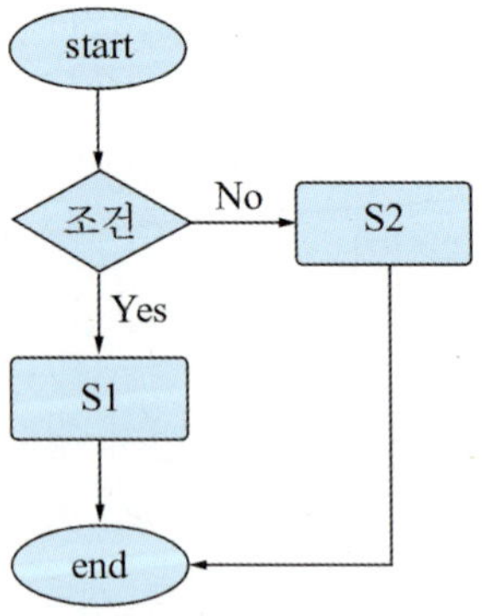

② CASE 문

이 코드는 여러 개의 IF-THEN-ELSE 문을 결합한 것과 같으며, 일반적인 문장의 형식은 다음과 같다.

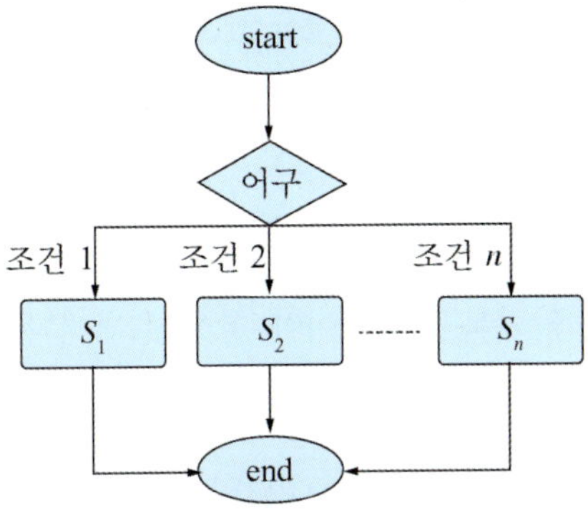

CASE (어구) OF

조건 1: S_1(어구가 조건 1을 만족하는 경우의 처리를 위한 문장)

조건 2: S_2(어구가 조건 2를 만족하는 경우의 처리를 위한 문장)

⋮

조건 n: S_n(어구가 조건 n을 만족하는 경우의 처리를 위한 문장)

CASE (어구) OF
대표적인 프로그래밍 언어인 C언어에서는 CASE (어구) OF를 'switch(어구) case 조건:' 형태로 사용한다.

예제 10.1.3 두 실수 X와 Y를 비교하여 최소(min)가 되는 수를 나타내는 알고리즘을 의사코드로 작성하라.

풀이

1. IF $(X < Y)$ THEN

    (1) min ← X

2. ELSE

    (2) min ← Y

    END

이 코드는 $X < Y$가 참이면 min에 X값이 할당되고, 거짓이면 Y값이 할당되는 것을 의미한다. 여기서 번호 1, 2는 같은 수준이고 (1), (2)는 1, 2보다 낮은 수준을 나타내는 것으로 낮은 수준의 번호는 높은 수준의 번호보다 안으로 들여서 맞추어 적는다.

낮은 수준
대표적인 프로그래밍 언어인 C언어, JAVA 등에서는 낮은 수준을 나타내기 위하여 중괄호 {, }를 사용한다.

(2) 반복처리문(iterative processing statement)

① FOR 문

이 코드는 주어진 변수의 초기값부터 최종값까지 지정한 간격에 따라 어떤 처리를 반복 수행하여야 할 경우에 사용하는 것으로 그 형식은 다음과 같다.

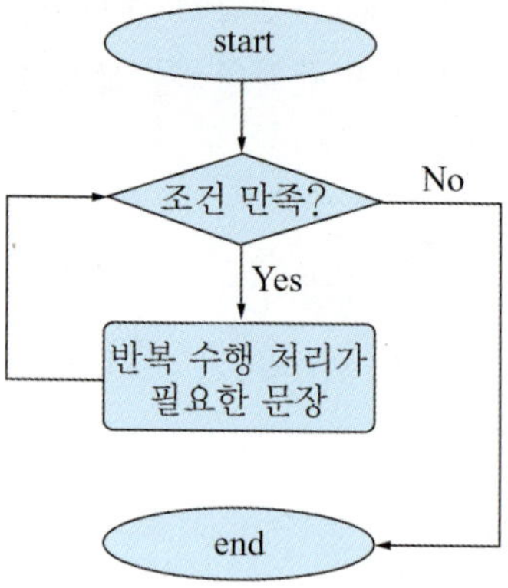

1. FOR (변수=초기값) TO (최종값) BY (증가값)
(반복 수행 처리가 필요한 문장)

예제 10.1.4 FOR 문을 활용하여 7!을 계산하기 위한 알고리즘을 의사코드로 나타내라.

풀이

1. $i \leftarrow 1$
2. factorial ← 1
3. FOR $(i = 1)$ TO 7 BY 1
   (1) factorial ← factorial*i
4. PRINT factorial
   END

여기서 i 값이 1에서 7까지 1씩 증가하면서 처리 (1)이 반복적으로 수행되며, 저장된 factorial 값에 i 값이 곱해져서 새로운 factorial값이 계산된다. PRINT factorial 문은 최종 factorial의 값을 출력하라는 것을 의미한다.

② WHILE 문

이 코드는 조건을 만족하는 동안 반복적으로 실행하여야 할 경우에 사용되는 제어문으로 그 형식은 다음과 같다.

1. WHILE (조건)
(반복 수행 처리가 필요한 문장)

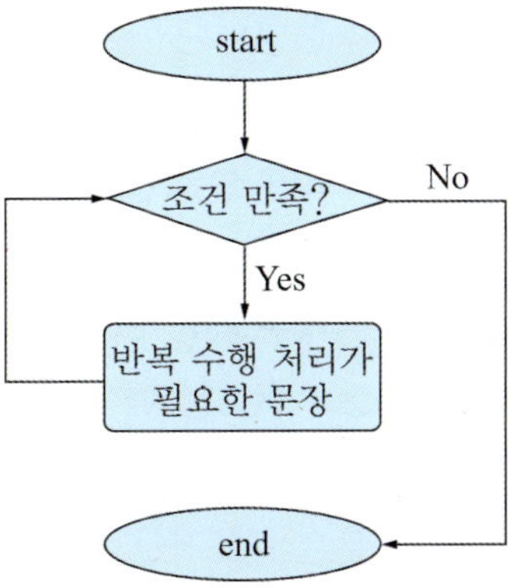

예제 10.1.5 WHILE 문을 활용하여 7!을 계산하기 위한 알고리즘을 의사코드로 나타내라.

풀이

1. $i \leftarrow 1$
2. factorial←1
3. WHILE $(i \le 7)$
   (1) factorial ← factorial * i
   (2) $i \leftarrow i+1$
4. PRINT factorial
   END

본 예제에서는 WHILE 문의 조건인 i값이 1에서 시작하여 7 이하인 동안 처리 (1)을 수행하고 $i=8$이 되면 조건이 만족되지 않으므로 WHILE 문을 빠져나가 4가 수행되어 결과 값이 출력된다.

③ UNTIL 문

이 코드는 주어진 조건이 만족할 때까지 어떤 처리를 수행하여야 할 경우에 사용되는 것으로 그 형식은 다음과 같다.

1. REPEAT(수행할 처리) UNTIL(조건)

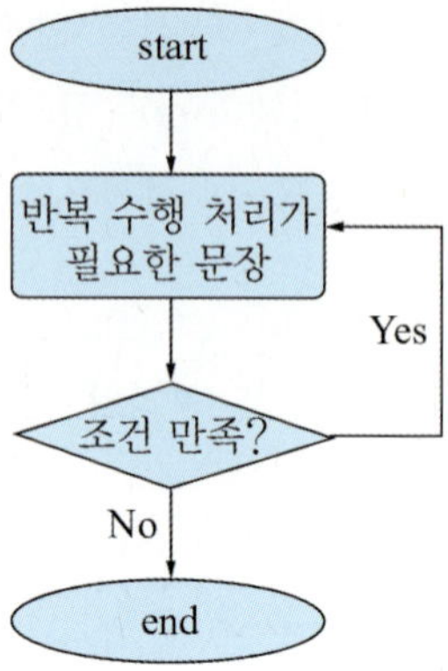

WHILE 문과 비교할 때 UNTIL 문에서는 처리가 적어도 한 번은 수행된다.

UNTIL 문은 대표적인 프로그래밍 언어인 C언어와 JAVA 등에서 do-while 문으로 구현할 수 있다.

WHILE 문과 비교
UNTIL 문과 WHILE 문은 조건을 확인하는 시점에서 차이가 존재한다. WHILE 문은 처리를 수행하기 전 조건을 확인한 뒤 조건에 만족되면 처리를 수행하지만, UNTIL 문은 처리를 수행한 뒤 조건을 확인하여 조건에 만족되면 다시 처리를 수행한다. 따라서 UNTIL 문은 적어도 한 번은 처리를 수행한다.

예제 10.1.6 예제 10.1.5를 UNTIL 문을 써서 나타내라.

풀이

1. $i \leftarrow 1$
2. factorial $\leftarrow 1$
3. REPEAT
   (1) factorial $\leftarrow$ factorial*i
   (2) $i \leftarrow i + 1$
   UNTIL (i <= 7)
4. PRINT factorial
   END

본 예제에서 REPEAT의 문장 (1), (2)는 UNTIL 조건을 조사하기 전에 거치게 되므로 반드시 수행된다. i 값이 1에서 7 이하일 때까지 REPEAT 문 (1), (2)가 수행되고(즉, 7 factorial 값이 계산되고), $i = 8$이 되면 조건이 맞지 않으므로 UNTIL 문을 빠져나가 4가 수행되어 결과 값이 출력된다.

10.2 알고리즘의 시간복잡도 분석

기술의 발전과 더불어 프로그램의 규모가 방대해지고 있으며, 이러한 이유로 알고리즘의 효율성에 대한 중요성이 커지고 있는 실정이다. 효율적인 알고리즘이란 알고리즘이 수행을 시작하여 결과가 도출될 때까지 실행에 걸리는 시간이 짧고 연산하는 컴퓨터 내의 메모리 자원을 최소화하여 사용하는 것이 효율적이라고 할 수 있다.

알고리즘의 효율성을 판단하기 위한 척도로는 시간 복잡도와 공간 복잡도가 활용된다. 시간 복잡도란 입력의 크기에 따라 알고리즘을 수행하는데 연산들이 몇 번 이루어지는지를 계산하여 알고리즘의 실행 시간을 나타내는 것을 의미하며, 공간 복잡도란 입력의 크기에 따라 알고리즘을 수행하는 데 필요한 자원 공간의 양을 계산하여 나타내는 것을 말한다. 하드웨어의 성능이 향상됨에 따라 알고리즘의 효율성을 판단하는 데 공간복잡도보다는 시간복잡도가 더 중요한 의미를 갖게 되었으며, 따라서 이 절에서는 시간복잡도에 대하여 알아보도록 한다.

알고리즘의 시간복잡도를 나타내는 대표적인 방법으로 빅오 표기법 $O(n)$을 들 수 있으며 정의는 다음과 같다.

두 개의 함수 $f(n)$과 $g(n)$이 주어졌을 때 모든 $n \geq n_0$에 대하여 $|f(n)| \leq c|g(n)|$을 만족하는 음이 아닌 2개의 상수 c와 n_0가 존재하면 $f(n) = O(g(n))$이다.

요약

	입력의 크기에 따른 연산 수행 횟수			
빅-오 표기법	1	4	8	32
$O(1)$	1	1	1	1
$O(\log n)$	0	2	3	5
$O(n)$	1	4	8	32
$O(n\log n)$	2	8	24	160
$O(n^2)$	1	16	64	1,024
$O(n^3)$	1	64	512	32,768
$O(2^n)$	2	16	256	4,294,967,296
$O(n!)$	1	24	40,326	$26,313\times10^{23}$

알고리즘에 대한 평가와 비교를 위하여 알고리즘을 분석하는 방법이 필요하다. 일반적으로 효율적인 알고리즘은 계산에 필요한 자원의 소요량이 적은 알고리즘을 말한다. 알고리즘의 효율성 분석은 **시간 복잡성**(time complexity)과 **공간 복잡성**(space complexity)을 활용하여 수행한다. 이 절에서는 알고리즘 수행 시 필요한 기억 장소의 크기를 의미하는 공간 복잡성보다는, 알고리즘의 수행 시간과 관련 있는 시간 복잡성에 대하여 학습한다.

시간 복잡성은 다음과 같은 성질을 가진다.

(1) 시간 복잡성은 정해진 입력 값의 크기에 대해서 알고리즘에 의해서 사용되는 연산의 수에 의존한다. 사용되는 컴퓨터에 따라서 연산 속도가 다르기 때문에 실제적으로 컴퓨터에서 사용되는 시간이 아니라 요구되는 연산들의 수로서 표현된다.

(2) 시간 복잡성을 측정하기 위하여 사용되는 연산은 합, 곱, 나눗셈, 뺄셈 등의 사칙 연산뿐만 아니라 비교, 반복 횟수 또는 다른 기본적인 연산의 형태가 될 수 있다.

알고리즘의 복잡성을 측정하기 위하여 일반적으로 대문자 O를 사용하여 표시하며 빅-오(big-oh)로 읽는다. 예를 들어, $f(n)=O(n)$로 표시되었다면 “big-oh of n”으로 읽고 $f(n)$의 차수(order)가 n인 것을 표시한다. 이것은 입력의 크기가 증가할 때 문제를 풀기 위해 요구되는 시간이 어떻게 변화하는지를 나타내기 위한 것이다.

알고리즘의 시간 복잡성은 다음과 같이 분류할 수 있다.

(1) 상수 복잡성(constant complexity) $f \in O(1)$: 수행 시간이 입력 자료 수의 크기에 관계없이 상수임을 나타낸다. 즉, c가 실수 값을 가지는 상수인 경우, $O(c)$는 어떤 임의의 함수에 관계없이 역시 $O(1)$이다.

- 상수 복잡성이 적용되는 대표적인 알고리즘으로는 배열의 n번째 원소에 접근하는 알고리즘, 스택에 원소를 push/pop하는 알고리즘, 큐에 원소를 삽입/삭제하는 알고리즘 등을 들 수 있다.

(2) 대수적 복잡성(logarithmic complexity) $f \in O(\log_2 n)$: n이 문제의 크기라 할 때 수행시간이 $k\log_2 n$에 의하여 한계가 만들어진다. 이때 k는 양의 상수이며 n은 충분히 큰 자연수이다.

- 대수적 복잡성이 적용되는 대표적인 알고리즘으로는 이진 탐색(binary search) 알고리즘 등을 들 수 있다.

(3) 선형 복잡성(linear complexity) $f \in O(n)$: n이 문제의 크기라 할 때 수행시간이 kn에 의하여 한계가 만들어진다. 여기서 k는 양의 상수이다.

- 선형 복잡성이 적용되는 대표적인 알고리즘으로는 배열의 검색, 최소/최댓값 찾기, 연결 리스트에서 순회 알고리즘 등을 들 수 있다.

(4) $n\log_2 n$ 복잡성 $f \in O(n\log_2 n)$: n이 문제의 크기라 할 때 수행시간이 $kn\log_2 n$에 의하여 한계가 만들어진다. 여기서 k는 양의 상수이다.

- $n\log_2 n$ 복잡성이 적용되는 대표적인 알고리즘으로는 병합 정렬(merge sort) 알고리즘, 힙 정렬(heap sort) 알고리즘 등을 들 수 있다.

(5) 2차 복잡성(quadratic complexity) $f \in O(n^2)$: n이 문제의 크기라 할 때 수행시간이 kn^2에 의하여 한계가 만들어진다. 여기서 k는 양의 상수이다.

- 2차 복잡성이 적용되는 대표적인 알고리즘으로는 버블 정렬(bubble

sort) 알고리즘, 선택 정렬(selection sort) 알고리즘, 삽입 정렬 (insertion sort) 알고리즘 등을 들 수 있다.

(6) 다항 복잡성(polynomial complexity) $f \in O(n^p)$: n이 문제의 크기라 할 때 수행시간이 kn^p에 의하여 한계가 만들어진다. 여기서 k는 양의 상수이며, $p > 1$이다.

- 다항 복잡성이 적용되는 예로는 중첩 반복문을 활용하는 알고리즘을 둘 수 있다. 중첩 반복문의 경우 모든 반복문 크기의 곱과 반복문 내 구문의 실행 시간을 곱하여 시간 복잡성을 계산할 수 있으며, 중첩된 반복문 수를 p라고 할 때 시간 복잡성은 $O(n^p)$로 정의할 수 있다.

(7) 지수 복잡성(exponential complexity) $f \in O(R^n)$: n이 문제의 크기라 할 때 수행시간이 kR^n에 의하여 한계가 만들어진다. 여기서 k는 양의 상수이며, R은 1보다 큰 양의 실수이다.

- 지수 복잡성이 적용되는 대표적인 알고리즘으로는 입력 데이터들의 원소들로 만들 수 있는 모든 부분 집합을 생성하는 알고리즘 등을 들 수 있다.

(8) $n!$ 복잡성(n factorial complexity) $f \in O(n!)$: n이 문제의 크기라 할 때 수행시간이 $kn!$에 의하여 한계가 만들어진다. 여기서 k는 양의 상수이다.

- $n!$ 복잡성이 적용되는 대표적인 알고리즘으로는 입력 데이터의 원소들로 만들 수 있는 모든 순열을 생성하는 알고리즘 등을 들 수 있다.

만약 컴퓨터가 한 개의 연산을 수행하는 데 1 마이크로초(10^{-6}초)가 필요하다고 가정하면, [표 10.2.1]은 시간 복잡성에 대한 알고리즘의 수행시간(running times)을 문제 크기에 따라서 추정한 것이다.

표에서 '?' 표시는 거의 무한대로 소요되는 시간을 의미한다. 표 10.2.1에 따르면 동일한 크기의 문제를 해결하더라도 사용하는 시간 복잡성 알고리즘에 따라 문제를 해결하는 데 걸리는 수행시간은 많은 차이가 있음을 알 수 있다. 그러므로 알고리즘 분석 시 중요한 요소는 주어진 문제를 해결하는 데 소요되는 시간이 가장 적은 알고리즘을 찾아내는 것이다. 아래

표 10.2.1 문제 크기와 시간 복잡성에 따른 알고리즘의 수행시간

시간 / n	시간 복잡성						
문제 크기	$\log_2 n$	n	$n\log_2 n$	n^2	n^3	2^n	n!
2	1	2	2	4	8	4	2
16	4	16	64	256	4,096	6.5×10^4	2.1×10^{13}
64	6	64	384	4,096	262,144	1.84×10^{19}	1.27×10^{89}
128	7	128	896	16,384	2,097,152	3.40×10^{38}	?

[그림 10.2.1]에 입력 값의 크기에 따른 연산 횟수를 나타내는 빅-오 시간 복잡성 그래프를 도시한다.

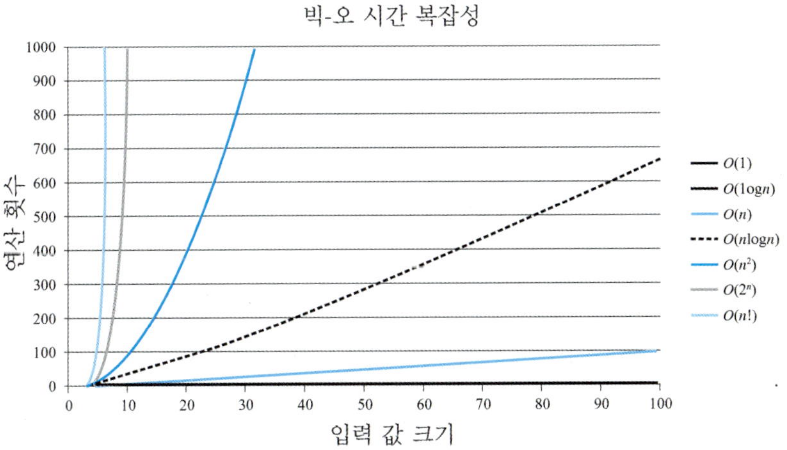

그림 10.2.1 입력 값 크기에 연산 횟수

예제 10.2.1 다음 함수들을 O의 개념을 이용하여 시간 복잡성을 나타내라.

(1) $n^2+15n+12$

(2) $\dfrac{1}{n}+25$

(3) $3n+25n\log n$

(4) $2n+3$

(5) $\dfrac{1}{2}n^3+15n^2+16n+1$

풀이

(1) $n \geq 16$일 때 $n^2 + 15n + 12 \leq 2n^2$이 성립하므로,

$n^2 + 15n + 12 = O(n^2)$이다.

(2) $n \geq 1$일 때 $\frac{1}{n} + 25 \leq 26$이 성립하므로, $\frac{1}{n} + 25 = O(1)$이다.

(3) $3n \in O(n) \subset O(n\log n)$이고 $25n\log n = O(n\log n)$이기 때문에

$3n + 25n\log n = O(n\log n)$이다.

(4) $n \geq 3$일 때 $2n + 3 \leq 3n$이 성립하므로, $2n + 3 = O(n)$이다.

(5) $\frac{1}{2}n^3 \in O(n^3), 15n^2 \in O(n^2) \subset O(n^3)$, $16n \in O(n) \subset O(n^3)$,

$1 \in O(1) \subset O(n^3)$이므로, $\frac{1}{2}n^3 + 15n^2 + 16n + 1 = O(n^3)$이다.

10.3
알고리즘의 예

정렬 알고리즘

자료 리스트에서 임의로 나열되어 있는 자료를 주어진 항목에 따라 크기 순서대로 차례로 나열하는 것을 **정렬**(sort)이라 하며, 작은 순서부터 나열하는 오름차순(ascending order)과 큰 순서부터 나열하는 내림차순(descending order) 정렬 등이 있다. 대표적인 정렬 알고리즘과 시간 복잡성을 표로 나타내면 다음과 같다.

표 10.3.1 정렬 알고리즘과 시간 복잡성

정렬 알고리즘	Best case	Average case	Worst Case
삽입 정렬	n	n^2	n^2
선택 정렬	n^2	n^2	n^2
버블 정렬	n^2	n^2	n^2
셸 정렬	n	$n^{1.5}$	n^2
퀵 정렬	$n\log n$	$n\log n$	n^2
힙 정렬	$n\log n$	$n\log n$	$n\log n$
병합 정렬	$n\log n$	$n\log n$	$n\log n$

상기 예시한 정렬 알고리즘 중 이 절에서는 오름차순 버블(bubble) 정렬 알고리즘에 대하여 학습하도록 한다.

> **정렬 알고리즘**
> 크게 분류하면 다음과 같이 나타낼 수 있다.
> - 단순 정렬 알고리즘: 삽입 정렬, 선택 정렬
> - 효율적인 정렬 알고리즘: 병합 정렬, 힙 정렬, 퀵 정렬, 셸 정렬
> - 거품 정렬 및 변종: 버블 정렬, 빗질 정렬
> - 분산 정렬 알고리즘: 계수 정렬, 버킷 정렬, 기수 정렬

오름차순 버블 정렬 알고리즘은 다음과 같이 나타낼 수 있다.

BUBBLE SORT ALGORITHM

$\{i, j,$ temp: positive integer$\}$

for$(i = 0\,;\, i < n-1\,;\, i++)$

for$(j = 0\,;\, j < n-i-1\,;\, j++)$

```
if(array[j] > array[j + 1])
   temp ← array[j]
   array[j] ← array[j + 1]
   array[j + 1] ←temp
end
```

버블 정렬은 인접한 두 개의 원소를 비교하여 순서가 다르면 원소의 위치를 서로 바꾸고, 그렇지 않으면 그 위치에 그대로 놓는다. 이 알고리즘에서는 i가 한 번 수행될 때마다 큰 순서대로 자료가 차례대로 정렬된다. 버블 정렬 알고리즘의 동작 원리를 그림으로 나타내면 다음과 같다.

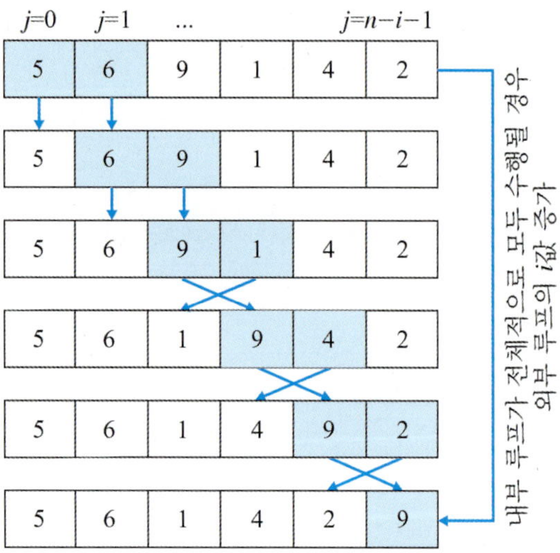

그림 10.3.1 버블 정렬 알고리즘의 동작 예

탐색 알고리즘
대표적인 탐색 알고리즘으로는 선형 탐색 알고리즘, 이진 탐색 알고리즘, 해시 탐색 알고리즘이 있다.

탐색 알고리즘

자료 리스트에서 원하는 자료를 찾는 것을 탐색이라 하며, 여기서는 두 가지의 알고리즘에 대하여 소개한다.

선형탐색 알고리즘

선형 배열된 자료 리스트에서 원하는 자료를 탐색하는 것을 **선형탐색**(linear search) 또는 **순차탐색**(sequential search)이라 하며, 선형탐색을 위한 알고리즘을 선형탐색 알고리즘이라 한다. 선형탐색은 자료리스트에서 특정한 자료를 찾기 위하여 리스트의 처음부터 차례로 모든 자료를 비교하여, 찾으려는 자료를 만날 때까지 탐색을 수행한다. 예를 들어, 선형리스트의 자료가 $d_1, d_2, \cdots, d_n$일 때, 탐색하고자 하는 자료를 x라 하면, 탐색 절차는 다음과 같다.

1. 서로 다른 자료들의 리스트 안에 찾고자 하는 자료 x를 입력한다.
2. x와 자료들을 비교하여 같을 경우 그 순서 번호를 출력하고 다음 자료와 비교한다.
3. 리스트의 모든 자료 값을 비교하였음에도 불구하고 탐색하고자 하는 자료를 찾지 못할 경우 -1을 출력한다.

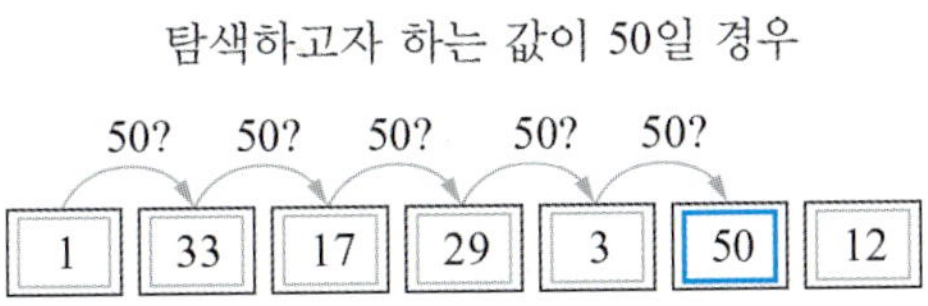

그림 10.3.2 선형 탐색 알고리즘의 동작 예

선형탐색 알고리즘은 탐색 알고리즘 중 가장 단순하여 구현이 쉽고 정렬되지 않은 리스트에서도 사용할 수 있다는 장점이 있으나, 탐색해야 할 리스트의 길이가 길어지면 비효율적이 된다는 단점이 있다.

예제 10.3.1 서로 다른 선형리스트의 자료들 $d_1, d_2, \cdots, d_n$에서의 탐색하고자 하는 자료 x를 구하는 선형탐색 알고리즘을 기술하라.

풀이

LINEAR SEARCH ALGORITHM

$i \leftarrow 1$

while ($i \leq$ n and $x \neq d_i$)

$i \leftarrow i + 1$

if $i \leq n$ then position $\leftarrow i$

else position $\leftarrow -1$

end

여기서 변수 position은 선형리스트의 위치 번호를 나타내고 -1인 경우 x는 이 리스트에 존재하지 않는 것을 나타낸다.

이진탐색 알고리즘

이 알고리즘은 선형리스트에서 자료들이 사전식 배열 또는 크기 순서로 차례로 나열된 경우 어떤 자료의 위치를 탐색하는 방법이다. 만일 정수 $d_1, d_2, \cdots, d_n$이 $d_1 < d_2 < \cdots < d_n$으로 배열되어 있다고 가정하고 탐색하고자 하는 정수를 x라 하면, 이진탐색(binary search) 알고리즘은 아래와 같다.

1. $m = \lfloor (n+1)/2 \rfloor$인 정수 d_m을 찾는다. 이때, d_m은 리스트의 가운데 항이다. 여기서 $\lfloor \ \rfloor$는 계산된 실수의 정수 부분만을 돌려주는 표시이다.
2. $x < d_m$이면 x는 리스트의 반쪽인 부분 리스트 $d_1, d_2, \cdots, d_m$에서 같은 방법으로 가운데 항을 찾아 탐색을 진행한다.
3. 그렇지 않다면, $d_{m+1}, d_{m+2}, \cdots, d_n$에서 같은 방법으로 탐색을 진행한다.

이것을 알고리즘으로 나타내면 다음과 같다.

```
BINARY SEARCH ALGORITHM
i ← 1
j ← n
while i < j
   m ← ⌊(i + j)/2⌋
    if x < d_m then j ← m − 1
    else i ← m + 1
if x = d_i then position ← i
else position ← −1
end
```

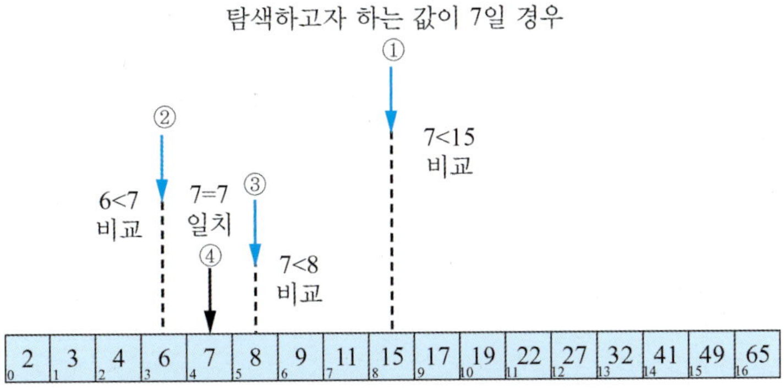

그림 10.3.3 이진 탐색 알고리즘의 동작 예

이와 같이 자료들이 순서대로 정렬되어 있을 때는 처음부터 차례로 찾을 필요 없이 중간의 자료를 비교하여 그보다 작을 때에는 그 자료의 앞쪽 자료들 중에서, 클 경우에는 뒤쪽 자료들 중에서 다시 같은 방법으로 찾으면 탐색 시간을 절약할 수 있다. 이진 탐색 알고리즘은 원리상 정렬된 리스트에서만 사용할 수 있다는 단점이 있으나, 탐색이 반복될 때마다 목표 값을 찾을 확률은 두 배가 되므로 수행 속도가 빠르다는 장점이 있다.

이와 같이 전체 자료리스트에서 찾으려는 자료와 비교하여 부분집합으로 나누어 찾는 알고리즘을 분할-정복(divide and conquer) 알고리즘이라 한다.

제10장 핵심문제

1 다음 보기 중 옳은 것을 고르라.

(1) $n\log n+n^2=O(n\log n)$이다.

(2) 알고리즘의 효율성 분석의 2가지 요소는 시간 복잡성과 공간 복잡성이다.

(3) $O(1)$은 문제를 해결하는 데 걸리는 수행 시간이 입력 자료의 크기에 관계없이 항상 1임을 나타낸다.

(4) 순차 탐색 알고리즘의 시간복잡성은 $O(n^2)$이다.

(2)이다.

(1) $n\log n+n^2=O(n^2)$이다.

(3) $O(1)$은 입력 자료의 크기에 관계없이 알고리즘의 수행 시간이 항상 상수 시간임을 나타낸다.

(4) 순차 탐색 알고리즘의 시간복잡성은 $O(n)$이다.

2 다음 중 빅-오 표기법이 올바르게 표시되지 않은 것을 고르라.

(1) $15n\log n+n^2=O(n\log n)$

(2) $n^2+n+6=O(n^2)$

(3) $2n-15=O(n)$

(4) $3n^2+27n-4=O(n^2)$

(1) $15n\log n+n^2=O(n^2)$이다.

3 다음 알고리즘의 시간복잡성을 평가하라.

```
for(i = 1; i <= n; i++)
        for(j=1; j<=n; j++)
                a=a+1
```

문제의 알고리즘은 중첩 반복문을 활용한 알고리즘이다. 중첩 반복문의 경우 모든 반복문 크기의 곱과 반복문 내 구문의 실행 시간을 곱하여 시간 복잡성을 계산할 수 있으며, 중첩된 반복문 수를 p라고 할 때 시간 복잡성은 $O(n^p)$로 정의할 수 있다. 따라서 본 예제는 중첩 수가 2개이므로 $O(n^2)$의 시간 복잡성을 가진다.

4 다음 중 알고리즘의 특성이 아닌 것을 고르라.

(1) 일반성　　(2) 명확성

(3) 효율성　　(4) 정확성

(4) 알고리즘의 특성에는 일반성, 명확성, 효율성, 유한성이 존재한다.

5 다음 함수들을 빅-오 표기법으로 나타내라.

(1) $2\log n + 4 + \frac{3}{n}$

(2) $n\log n + 3n + 1$

(1) 빅-오 표기법으로 나타내기 위해서는 다항식 중 가장 복잡한 항을 선택하여 표시한다. 따라서 $O(\log n)$이 된다.

(2) 빅-오 표기법으로 나타내기 위해서는 다항식 중 가장 복잡한 항을 선택하여 표시한다. 따라서 $O(n\log n)$이 된다.

6 FOR문을 활용하여 1부터 100까지의 합을 계산하기 위한 알고리즘을 의사코드로 나타내라.

```
i ← 1
sum ← 0
FOR (i =1) TO 100 BY 1
  (1) sum ← sum + i
PRINT sum
  END
```

7 위 6번 문제를 WHILE문을 활용하여 나타내라.

```
1. i ← 1
2. sum ← 0
3. WHILE (i <= 100)
   (1) sum ← sum + i
   (2) i ← i +1
4. PRINT sum
   END
```

8 위 6번 문제를 UNTIL문을 활용하여 나타내라.

1. i ← 1
2. sum ← 0
3. REPEAT
   (1) sum ← sum + i
   (2) i ← i + 1
   UNTIL (i <= 100)
4. PRINT sum
   END

9 빅-오로 표기된 다음의 알고리즘을 사간 복잡성이 효율적인 순서대로 나열하라.

$$O(n), O(n\log n), O(\log n), O(1), O(n!), O(n^2), O(5^n)$$

$O(1) \rightarrow O(\log n) \rightarrow O(n) \rightarrow O(n\log n) \rightarrow O(n^2) \rightarrow O(5^n) \rightarrow O(n!)$

제10장 연습문제

01 컴퓨터 언어 부분 프로그램이 다음과 같을 때 시간 복잡성 $f(n)$을 구하라.

```
x = 1.0;
for(i = 1; i ≤ n, i++)
x = x*a;
```

02 다음 C 프로그램에서 시간복잡함수 $f(n)$을 문장 SUM=SUM+1이 실행되는 수라고 정의할 때, 다음 각 부분 프로그램에 대해 시간 복잡성을 비교하라.

단, i, j, n 및 SUM 변수는 정수형이다.

(a)
```
SUM = 0;
for(i = 1; i ≦ n; i++)
  for(j = 1; j ≦ n; j++)
   SUM=SUM+1;
```

(b)
```
SUM = 0;
for(i = 1; i ≦ n; i++)
  for(j = i; j ≦ n; j++)
   SUM=SUM+1;
```

(c)
```
SUM = 0;
for(i = 1; i ≦ n; i++)
  for(j = 1; j ≦ n*n; j++)
   SUM=SUM+1;
```

(d)
```
SUM = 0;
i = n;
while(i > 0)
   SUM=SUM+1;
  i = i/2;
```

찾아보기

ㄹ

ㅁ

ㅂ

ㅅ

ㅇ

ㅈ

ㅊ

ㅋ

ㅌ

ㅍ

ㅎ

기타

본 교재는 과학기술정보통신부 및 정보통신기획평가원의 SW중심대학지원사업의 연구결과로 수행되었음(2019-0-01056)

이산수학

공학과 수학의 만남

지은이 신정훈
펴낸이 조경희
펴낸곳 경문사
펴낸날 2022년 2월 28일 1판 1쇄
2024년 3월 1일 1판 2쇄
등 록 1979년 11월 9일 제1979-000023호
주 소 04057, 서울특별시 마포구 와우산로 174
전 화 (02)332-2004 팩스 (02)336-5193
이메일 kyungmoon@kyungmoon.com

값 23,000원

ISBN 979-11-6073-490-4